U0181350

粤港澳大湾区建设技术手册2

主　编：张一莉

副主编：叶伟华　杨焰文　李　晖

　　　　唐　谦　陈晓唐　叶　枫

　　　　冯越强

中国建筑工业出版社

《粤港澳大湾区建设技术手册系列丛书》
编 委 会

指导单位：深圳市住房和建设局

深圳市前海深港现代服务业合作区管理局

支持单位：深圳市福田区科学技术协会

主编单位：深圳市注册建筑师协会

副主编单位：

1. 深圳市建筑设计研究总院有限公司
2. 香港华艺设计顾问（深圳）有限公司
3. 深圳华森建筑与工程设计顾问有限公司
4. 广州市设计院
5. 深圳市北林苑景观及建筑规划设计院有限公司
6. 深圳市市政设计研究院有限公司
7. 深圳市华汇建筑设计事务所
8. 北建院建筑设计（深圳）有限公司
9. 深圳市华阳国际工程设计股份有限公司
10. 中国建筑东北设计研究院有限公司
11. 深圳艺洲建筑工程设计有限公司
12. 深圳大地创想建筑景观规划设计有限公司

13. 深圳职业技术学院艺术设计学院
14. 深圳市欧博工程设计顾问有限公司
15. 艾奕康设计与咨询（深圳）有限公司
16. 深圳市新西林园林景观有限公司

特邀参编单位：

1. 华南理工大学建筑学院
2. 香港建筑师学会
3. 深圳大学本原设计研究中心
4. 深圳职业技术学院艺术设计学院

参编单位：

1. 建学建筑与工程设计所有限公司深圳分公司
2. 深圳市天华建筑设计有限公司天华建筑工业化技术中心
3. 深圳市同济人建筑设计有限公司
4. 深圳大学本原设计研究中心
5. 深圳美术集团有限公司
6. 中建装饰设计研究院有限公司
7. 深圳国研建筑科技有限公司

《粤港澳大湾区建设技术手册2》编委会

指导单位：深圳市住房和建设局
深圳市前海深港现代服务业合作区管理局
支持单位：深圳市福田区科学技术协会

编委会主任：艾志刚
执 行 主 任：陈邦贤

专家委员会主任：陈　雄　孙一民　陈宜言　马震聪　林　毅　黄　捷　任炳文
大湾区建设指导：高尔剑

主　　编：张一莉
副 主 编：叶伟华　杨焰文　李　晖　唐　谦　陈晓唐　叶　枫　冯越强
编　　委：

叶伟华　叶　枫　巩志敏　刘　芳　李　勇　李　晖　杨光伟　肖洁舒　杨焰文　罗铁斌
白　帆　许　霞　王永喜　吴　凡　陈晓唐　胡　涛　徐　丹　高若飞　郭文波　唐　谦
黄　捷　鲁春燕　蔡旭星　丁　蓓　邓斯凡　金延伟　陈　洲　高佳鑫　谢秋芃

主编单位：深圳市注册建筑师协会

副主编单位：
1. 广州市设计院
2. 深圳市建筑设计研究总院有限公司
3. 深圳市市政设计研究院有限公司
4. 深圳市北林苑景观及建筑规划设计院有限公司
5. 北建院建筑设计（深圳）有限公司
6. 深圳市欧博工程设计顾问有限公司

参编单位：
深圳华森建筑与工程设计顾问有限公司
深圳大学本原设计研究中心
深圳大地创想建筑景观规划设计有限公司
深圳市城市公共安全技术研究院
香港华艺设计顾问（深圳）有限公司

《粤港澳大湾区建设技术手册 2》
各作者单位及编委分工表

章节	内　容	参编单位	编　委
1	前海城市设计及建筑设计精细化管理	深圳市前海深港现代服务业合作区管理局	叶伟华　邓斯凡　金延伟
		深圳华森建筑与工程设计顾问有限公司	徐丹　陈洲
2	地下空间复合开发	深圳华森建筑与工程设计顾问有限公司	徐丹　鲁春燕
3	超高层建筑安全技术措施	广州市设计院	杨焰文　罗铁斌
4	建筑表皮设计	广州市设计院	杨焰文　白帆　许霞
5	文化综合体设计	北建院建筑设计（深圳）有限公司	黄捷　陈晓唐　马影
6	会展建筑设计	深圳市欧博工程设计顾问有限公司	杨光伟　吴凡
7	地铁车辆基地上盖综合开发	深圳市市政设计研究院有限公司	唐谦　蔡旭星
8	无障碍设计	深圳大学本原设计研究中心	刘芳　谢秋芃
9	园林景观	深圳市北林苑景观及建筑规划设计院有限公司	叶枫　肖洁舒
10	城市生态与水土保持	深圳市北林苑景观及建筑规划设计院有限公司	叶枫　王永喜
11	海绵城市与低影响开发	深圳大地创想建筑景观规划设计有限公司	李勇　高若飞　丁蓓
12	建设项目全过程工程咨询操作指引	深圳市建筑设计研究总院有限公司	李晖　成达科　刘静
13	建筑后评估	北建院建筑设计（深圳）有限公司	陈晓唐
14	建筑消防安全风险评估	深圳市城市公共安全技术研究院	巩志敏
15	建筑防火设计审核要点	深圳市城市公共安全技术研究院	高佳鑫
16	BIM	香港华艺设计顾问（深圳）有限公司	郭文波　姚健
	统稿	深圳市注册建筑师协会	卢方媛

序

以纵向的历史视野观照，建设粤港澳大湾区和支持深圳建设中国特色社会主义先行示范区作为国家重大发展战略，将因为其异乎寻常的战略眼光和国际视野而在中国社会和经济发展史上留下浓墨重彩的一笔，国际一流湾区的壮丽图景已铺陈开来。

横向考察世界已有湾区，这些区域往往具有沿山连海的优越地理位置和山水相间的独特空间形态，并会因此形成陆海空运一体化枢纽、立体交错的沟通与交流网络，形成不同产业层级和组团布局、科技与制造业等互补共融，最终构建山水共生的产城融合的空间格局，打造和谐宜居的人居环境，塑造世界上最具活力的区域。与此相应，湾区地域一个最突出的特点就是土地资源稀缺，每一寸土地都需要精打细算，需要通过专业人员的精心谋划，通过层级的组合实现复合利用，通过城市改造与升级，实现腾笼换鸟，提高效率和品质……也因此形成了湾区建设领域的一个个热点，如河流修复，TOD，城市更新，产城融合，人居环境营造，等等。

正如有人指出的，粤港澳大湾区综合了纽约、旧金山、东京三大湾区的功能，而创新驱动无疑将是大湾区融合发展的灵魂。创新驱动叠加湾区优势，将使粤港澳大湾区释放出更大的潜力。在城市设计与建筑领域，湾区从开风气之先到领时代潮流，将创新性探索建筑师负责制和城市总建筑师制度，探讨共生性韧性城市、TOD慢行系统规划及科技产业园区建设等创新型课题，以及一体化装修技术、智慧立体停车技术、垂直社区技术等先进应用型技术。粤港澳大湾区在所有这些领域的努力和探索，终将给其他区域的创新发展提供成熟的范例和可贵的经验参考。

立足于大湾区建设发展情况，结合形势发展与现实需要，《粤港澳大湾区建设技术手册系列丛书》从湾区建设技术、科研和施工培训等各个方面入手，内容包罗城市公共空间、城市慢行系统、城市家具设计、超高层建筑设计、绿色建筑、装配式建筑、城市更新、地下空间复合开发、海绵城市与低影响技术、建设项目全过程工程咨询等，是为粤港澳大湾区建设成果的集中总结，也为进一步探索提供了一定的基础。值得一提的是，其中结合目前全球蔓延的新冠疫情防控对于湾区人居环境的思考及对相关建设技术和要求的思考，是粤港澳大湾区建设也是全球建设领域的一个崭新大课题，将需要更加深入的理论研究和实践总结。

与后疫情时代相伴的另一个重大课题是新基建。多年快速发展之后，湾区城市成熟的传统基础设施在承载公共服务功能之时，也实现了相互之间的补充、镶嵌和链接；而在万物互联理念的触发下，更具引领性的新基建以其神奇的产业触变和边界融合功能，激发了生产形态的变化和组合，不断催生新生产力、新业态的形成。在融合传统基础设施的过程中，后疫情时代的新基建将使传统基建焕发活力，显著提升湾区基础设施现代化水平。这将是大湾区又一次率先落实国家重要决策部署，提升大湾区在国家经济发展和对外开放中的支撑引领作用的重要机遇期，也是为全国推进供给侧结构性改革、实施创新驱动发展战略、构建开放型经济新体制提供支撑的重要机遇期。

中国工程院院士　何镜堂

2020.8.8.

目　　录

1 前海城市设计及建筑设计精细化管理

1.1 前海城市风貌和建筑特色规划

1.1.1 规划目的

运用现代城市规划的理论和方法，对各种风貌要素的景观设计要求和空间组合关系作出合理的安排，以形成生态和谐、尺度宜人、协调统一、视觉优美的风貌特色景观，展现城市的个性魅力。

1.1.2 前海总体风貌定位、格局及控制目标体系

前海总体风貌定位　　　　　　　　　　　　　　　　　表 1.1.2.1

类　　别		内　　容
风貌目标	总目标	回归滨水生活，充满活力的世界级滨水新城
	分目标	创建立体化、流动、高渗透的绿道网络系统，建设集生态、生活于一体的世界一流湾区名城 形成具有金融、科技、海港特征的三大开放街区，创造以现代主义为主的多元建筑艺术创想基地的先锋地区，形成与深圳"国际文化创意先锋城市"目标相匹配的前海水城
格局		汇集山、海、林、城、岛、港、湾，创建世界上独具特色的湾区城市新中心
控制目标体系		通过加强开放空间、街道、天际线以及建筑风格各自的特征和相互协调的关系，创造前海独特的风貌特点
		开放空间由4类特色空间组成，分别为滨水空间、线性绿道空间、口袋公园空间、地块内公共空间
		前海特色街道系统共分为3类，分别为景观大道、绿色街道、生活型街道
		建立3种建筑等级，分别为地标建筑、重要建筑物和肌理建筑，以此指导建筑形态和立面材料，在创造建筑特色的同时，形成良好的天际线层次和协调统一的整体空间格局

图 1.1.2.1　前海城市设计图

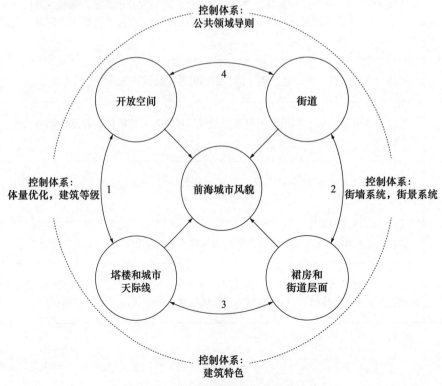

图 1.1.2.2　前海风貌规划四大控制要素

1.1.3 公共空间体系

1) 前海公共空间控制目标愿景

前海公共空间控制目标愿景	表 1.1.3.1
目标愿景	构建具有三大不同风貌特色的开放街区结构
	建设集生态、生活于一体的世界一流湾区名城
	创建立体化、流动、高渗透的绿道网络系统，突出海港绿岛形象

2) 前海公共空间周边建筑界面控制要点

前海公共空间控制要点		表 1.1.3.2
类　别	技术要求	规划依据
一般公共空间周边的塔楼位置、形态	应满足前海建筑控制中的相关控制内容	《深圳前海城市风貌和建筑特色规划》第 3.3.1 条
重要公共空间（如滨水空间、鱼骨中轴等）周边的塔楼	应后退于重要公共空间，保障更多的裙房屋顶空间得到利用	
公共空间周边裙房街道长度、贴线率、裙房高度、功能业态、退线、机动车出入口等	应满足前海街道控制中的相关控制内容	
重要公共空间周边裙房的连续消极空间（如实墙界面）	不应大于 20m	
裙房如设置骑楼或退台等建筑灰空间	骑楼或退台应朝向临公园绿地的一侧	
重要公共空间两侧的商业性裙房	应设置公共性屋顶花园	
滨水地区周边裙房	利用空中连廊、跨街公园连接滨水空间地块的屋顶花园，形成二层公共活动空间	

3) 前海场地功能设计控制要点

前海场地功能控制要点		表 1.1.3.3
类　别	技 术 要 求	规划依据
场地设计	必须满足多元人群的使用要求，设置多样化的场所空间，如草坪区、广场等	《深圳前海城市风貌和建筑特色规划》第 3.3.2 条
	应体现前海的独特风格，建议结合岭南、现代、可持续性和多样性四个方面进行设计	
	形成曲折、功能多样的路径空间，路径透水铺装材料应占 80% 及以上	

4) 前海绿化设计控制要点

前海绿化设计控制要点		表 1.1.3.4
类　别	技 术 要 求	规划依据
绿化设计	以软质为主的公园、线性绿地等公共空间，其绿化覆盖率应不小于 65%，园路及铺装占地 10% ～ 25%	《深圳前海城市风貌和建筑特色规划》第 3.3.3 条
	主要以硬质铺地为主的广场等公共空间，其绿化覆盖率不得小于 30%	
	复合型公共空间的绿化覆盖率不应小于 50%	
	公园植被主要以绿色浓荫的植物树种为主	
	特殊地区对植被色彩等有特殊要求，可对植被种类进行调整	

5）前海入口空间设计控制要点

前海入口空间设计控制要点　　　表 1.1.3.5

类　别	技　术　要　求	规划依据
入口空间设计	建议结合滨水空间、地铁出入口的流入人群，确定公共空间入口广场的位置，增加公共空间的可达性	《深圳前海城市风貌和建筑特色规划》第 3.3.4 条
	布置在主次干路两侧时，建议增设过街天桥、建筑连廊或地下通道等设施，满足公园的可达性	
	布置在支路两侧时，建议设置行人优先区域，满足公园的可达性	
	可与桥结合进行设计，衔接处推荐采用平缓坡道与阶梯相结合的方式；当设坡道有困难时，可设垂直升降机	

6）前海场地内建筑形式控制要点

前海场地内建筑形式控制要点　　　表 1.1.3.6

类　别	技　术　要　求	规划依据
场地内建筑形式	公共空间用地面积小于 3000m² 时，公共空间原则上不应建设地上建筑	《深圳前海城市风貌和建筑特色规划》第 3.3.5 条
	公共空间规模大于或等于 3000m²，地块内部建筑形式仅允许为覆土建筑或小型的配套服务设施等	
	地下建筑如地下出入口、风亭、地下公共通道的风井、疏散楼梯等，必须设置在公共空间内时，建议与植被、场地结合进行景观化处理	
	小型的配套服务设施要求设置在街道地块的角落，建筑宽度不能超过公共空间宽度的 50%	
	复合型公共空间要求注重建筑功能与场所的打造，冷却塔等建筑构件禁止出现在公共空间内部	
	公园上方不宜建设二层连廊，如需设置，应采用轻巧通透的材质，避免盖板平铺	
	鼓励场地内建设风格添加前海岭南、滨水特色，避免建筑出现与当地环境不协调的形态	

7）前海其他公共空间设计控制要点

前海其他公共空间控制要点　　　表 1.1.3.7

类　别	技　术　要　求	规划依据
桥底空间设计	鼓励桥底空间的合理利用，如增设多种活动场地，增加桥底的艺术景观照明	《深圳前海城市风貌和建筑特色规划》第 3.3.6 条～第 3.3.8 条
公共空间的边界设计	公共空间边界禁止设置围墙等构筑物	
公共空间的衔接设计	当公园内部被支路隔断时，建议设置行人优先区域，利用人行横道和铺地景观化处理来保障公园之间的连通	
	当公园内部被主次路隔断时，要求与建筑方案、轨道出入口等进行一体化设计，增设建筑连廊、过街天桥、地下通道等	
	为防止过于连续的界面增加街道的压迫感，建议空中连廊退后建筑边界 6m 设置（详见图 1.1.3.1）	

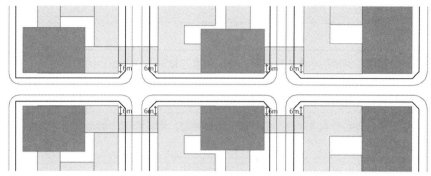

图 1.1.3.1 二层连廊位置示意图

8）桂湾片区特殊控制区域——滨水公园（滨海公园＋双界河公园）

（1）滨水空间定位

滨水空间定位		表 1.1.3.8
类　别	技 术 要 求	规划依据
滨水空间定位	作为前海重要的亲海空间，也是深圳最大滨海公园景观带之一。公园通过景观和基础设施的结合设计，将防洪设施、净水湿地、公园绿地融为一体，实现生态、生活一体化的绿色海绵空间	《深圳前海城市风貌和建筑特色规划》第 3.4.1 条

（2）滨水空间风貌控制设计要点

滨水空间风貌控制设计要点		表 1.1.3.9
类　别	技 术 要 求	规划依据
滨水空间风貌控制设计要点	水廊道设计可扩大前海滨水区面积，加强滨海公园和水廊道公园活动场所塑造，创造更多的滨水活动空间，强化滨水特征	《深圳前海城市风貌和建筑特色规划》第 3.4.2 条
	坚持海绵城市理念，将生态和滨水空间结合，形成水生态文化	
	通过增加滨水区周边建筑功能活力，应对滨水一线地区优越的景观价值，实现景观价值最大化	
	水岸公园内部的建筑应从类型、形态和规模几个方面进行风貌控制，强化滨水空间风貌特征	

（3）滨海公园风貌控制要点

滨海公园风貌控制要点		表 1.1.3.10
类　别	技 术 要 求	规划依据
周边建筑边界	周边塔楼位置、形态等应满足本章表 1.1.6.2 的相关控制内容	《深圳前海城市风貌和建筑特色规划》第 3.4.3.1 条
	周边的塔楼应后退重要公共空间，保障更多的裙房屋顶空间	
	周边裙房应满足本书表 1.1.6.2 中相关控制内容	
	裙房高度建议控制在 24m	
	裙房的连续消极空间（如实墙界面）不应大于 20m	
	裙房屋顶应设置屋顶花园，为市民提供公共观水的平台；屋顶花园应设置不小于裙房屋顶总面积的 40%，满足雨水的收集和利用	
	建筑裙房建议首层设计骑楼，二层及二层以上为退台式绿色阳台	

续表

类　　别	技　术　要　求	规划依据
周边建筑边界	建议利用原规划的空中连廊、跨街公园创意连接滨水空间地块的屋顶花园，进一步扩大前海滨水沿线的公共空间。同时也可将人群便捷地引入水岸公园区域，并创造多维城市穿梭体验空间，形成滨水翡翠项链	《深圳前海城市风貌和建筑特色规划》第 3.4.3.1 条
	在屋顶花园临公共空间的一侧增加活力缓冲带，增设公共/商业桌椅，以提供良好的观赏视角	
公园边界	公园边界要求满足表 1.1.3.7 中的相关控制要求	

（4）双界河公园风貌控制要点

双界河公园风貌控制要点　　　　　　　　　　　　　　　　表 1.1.3.11

类　　别	技　术　要　求	规划依据
周边建筑边界	周边塔楼位置、形态等应满足本书表 1.1.6.2 的相关控制内容	《深圳前海城市风貌和建筑特色规划》第 3.4.4.1 条
	周边的塔楼应后退于重要公共空间，保障更多的裙房屋顶空间	
	周边裙房应满足本书表 1.1.6.2 中相关控制内容	
	裙房高度建议控制在 24m	
	裙房的连续消极空间（如实墙界面）不应大于 20m	
	裙房屋顶应设置屋顶花园，为市民提供公共观水的平台；屋顶花园应设置不小于裙房屋顶总面积的 40%，满足雨水的收集和利用	
	建筑裙房形式建议首层设计骑楼，二层及二层以上为退台式绿色阳台	
	建议利用原规划的空中连廊、跨街公园创意连接滨水空间地块的屋顶花园，进一步扩大前海滨水沿线的公共空间。同时也可将人群便捷地引入水岸公园区域，并创造多维城市穿梭体验空间，形成滨水翡翠项链	
	在屋顶花园临公共空间的一侧增加活力缓冲带，增设公共/商业桌椅，以提供良好的观赏视角	
桥底空间	桥底空间设计应满足表 1.1.3.7 中的相关控制要求	
公园边界	公园边界要求满足表 1.1.3.7 中的相关控制要求	

1.1.4　街道体系

1）前海街道控制目标愿景

前海街道控制目标愿景　　　　　　　　　　　　　　　　　表 1.1.4.1

目标愿景	以四维空间法则营造前海不同街道的独特体验
	塑造展示前海魅力的城市景观大道
	营造全天候人性化活力小街区街道空间

2）前海街道分类系统

遵循原有规划的道路系统等级及街道布局特点，将其分为四类街墙系统：活跃街道、临公共空地街道、服务性街道、交通干道。

3）前海街道街墙控制要点

	前海街道街墙控制要点	表 1.1.4.2
类　别	技　术　要　求	规划依据
类型 1	重点针对前海城市主街道、片区商业街两种类型的街道界面进行控制；要求街道长度占该临街面的 80% 及以上；街墙贴线率要求不小于 60%；裙房的最低高度大于 3 层；裙房首层要求设置 60% 以上的活跃功能使用空间	《深圳前海城市风貌和建筑特色规划》第 4.3.1 条
类型 2	重点针对前海临滨海、水廊道、公共空间的街道界面进行控制；要求街道长度占该临街面的 60%～80%；街墙贴线率要求不小于 50%；裙房的最低高度大于 3 层；裙房首层要求设置 40% 以上的活跃功能使用空间	
类型 3	重点针对前海服务性街道界面进行控制；要求街道长度占该临街面的 40%；街墙贴线率要求不小于 40%；裙房的最低高度大于 2 层；裙房首层要求设置 30% 以上的活跃功能使用空间	
类型 4	重点针对前海交通性干道界面进行控制；要求街道长度占该临街面的 40%；街墙贴线率要求不小于 40%；裙房的最低高度大于 2 层；裙房首层要求设置 40% 以上的活跃功能使用空间	

4）前海建筑退线控制要点

	前海建筑退线控制要点	表 1.1.4.3
类　别	技　术　要　求	规划依据
建筑退线	一般的标准街道要求最小退让距离为 6m	《深圳前海城市风貌和建筑特色规划》第 4.3.2 条
	当街道属于商业性街道或者毗邻公共空间的街道时，为保障街道可形成良好的商业氛围，或缩小建筑与公共空间之间的距离，街道不能过宽，在满足交通要求前提下建筑退线可减少至 3m，建筑底层建议设置连续的商业骑楼或者挑檐遮蔽空间	

5）建筑形态控制要点

	建筑形态控制要点	表 1.1.4.4
类　别	技　术　要　求	规划依据
建筑形态	街道塔楼、裙房的形态等皆应满足相关控制内容	《深圳前海城市风貌和建筑特色规划》第 4.3.3 条
	以形象展示、高端定位的街道裙房首层店铺面宽可大于 7m，以营造开阔大气的形象展示店面视野；其余面朝"前街"的街铺宽不宜大于 7m	
	重要商业性街道或者重要公共空间相邻的街道应考虑建筑裙房设置退台形式	
	重要街道周边裙房的连续消极空间（如实墙界面）不应大于 20m	

6）前海地面控制要点

	前海地面控制要点	表 1.1.4.5
类　别	技　术　要　求	规划依据
前街后巷系统与出入口控制	要求将前海的街道分为前门正街和服务后巷两种形式，确定建筑的人行主要入口	《深圳前海城市风貌和建筑特色规划》第 4.3.4 条
	前门正街主要包括展示前海形象的街道，主要公共活动将集中在前街上，分为形象展示干道、活跃商业性街道、临重要公共空间街道三种	
	以零售商业为主的生活服务街道鼓励设置密集、连续的人行出入口，保障街道活动的连续性	

续表

类　别	技　术　要　求	规划依据
前街后巷系统与出入口控制	前门正街为建筑主要入口朝向，主要设置人行出入口，原则上大型落客区、机动车出入口、地面停车不应设置在前门正街 服务后巷主要用于供给通道、员工通道、地下车库出入口等辅助功能，对该类型街道控制程度较低；落客区、机动车出入口、地面停车等要求设置在服务后巷中，同时做到尺寸最小化 已批、已建用地的机动车出入口、落客区等可按现有方案进行落实，未出让用地的出入口和落客区建议依据本规划的前街后巷系统及出入口设置进行控制	《深圳前海城市风貌和建筑特色规划》第4.3.4条
室外拓展区域	退线空间要求与红线内人行道采用相同的标高、相同或相似的铺装 禁止设置台阶、停车以及不可进入的消极绿化空间，保障空间的连通与灵活使用 以展示橱窗、零售窗口为主的室外拓展区，其室外拓展区宽度建议控制在0.5～1m；以室外商品展示、室外餐饮为主的室外拓展区，其室外拓展区宽度建议控制在0.5～1m；以餐饮特色街道为主的室外拓展区，其室外拓展区宽度建议控制在3～5m	《深圳前海城市风貌和建筑特色规划》第4.3.5条
骑行空间	前海的慢行系统主要是利用水廊道、滨水公园以及线性公园，形成连续的步行和骑行路径，并通过轨道站点、过街天桥、地下过街通道等将慢行系统有效衔接 在公共空间内部，活力街道一侧，主次干道两侧等设置主要自行车道 在道路交叉口位置应充分考虑设置自行车变坡道，变坡道的正面坡道宽度不应小于1.2m，正面及侧面的坡度应小于1∶12 当自行车道与步行道之间进行物理隔离时，应间断100～200m设置自行车出入口 在轨道车站、交通枢纽、公交首末站等各出入口设置路外自行车停车场，距离出入口不应大于30m；自行车停车场可以充分利用行道树之间的空间、两侧隔离带以及与绿化设施带结合设置；自行车停车场应有清晰、明确的停车场标识	《深圳前海城市风貌和建筑特色规划》第4.3.6条
步行通行区	结合地铁站、公交首末站、重要公共空间、活跃街道等进行布置，形成连续的步行通道，并设置风雨连廊 街道场地内部公共空间不应设置围墙，且内外公共空间应保持铺地材质一致 人行道宜采用生态型透水性石材铺装，透水铺装材料应占80%及以上 穿插于重要公共空间的支路或商业大道等特色街道，在节日或人流较大时，建议分时段控制车流，避免对城市交通、公共空间以及沿街活动造成干扰	《深圳前海城市风貌和建筑特色规划》第4.3.7条
步行连接设施	过街天桥是保障前海步行系统连续性的重要连接设施，主要分布在主次干路的沿线 过街天桥的净高应不小于3m，连接商业净高应不小于5m 过街天桥与地面净高不应小于5m，底层为商业或公共活动空间的净高应控制在5～8m 过街天桥的通道宽度不应小于4m，与各建筑并联的主轴通道宽度必须大于5m；串联式连廊、并联式连廊与建筑直接衔接段宽度不应小于6m 过街天桥对接部分应保证与建筑立面的完整，应保证公共空间界面的连续 结合地铁站点设置地下过街通道，须配建餐饮、零售、文化娱乐等功能配套设施，塑造连续的、具有活力的商业服务街道 地下过街通道对规划轨道线位及站点、共同沟等市政管线进行避让，遵守地下空间退线要求 地铁出入口宜采用下沉广场、半地下街道、采光井等形式	《深圳前海城市风貌和建筑特色规划》第4.3.8条

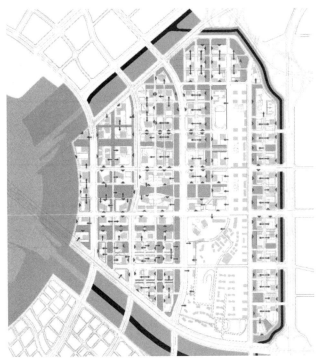

图 1.1.4.1 出入口控制   图 1.1.4.2 慢行系统控制

7）前海街道顶面——树冠、挑檐、广告招牌等控制要点

前海街道顶面控制要点   表 1.1.4.6

类 别	技 术 要 求	规划依据
树冠、挑檐、广告招牌等	街道行道树树冠高度不小于 4.5m	《深圳前海城市风貌和建筑特色规划》第 4.3.9 条
	裙房首层如需设置挑檐，出挑高度不小于 2m，挑檐下空间应保持开敞用于步行	
	街道内交通指示牌、店招等各类设施净空应大于 2.5m，避免妨碍行人正常通行	

8）前海街道面——设施带控制要点

前海街道面设施带控制要点   表 1.1.4.7

类 别	技 术 要 求	规划依据
设施带	设施带一般设置在步行通道区与车行区之间，其宽度一般为 1.5～2m	《深圳前海城市风貌和建筑特色规划》第 4.3.10 条
	要求将垃圾箱、报摊、自行车停车架等各类街道家具布置在设施带行道树之间	
	设施带按照集约、美观的原则，对公共标识、电信箱、路灯、座椅、垃圾桶等市政设施和街道家具进行集中布局，减少商业广告设施，鼓励采用"一杆多用、一箱多用"等方式对附属功能设施进行整合	
	局部临线性公园的街道可采用双排棕榈树的景观配置，并利用街灯、雨水槽、双向自行车道来强化线性街道空间	

9）桂湾片区特殊控制区域——景观大道
（1）景观大道定位

景观大道定位 表 1.1.4.8

类别	技术要求	规划依据
景观大道	主要是以车行为主导，贯穿前海三大片区的交通性干道，最能代表前海城市形象和风貌，是展示城市形象的城市客厅	《深圳前海城市风貌和建筑特色规划》第 4.4.1 条

（2）景观大道风貌控制设计要点

景观大道风貌控制设计要点 表 1.1.4.9

类别	技术要求	规划依据
景观大道风貌控制设计要点	临海大道为离海最近的主干路，是兼具交通与生活的综合性干道；其东界面可观赏优美错落的城市天际线轮廓，西界面眺望大海，需适当向水敞开	《深圳前海城市风貌和建筑特色规划》第 4.4.2 条
	听海大道为具有世界级商业大道潜力的生活性干道；该大道应强化其周边连续性界面，塑造围合感强、具有凝聚力的活动地带，强化道路空间的连续性	
	梦海大道将设计为前海最美丽的林荫大道，具有大面积的绿化；其东界面为避免单调而无变化的街廊空间，适当增加与小型公共开放空间，塑造韵律感的连续界面，西界面临带状绿地，强调界面开敞、绿色可达性	

（3）景观大道风貌控制要点

景观大道风貌控制要点 表 1.1.4.10

类别	技术要求	规划依据
景观大道风貌控制要点	景观大道的界面建议功能复合，形成多元化的界面 通过周边建筑高低参差、进退有致，打造界面韵律感 以重要街道和水廊道为交汇处主要的人视点，对注视点的地标、天际线和街道界面进行控制 要求景观大道的绿化覆盖率，整条道路树冠覆盖率要求不小于30%；中间隔离带树木高度要求不低于20m；提倡人行道和绿化率为可透水的海绵地面，透水率要求不小于45% 临海大道要求全年为绿、红色调，行道树以海红豆阔荚合欢为主，道路附属绿地以海红豆阔荚合欢、海南蒲桃、纤枝木麻黄、老人葵、玉蕊为主 听海大道要求全年为绿、粉色调，行道树以人面子为主，道路附属绿地以香樟、人面子、石栗、宫粉紫荆为主 梦海大道要求全年为绿、紫色调，行道树以小叶榄仁为主，道路附属绿地以小叶榄仁、盆架子、水石榕、樱花木棉、油棕为主	《深圳前海城市风貌和建筑特色规划》第 4.4.3 条

10）桂湾片区特殊控制区域——生活性街道
（1）生活性街道定位

生活性街道定位 表 1.1.4.11

类别	技术要求	规划依据
生活性街道定位	生活性街道主要是指地铁出入口与地铁出入口、滨水地区之间的街道。这种街道使用人群较多，街道较窄，D/H 值较小，生活氛围浓郁	《深圳前海城市风貌和建筑特色规划》第 4.6.1 条

（2）生活性街道风貌控制设计要点

生活性街道风貌控制设计要点　　　　　　　　　　　表 1.1.4.12

类　别	技 术 要 求	规划依据
生活性街道风貌控制设计要点	生活性街道应加强街道顶部设计，减少塔楼对街道的压抑感	《深圳前海城市风貌和建筑特色规划》第 4.6.2 条
	生活性街道周边的建筑功能应以小型零售商业为主，增加街道氛围	
	生活性街道可局部地段采用特殊材质的铺装，强化区域的特殊性和标识性	

（3）桂湾中大街风貌控制要点

桂湾中大街风貌控制要点　　　　　　　　　　　　　表 1.1.4.13

类　别	技 术 要 求	规划依据
建筑面—街墙控制	桂湾中大街的街墙控制要求满足表 1.1.4.2 中类型 1 的要求	《深圳前海城市风貌和建筑特色规划》第 4.6.3 条
建筑面—建筑退线	中轴线大街的建筑退线要求满足表 1.1.4.3 中的相关控制要求	
建筑面—建筑形态	周边塔楼位置、形态等应满足前海建筑控制中第 6.3.1.1 条～第 6.3.1.4 条的相关控制内容 该街道以生活性零售商业服务为主，裙房首层店铺面宽不宜大于 7m 该街道尺度过窄，不宜设置建筑外廊。如需设置，建议设置骑楼或建筑内廊等建筑形式，避免形成连续的建筑体量而对小尺度街道形成压迫	
地面—街后巷系统及出入口控制	桂湾一街为建筑主要入口朝向，主要设置人行出入口。除已出让地之外，禁止大型落客区、机动车出入口、地面停车设置在此街道 鼓励设置多样、密集、连续的人行出入口，保障街道界面的积极性和视觉的多样性	
地面—室外拓展区	室外拓展区要求满足表 1.1.4.5 中的相关控制内容 在室外拓展区设置临时餐饮、交往、娱乐设施，提供交往场所空间，其室外拓展区宽度建议控制在 0.5～1m	
地面—步行通行区	街道场地内部公共空间不应设置围墙，且内外公共空间应保持铺地材质一致 人行道宜采用生态型透水性石材铺装，透水铺装材料应占 80% 及以上	《深圳前海城市风貌和建筑特色规划》第 4.6.3 条
街道顶面—树冠、广告招牌等	街道行道树树冠高度不小于 4.5m 街道内交通指示牌、店招等各类设施净空应大于 2.5m，避免妨碍行人正常通行	
街道面—设施带	该街道行道树建议采用单排棕榈树的景观配置，同时加大行道树间距，以免遮挡商业视线；同时利用街灯、雨水槽、双向自行车道来强化线性街道空间 街道家具（垃圾箱、报摊、自行车停车架等）应布置于行道树之间，不得占用步行空间 鼓励公共标识、电信箱、路灯、座椅、垃圾桶等市政设施和街道家具集中布局，鼓励采用"一杆多用、一箱多用"等方式对附属功能设施进行整合	

1.1.5 天际线

1）前海天际线控制目标愿景

前海天际线控制目标愿景	表 1.1.5.1

目标愿景	前海的天际线是由三大片区和三条水廊天然形成的三段式天际线，三大片区的建筑高度由中心向两侧水廊道公共空间跌落，形成与大小南山以及水廊道等周边自然环境和谐、互动的天际线
	构成前海天际线的建筑单体设计要体现地域性、文化性、时代性的和谐统一，形成由以现代主义为主的多元建筑风格组成的天际线
	根据前海三大片区的功能定位，桂湾片区为金融集聚区，前湾为科技与公共服务区，妈湾为自贸港口区，并将航空限高、现状建设等相关因素考虑在内，打造三大片区不一样的天际线特征

2）前海天际线控制要点

前海天际线控制要点		表 1.1.5.2
类 别	技 术 要 求	规划依据
整体高度控制	要求延续总体尺度对天际线的层次划分 明确滨水区、中层区、高层区和超高层区地块的划分 对建筑塔楼体量和高度的优化	《深圳前海城市风貌和建筑特色规划》第 5.3.1 条
建立建筑风貌等级	建立清晰的建筑级别关系，指导建筑形态和立面材料使用，通过对不同等级的建筑立面虚实比的控制，加强城市的整体风貌层次，优化天际线的层次 前海建筑风貌等级应分为地标建筑、重要建筑和肌理建筑三个级别	《深圳前海城市风貌和建筑特色规划》第 5.3.2 条
	在主要联系交通入口设置重要建筑物，作为门户建筑，提升地区的标示性 地铁站站点周边以及公共空间转折点处可增设重要建筑物，界定公共空间的边界 在重要公共空间视线焦点处布置重要建筑物，形成视线焦点	
建筑等级形态控制	地标建筑为建筑高度在 250m 以上的建筑，临近轨道交通，并位于与开放空间的节点交汇处；地标建筑设计重点突出建筑形态的创意性设计，并且加强建筑顶部的细节设计	《深圳前海城市风貌和建筑特色规划》第 5.3.3 条
	重要建筑为建筑高度在 150m 以上、200m 以下的建筑；位于轨道站点或者开放空间的节点交汇处；重要建筑以群组的布局为主要，与地标建筑形成标志性建筑群	
	裙房建筑位于重要的滨水界面、城市标志性大道两侧、轨道站点周边，及公共开放空间周围。裙房应该尽可能连续。肌理建筑的高度一般在 24～150m。肌理建筑的形体应尽可能规整	
建筑等级虚实比控制	地标建筑立面虚实比不作强制性规定，鼓励控制为 8：2 或以上。立面应提供遮阳构件设置，避免简单的玻璃幕墙立面	《深圳前海城市风貌和建筑特色规划》第 5.3.4 条
	重要建筑立面虚实比控制为 6：4，允许上下浮动 5%，已出让用地项目允许上下浮动 10%，但立面应提供遮阳构件设施	
	除重要裙房首层商业开放橱窗之外，重要裙房的立面建议以石材为主	
	肌理建筑的立面玻璃幕墙比例应在 4：6，允许上下浮动 5%，已出让用地项目允许上下浮动 10%	
	裙房的立面虚实比控制仅针对重要裙房首层商业开放橱窗以外的部分	
	24m 以下的大型文化建筑、学校等公共建筑，其立面虚实比不进行强制性要求	

3）桂湾片区特殊控制区域——第一滨水界面控制要点

第一滨水界面控制要点　　　　　　　　　　　　　　　　表 1.1.5.3

类　　别	技　术　要　求	规划依据
建筑高度 与朝向控制	建筑的体量和形态应与景观资源形成良好的关系，严格控制未出让用地的肌理建筑高度（80～100m） 建筑塔楼朝向应正对滨水景观资源	《深圳前海城市风貌和建筑特色规划》 第 5.4.1 条
建筑形态	控制滨水建筑横向尺度，肌理建筑提倡采用正方形塔楼形式，增加边界通透比 滨水重要地标建筑提倡形态变化，反映滨水形象特征，强化滨水界面的识别性 第一滨水界面的建筑裙房应该架空或者设置与大型公共空间过渡的建筑灰空间	《深圳前海城市风貌和建筑特色规划》 第 5.4.2 条
建筑材料 与色彩	要求滨水建筑的建筑材料采用浅色系石材 滨水第一界面的建筑整体应在浅色调的基础上，鼓励增加跳跃性的色彩变化，增加天际线的活跃性	《深圳前海城市风貌和建筑特色规划》 第 5.4.3 条
滨水构筑物 的布局选址	以视线引导的方式，经过各个视点的比较选择，在视线通廊的尽端，确定滨水构筑物的布局	《深圳前海城市风貌和建筑特色规划》 第 5.4.4 条
滨水第一界面 的照明控制	通过滨水空间构筑物、水灯、路灯等，打造第一滨水空间的景观照明	《深圳前海城市风貌和建筑特色规划》 第 5.4.5 条

4）桂湾片区特殊控制区域——重要大道控制要点

重要大道控制要点　　　　　　　　　　　　　　　　　　表 1.1.5.4

类　　别	技　术　要　求	规划依据
建筑高度 与朝向控制	建筑塔楼朝向应正对重要大道，建筑的边界应与街道的边界平行	《深圳前海城市风貌和建筑特色规划》 第 5.5.1 条
建筑高度 调整	重要大道沿线肌理建筑的高度控制在 80～150m，沿线重要建筑及地标建筑可超过 150m 同一地块、沿同一道路排列的相同高度的建筑不得超过 3 栋	《深圳前海城市风貌和建筑特色规划》 第 5.5.2 条
建筑形态	建筑塔楼的形态应采用正方形，沿线重要建筑及地标建筑允许少量的体态变化	《深圳前海城市风貌和建筑特色规划》 第 5.5.3 条
建筑材料	建筑塔楼的建筑材料以石材为主	《深圳前海城市风貌和建筑特色规划》 第 5.5.4 条

5）桂湾片区特殊控制区域——轨道站周边控制要求

轨道站周边控制要求　　　　　　　　　　　　　　　　　表 1.1.5.5

类　　别	技　术　要　求	规划依据
建筑高度调整	轨道站周边的建筑高度应控制在 150～300m 加强建筑群之间的高度变化，避免出现建筑群之间的建筑同一高度的情况	《深圳前海城市风貌和建筑特色规划》 第 5.6.1 条
建筑形态	鼓励使用简洁规则的形态组合塔楼，允许建筑群中建筑之间局部存在少量的形态变化，以取得好的景观面和建筑个性	《深圳前海城市风貌和建筑特色规划》 第 5.6.2 条

续表

类　别	技 术 要 求	规划依据
建筑材料 与色彩	建筑之间的使用材料差别最小化，同时建议建筑群中建筑的立面采用同一色系的色彩搭配，增加建筑群之间的对话，强化簇群的概念	《深圳前海城市风貌和建筑特色规划》第 5.6.3 条

6）桂湾片区特殊控制区域——中轴建筑群控制要求

中轴建筑群控制要求　　　　　　　　　　　　　　　　　　　　　表 1.1.5.6

类　别	技 术 要 求	规划依据
建筑高度	片区制高点的建筑高度应突破 300m，争取达到 450m 以上，形成片区的天际线焦点	《深圳前海城市风貌和建筑特色规划》第 5.7.1 条
建筑形态	高于 300m 的建筑在形态上允许出现弹性空间，利用建筑形态降低大体量建筑给人带来的压抑感 建议加强对地标建筑的顶部形态的设计	《深圳前海城市风貌和建筑特色规划》第 5.7.2 条
建筑材料 与色彩	中轴区域的建筑群组建议采用石材等浅黄色系材质，体现金融区的核心地位 建筑材料不允许采用反射率高于 20% 的玻璃，应使用高品质、低辐射或透明玻璃，注重遮阳设施	《深圳前海城市风貌和建筑特色规划》第 5.7.3 条

1.1.6　建筑

1）前海建筑控制目标愿景

前海建筑控制目标愿景　　　　　　　　　　　　　　　　　　　　表 1.1.6.1

目标愿景	为前海的建筑风格定位，指导前海建筑设计
	结合岭南、现代、可持续和多元四个特点

2）前海建筑风貌控制要点

前海建筑风貌控制要点　　　　　　　　　　　　　　　　　　　　表 1.1.6.2

类　别	技 术 要 求	规划依据
塔楼的位置 与主要朝向	塔楼必须位于地块的角落，面临主要道路和开放空间 塔楼要求朝向主要街道或者开放空间	《深圳前海城市风貌和建筑特色规划》第 6.3.1 条
裙房的位置 与布局	裙房必须沿着主要道路和开放空间布置 根据街墙类型要求，裙房沿人行道和地块过道的首层应设置活跃商业或者商务的使用功能 裙楼不应后退主要道路 10m 以上，同时严禁利用隔离型景观（如树篱、高差）将裙楼与人行道分开	《深圳前海城市风貌和建筑特色规划》第 6.3.2 条
建筑高度	除已出让用地之外，未出让用地的建筑高度不得超过前海整体天际线高度分区的限制要求。滨水区：滨海、滨水地区第一排建筑限高 80m；中层区：滨水区以内 200m 范围内的中层区限高 80～150m；高层区：中层区以内 100m 的高层区限高 150～300m；高层区以内 100m 至核心的超高层区可突破 300m 明确各地块的最大限高。建筑高度不得超过"导则　总体规划重点区域深化方案"中规定的限高 靠近轨道站点或位于主要道路交叉口的塔楼应高于其周边建筑	《深圳前海城市风貌和建筑特色规划》第 6.3.3 条

类　别	技　术　要　求	规划依据
建筑立面：虚实比（窗墙比）	不应采用全玻璃建筑幕墙，不允许使用可见光反射比高于20%的玻璃 前海整体的建筑外立面玻璃：非玻璃平均比例建议在50：50和60：40之间 重点区域特定建筑应根据"导则　总体规划"提出的建筑等级确定允许使用的玻璃比例 建筑外立面设计应适应地块朝向及日照条件 利用建筑立面的标准模块，考虑建筑系统相关模块尺寸 打造有视觉吸引力的实体与通透材质组合 避免无任何遮阳设施的纯玻璃幕墙	《深圳前海城市风貌和建筑特色规划》第6.3.4条
建筑立面：材质、色彩	外立面玻璃部分应清澈，或为部分反光（反射率不超过20%）、低辐射玻璃 非玻璃建筑材料应使用自然色调 周边建筑之间的使用材料差别最小化，避免建筑以深色调作为主体色调 采用哑光或纹理石质饰面 分区材料与色彩搭配：滨水区和开放空间周边区域为白色或亮色／自然色，鼓励自然石材；商业区可使用略深颜色 避免高反射率或色彩过重的玻璃 避免高反射率抛光石质表面，除非是局部少量或室内使用 避免深色石材或不透明材料，除非用于重点区域或室内	《深圳前海城市风貌和建筑特色规划》第6.3.5条
建筑风格	设计风格符合岭南气候条件 传达现代建筑技术和设计方法 设计应体现前海滨水特色，尊重前海的开放空间 设计结合绿色可持续性设计策略 建筑获得密度奖励或增加限高条件：（1）减少净能耗；（2）减少饮用水消耗；（3）减少净废水运输量 避免出现不考虑当地环境的怪异建筑形态 避免复制其他国家或地区的建筑外形	《深圳前海城市风貌和建筑特色规划》第6.3.6条
街墙：长度、退界贴线率	长度。建筑街墙应达到以下目标：类型1（面向主要街道），80%～100%；类型2（面向绿化），60%～80%；类型3（服务道路），40%～60%；类型4（面向快速路），40%～60%。具体要求应符合本要素提供的街墙类型表格内的要求 退线：根据街道的功能、地位以及特殊要求等因素判断街道建筑退线，共分为0m、3m、6m三类 首层标准檐口线建议沿同一道路设置 首层应避免连续设置20m以上的实墙或消极功能空间	《深圳前海城市风貌和建筑特色规划》第6.3.7条

3）前海地块内机动车流组织与出入口控制要点

前海机动车流组织与出入口控制要点　　表 1.1.6.3

类　别	技　术　要　求	规划依据
地块内机动车流组织及出入口	行车入口应设置在服务型道路上，同时做到尺寸最小化 停车入口坡道应位于服务型道路上，且垂直于道路 大型落客区不能设置于主干道或主干道交叉口 地面停车不能靠近主街道设置 车行出入口不能设置在主干道上 沿市政道路平行设置的地块内，车行道不能超过地块周长的25%	《深圳前海城市风貌和建筑特色规划》第6.3.8条

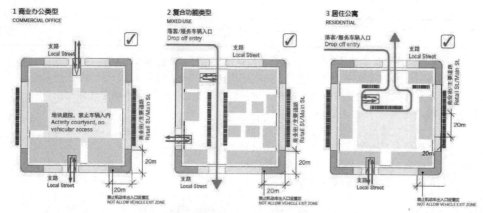

图 1.1.6.1　推荐的地块内车行交通组织形式

4）前海场地设计——景观与人行交通控制要点

景观与人行交通控制要点　　　　　　　　　　　　　　表 1.1.6.4

类　别	技　术　要　求	规划依据
景观与人行交通	所有地块应设置贯穿区块的步行通道，并提供遮阳设施，提供地块人行道及公共空间的遮阳 　消防登高面结合退界、广场和道路空间的标准条件设置，尽量减少消防登高面对街道环境的影响 　应在主要街道或地铁出入口设置建筑的行人出入口 　提供雨水管理系统，回收与再利用水资源 　地块应不设围栏，且应对公众开放 　停车或车道不应设置在与活跃道路或公共空间相邻的地方	《深圳前海城市风貌和建筑特色规划》第 6.3.9 条

1.2　前海建筑设计精细化管控指引

1.2.1　总平面设计

总平面要求　　　　　　　　　　　　　　　　表 1.2.1.1

类　别	技　术　要　求	规划依据
退线距离	下沉广场边界、车库坡道退用地红线宜不少于 3m，作为绿化缓冲空间	
与周边地块联系	如土地合同或规划要求与相邻地块连接，图纸应表达地上地下城市公共通道与周边地块连接的位置、坐标；如非土地合同或规划要求的，需先办理土地相关手续并专项报建	
消防登高操作场地	消防登高操作场地应在用地红线内	
无障碍设计	机动车开口处人行道应作无障碍设计	
邻避设施（如垃圾转运站、变电站、加油站、公交首末站、公厕、冷却塔）等	对周边居民和用户身体健康、环境质量可能有影响的设施，应标注建筑功能、位置、面积及与相邻建筑的间距	

1.2.2　公共空间设计

公共空间要求　　　　　　　　　　　　　　　　　　　　表 1.2.2.1

类　别	技　术　要　求	规划依据
与周边地块衔接	与相邻地块公共空间的衔接和连续（按照前海慢行系统规划及建设用地规划许可证要求设置），过渡应平顺	
通道、视线通廊、景观绿廊	通道、视线通廊、景观绿廊的位置、宽度满足城市设计的相关要求	
城市公共开放空间／场地内公共空间	应明确表达城市公共开放空间的位置、范围及面积，表达场地内公共空间的用地面积、布局、开放性、可达性，标注公共空间的长度、宽度及面积	
城市公共通道、市政连廊天桥、相邻地块地上地下公共通道连接	城市公共通道、市政连廊天桥等公共空间的净宽、净高满足《深圳市建筑设计规则》《深圳市城市规划标准与准则》及相关专项规划的要求。标注公共通道连接口的净宽、净高、坐标、标高	
无障碍设计专篇	提供无障碍设计专篇。复杂的项目应提供无障碍流线图，表达上下垂直转换设施与位置，场地人行通道与城市道路无障碍的衔接方式，标注无障碍电梯的位置	
骑楼	提供骑楼的界面、布局、尺度，标注净宽、净高。骑楼等灰空间设置符合建设用地规划许可证要求	
核增专篇	图纸中标注核增功能，并标注对应核增功能的净宽、净高、开放时段及开放对象（架空绿化、架空休闲、公共通道等）	
地下车库出入口、地下车库疏散楼梯等设施	地下车库出入口、地下车库疏散楼梯等设施应尽量避免设置在公共空间内，实在有困难要采取优化措施减少对公共空间景观的不利影响	

1.2.3　建筑形态设计

建筑形态要求　　　　　　　　　　　　　　　　　　　　表 1.2.3.1

类　别	技　术　要　求	规划依据
建筑面宽	面宽满足《深圳市城市规划标准与准则》要求	
滨海滨水第一排建筑高度	滨海滨水地区第一排建筑高度控制应满足用地规划许可证及城市设计要求	
屋面构架、幕墙等	屋面构架、幕墙等突出屋面的建筑高度满足《深圳市建筑设计规则》	
立面色彩、材质、玻璃幕墙虚实比	标注立面色彩、材质、玻璃幕墙虚实比	
效果图	应提供项目效果图（含夜景效果图）	
外墙凹槽设置	严格限制外墙凹槽的设置。凹槽面宽与进深之比应大于等于 2，当小于 2 时，按层计算的凹槽部分投影面积全部计入地上核减建筑面积	
天际线	天际线满足城市设计的相关要求	
与周边建筑关系	建筑布局、肌理与周边建筑的协调和对话	

续表

类　别	技　术　要　求	规划依据
外立面灯光设计、景观照明专篇	景观照明专篇。灯光设计需满足《前海灯光环境专项规划——单元照明导则》的要求	
广告招牌、楼宇标识	建筑广告招牌、楼宇标识满足《前海户外广告专项规划》相关要求，提供户外广告专篇	
风亭、出入口及冷却塔	风亭、出入口及冷却塔等附设设施的外观设计及隐蔽化处理	
公共阳台	标注尺寸及比例	

1.2.4　地下空间设计

地下空间设计要求   表 1.2.4.1

类　别	技　术　要　求	规划依据
地下公共通道	标注地下公共通道的连接位置、净宽、净高、标高	
轨道站厅连接	与轨道站厅的连接处标注坐标、标高、净宽、净高	
覆土厚度	市政支路覆土厚度原则上不少于 3m，并满足相关市政管线敷设	
相邻地块地下车库连通性	按建设用地规划许可证要求，相邻地块地下车库连通	
轨道设计	满足轨道设计及地铁保护、交通、管线、人防等相关要求。地下空间建设方案应取得轨道交通管理部门同意	
下沉广场	标注下沉广场的范围、边界及尺度	
地下空间附属设施	地下空间附属设施（需要设置满足地铁、地下公共通道的疏散楼梯、风亭等）设置合理	

1.3　前海高层建筑消防登高场地管理规则

1.3.1　前海高层建筑消防登高场地设置原则

前海高层建筑消防登高场地设置原则   表 1.3.1

类　别	技　术　要　求	规划依据
建设用地红线内设置	原则上应在建设用地红线内设置，并应符合消防法规和消防技术标准的规定	《前海消防登高场地管理规则》第 3.1 条
建设用地红线外设置	因受用地条件所限等原因，确需在建设工程用地红线外设置消防登高场地的工程，原则上不得占用城市主、次干道（含人行道和非机动车道）和规划绿地	《前海消防登高场地管理规则》第 3.2 条

类　别	技术要求	规划依据
建设用地红线外设置	建设用地面积不大于 5000m² 或用地三分之二以上进深不大于 45m 的地块，无法在建设用地红线内设置消防登高场地的建设工程，需取得规划主管部门同意的批复	《前海消防登高场地管理规则》第 3.2.1 条
	建设用地面积在 5000～6000m² 的地块，受项目功能（如大型商业）、高容积率、高覆盖率等因素影响建筑布局，无法在建设用地红线内设置消防登高场地的建设工程，需取得规划主管部门同意的批复	《前海消防登高场地管理规则》第 3.2.2 条
	《建设用地规划许可证》有特殊建筑退红线规定，无法在建设用地红线内设置消防登高场地的建设工程，需专项研究并取得规划主管部门同意的批复	《前海消防登高场地管理规则》第 3.2.3 条
	因受用地条件所限，确需利用城市主、次干道的人行道和非机动车道，广场，用地红线内的规划绿地等区域设置消防登高场地的建设工程，需专项研究并取得规划主管部门同意的批复	《前海消防登高场地管理规则》第 3.2.4 条

1.3.2　前海高层建筑建设用地红线外设置消防登高场地

前海高层建筑建设用地红线外设置消防登高场地设置要求　　　　表 1.3.2

类　别	技术要求	规划依据
建设用地红线外设置消防登高场地	消防登高场地利用道路及设施的建设工程，消防登高场地应与建筑物、人行道、非机动车道、道路绿化带、市政设施等一体化设计，需与主体工程同步建设、同步竣工验收和同步投入使用，并在显要位置设置标识	《前海消防登高场地管理规则》第 4.1 条
	建设单位应与相关主管部门协调地下管线、道路绿化、路灯、广告、公交站点、道路标识、安全监控、消火栓等市政设施的布置要求	《前海消防登高场地管理规则》第 4.2 条
	消防登高场地与民用建筑、厂房、仓库之间不应设置妨碍消防车操作的树木、架空管线、连廊、构架等障碍物和车库出入口	《前海消防登高场地管理规则》第 4.3 条
	消防登高场地（含改造及一体化设计）应满足市政道路荷载、市政管道、消防使用的要求。建筑高度大于 100m 的建筑，须满足重型消防车的荷载要求	《前海消防登高场地管理规则》第 4.4 条
	消防登高场地不应占用公交车停靠站点、自行车停车场地	《前海消防登高场地管理规则》第 4.5 条
	需尽量保留机动车道临人行道一侧的市政设施（具体宽度参照道路设计），保障市政设施的敷设	《前海消防登高场地管理规则》第 4.6 条
	消火栓、阀门井、检查井等设施不能影响消防车登高操作，应根据项目的实际情况提高消防登高场地给排水设施建设标准或采取保护措施，保证设施正常、安全使用	《前海消防登高场地管理规则》第 4.9 条
	相邻用地共用一处消防登高场地时，共用消防登高场地应 24 小时对社会开放，且不得设置围墙（栏）、花池、闸机等有碍消防扑救的设施	《前海消防登高场地管理规则》第 4.11 条

1.3.3 建设用地红线外设置消防登高场地管理要求

建设用地红线外设置消防登高场地管理要求

表 1.3.3

类　别	技　术　要　求	规划依据
建设用地红线外设置消防登高场地管理要求	按照消防登高场地设置原则，符合建设用地红线外设置消防登高场地条件的建设项目，在申报建筑设计方案核查时，需提交消防登高场地专项说明。专项说明应根据交通运输、城市管理、市政管线运营技术规定和管理要求，明确消防登高场地的位置、占用空间的属性，对地面设施的影响及调整方案，对地下设施的影响及保护方案等	《前海消防登高场地管理规则》第 5.1 条
	符合表 1.3.1 规定在建设用地红线外设置消防登高场地的工程，需取得前海管理局同意的批复	《前海消防登高场地管理规则》第 5.2 条
	消防登高场地涉及工程改造的，专项说明中的工程改造施工文件，需与该建设工程的其他施工图文件一并报送相关主管部门	《前海消防登高场地管理规则》第 5.4 条
	相邻用地共用一处消防登高场地时（不涉及占用道路），双方均为新建项目时，双方的建设工程相关设计文件，需同时报送相关主管部门，并提交双方关于消防登高场地共用的书面协议（需加盖双方公章）；双方中一方在建或已建成的，后建设方的建设工程相关设计文件报送相关主管部门时，需提供对共用消防登高场地技术论证文件，并提交双方关于消防登高场地共用的书面协议（需加盖双方公章）	《前海消防登高场地管理规则》第 5.6 条
	建设单位应根据相关主管部门要求，在建设用地红线与消防登高场地相邻一侧的显要位置，设置消防登高场地专属标识（标牌），注明场地功能、范围、管养要求和责任单位（个人）等内容（共用消防登高场地的应明确双方责权划分情况）	《前海消防登高场地管理规则》第 5.7 条

参 考 文 献

［1］《深圳前海城市风貌和建筑特色规划》（由深圳市前海深港现代服务业合作区管理局委托，深圳市城市规划设计研究院有限公司和 SOM 建筑设计事务所编制）

［2］《前海综合规划》［由深圳市规划和国土资源委员会、深圳市城市规划设计研究院有限公司、深圳市城市交通规划设计研究中心有限公司、综合开发研究院（中国·深圳）、深圳市建筑科学研究院股份有限公司、深圳市环境科学研究院编制］

［3］《前海单元规划》系列［由深圳市前海深港现代服务业合作区管理局委托，深圳市城市规划设计研究院有限公司、捷得建筑师事务所公司（The JerdePartnership，Inc），深圳市新城市规划建筑设计有限公司、美国 SOM 建筑设计事务所，广东省城乡规划设计研究院、德国慕尼黑 AP 国际建筑事务所，深圳市筑博设计股份有限公司、荷兰 KCAP 建筑师与规划师事务所，James Corner field Operations、北京清华同衡规划设计研究院有限公司、珠江水利科学研究院，哈尔滨工业大学城市规划设计研究院、香港城市设计顾问有限公司编制］

［4］《前海景观与绿化专项规划及设计导则》（由深圳市前海深港现代服务业合作区管理局委托，北京普玛建筑设计咨询有限公司，泛亚景观设计有限公司，深圳市北林苑景观及建筑规划设计院有限公司编制）

［5］《前海步行和自行车交通系统专项规划》（由深圳市前海深港现代服务业合作区管理局委托，深圳市城市交通规划研究中心编制）

［6］《前海公共交通系统专项规划》（由深圳市前海深港现代服务业合作区管理局委托，深圳市城市交通规划研究中心编制）

［7］《前海户外广告设置规划》（由深圳市前海深港现代服务业合作区管理局委托，筑博设计股份有限公司编制）

［8］《前海房建类工程管控指引实施细则》（由深圳市前海深港现代服务业合作区管理局委托，深圳华森建筑与工程设计顾问有限公司编制）

［9］《前海消防登高场地管理规则》（由深圳市前海深港现代服务业合作区管理局委托，深圳华森建筑与工程设计顾问有限公司编制）

2 地下空间复合开发

2.1 地下空间复合开发定义及分类

2.1.1 定义

地下空间复合开发是指根据城市发展目标，从城市整体利益和长远利益出发，合理有效地将城市地下交通空间、市政设施空间、商业及公共服务等功能空间集合在一起，采取一体化模式进行统筹开发，推进土地的多功能立体复合利用，提高地下空间开发效率的开发模式。

2.1.2 地下空间复合开发类型

地下空间复合开发类型 表 2.1.2

类型	定　　义	常见复合方式	规范依据
层叠式	不同功能的地下空间、地下空间与地面公共空间分层叠合在一起进行建设开发	城市绿地与地下空间复合；明挖式地铁上方空腔与地下公共通道、商业等功能复合	《前海地下空间规划》第五章
集合式	不同功能地下空间捆绑在一起开发	综合管廊与地下道路等基础设施整合开发建设；地铁、地下道路与地下物流系统整合开发建设	
嵌合式	不同功能地下空间以合理的方式相互嵌合开发建设	地铁站点、地下道路等与地下停车场、商业等地下空间相互嵌合开发建设	

2.1.3 地下空间复合开发基本原则

基本原则：满足适用、安全、经济等基本要求，以人为本、合理利用、复合高效、综合开发、公共利益优先、地上地下相协调。

地下空间复合开发基本原则 表 2.1.3

类　　别	技 术 要 求	规 范 依 据
规划原则	地下空间复合开发应统一规划、合理布局，坚持社会效益、经济效益和环境效益相结合的原则	《深圳市城市规划标准与准则》第9.1条
人性化原则	坚持人性化设计原则，注重地下公共空间的规划建设，构建充满活力、安全健康、可持续发展的城市地下公共空间	《深圳市城市规划标准与准则》第9.1.12条
安全原则	高度重视地下空间复合开发的安全防灾及风险管控，全过程提高地下工程风险意识。规划阶段应明确防灾原则，设计阶段严格遵循安全法规规范，建设阶段加强安全监测和质量监管，建立地下空间使用的安全应急体系，完善各类应急预案，切实做好防渗漏、防内涝、防火灾及通风采光等工作，全面建立安全风险评估和管理制度 地下空间复合开发不得影响交通、市政管线以及相邻建（构）筑物的安全	《深圳市城市规划标准与准则》第9.1.9条

类　　别	技　术　要　求	规　范　依　据
集约化原则	地下空间复合开发应注重集约用地，提升土地使用效率，构建复合高效的地下空间	《深圳市城市规划标准与准则》第 9.1.3 条
空间体系原则	地下商业、公共服务设施等民用建筑应优先与轨道交通紧密结合，形成以地下交通为骨架，地下市政设施为基础，公共服务、地下商业、工业仓储等空间为补充的地下空间体系	《深圳市城市规划标准与准则》第 9.1.4 条
高品质公共空间原则	注重复合开发的地下公共空间景观环境塑造，打造高品质的城市地下公共空间	《深圳市城市规划标准与准则》第 9.1.12 条
绿色低碳原则	构建绿色低碳的地下空间复合开发体系	

地下民用建筑与轨道交通、市政设施复合开发时，宜采用三维地籍方式划分宗地，并满足相应建筑退线要求。

2.2　城市绿地与地下空间复合开发

2.2.1　城市绿地下方地下空间开发强度

城市绿地下方地下空间开发强度　　　　　　　　　表 2.2.1

绿地位置	建议开发强度	规　范　依　据
公园绿地	以生态、休闲功能为主，限制地下空间开发，可适当配置少量地下停车	《前海地下空间规划》第五章第 1.3.1 条
主次干道旁的带状绿地	以生态保护和城市发展预留为主，小强度开发	
街坊内绿地、与地块结合的公共绿地	在满足规划要求条件下，可根据需要适度开发	

2.2.2　城市绿地下方地下空间可设置的功能

城市绿地下方地下空间可设置的功能　　　　　　　　表 2.2.2

绿地位置	可设置的功能	规　范　依　据
城市核心区、文化商业设施集中区域及地铁站点附近绿地下方	地下商业、地下展示空间、停车库、公共服务等功能	《前海地下空间规划》第五章第 1.3.1 条
居住区	地下商业、停车库、防灾设施等功能	
生产企业、物流密集区域	地下仓储	
带状绿化带	城市综合管廊、地铁等	

2.2.3　绿地下方地下空间开发建设形式

主要包括全地下式、半地下式。

2.2.4　地下空间复合开发上部绿地的绿地率或绿化覆盖率控制

地下空间复合开发上部绿地的绿地率或绿化覆盖率控制　　　　　　　表 2.2.4

绿地形式		控制指标	规 范 依 据
公园型		绿地率≥70%	《深圳经济特区绿化条例》第十八条
主次干道旁的带状绿地		绿化覆盖率宜≥65%	
街坊内绿地、与地块结合的公共绿地	绿地型	绿化覆盖率宜≥50%	
	广场型	绿化覆盖率宜≥30%	

2.2.5　地下空间复合开发上部绿地

应满足海绵城市设计要求。宜采用下沉式绿地、透水铺装、生物滞留设施、较厚的覆土层等，加强雨水下渗。

2.2.6　绿地型绿地下方覆土层

绿地型绿地下方覆土层的厚度不宜小于3m。

2.3　地下步行系统复合开发

2.3.1　地下步行系统的规划体系

主要有三种：轨道站点间的步行系统，站点周边地块步行系统，片区步行系统。

1）轨道站点间的步行系统开发模式分类及图示

轨道站点间的步行系统开发模式　　　　　　　表 2.3.1.1

开发模式	图 示	规范依据
换乘关系两条轨道线：站点间以地下步行道连通，形成换乘空间，并可与物业开发相结合		《前海地下空间规划》第五章第1.1条
同一条轨道线：相距较近的站点间区间首层可以开发利用，形成地下步行通道和物业空间		

2）站点周边地块规划要求

站点周边地块步行系统规划要求 表 2.3.1.2

类　型	技 术 要 求	规范依据
站点周边地块步行系统	新建大型综合性公共建筑的地下空间，应与附近现状或规划的地铁站点、公交枢纽等公共交通设施进行整合与无障碍连通	《前海地下空间规划》第五章第1.1条
	地下步行系统应优先连通公共性质高的地块，如商业、办公、商住及其他大型公共建筑。主要商业廊道及公共活动空间节点是步行网络衔接的重点	
	站点周边200m步行范围为核心腹地，出入口与地块地下空间宜直接衔接。200～500m范围为较合理的步行范围，建议地下步行系统延伸至高强度开发的公共建筑地块，如大体量的商业办公综合体	

3）片区步行系统规划要求

片区步行系统规划要求 表 2.3.1.3

类　型	技 术 要 求	规范依据
片区步行系统	宜对各个片区的步行环境进行分析模拟，总结行人对步行环境要素的偏好，如人行道宽度、公共绿地、地块内建筑布局等。根据预测的人流量合理安排步行路径及宽度	《前海地下空间规划》第五章第1.1条
	建设全面的步行网络系统，地面道路人行道宽度根据规划道路断面确定，优先考虑使用公共绿地提供的步行空间，引入地块内部建筑间步行空间	

2.3.2 地块内部开发地下步行系统，特别是地下空间整体开发的多个地块，可增强活力，提高地块地下空间开发价值，充分调动市场积极性，通过规划控制，确保人行网络的形成。

2.3.3 街坊内绿地等开敞空间下方开发地下步行系统，受上部空间的影响小，实施难度低，有利于打造有特色的步行空间环境。

2.3.4 待建道路下方，应综合考虑道路红线宽度、断面形式、两侧绿化带尺度，以及市政管线（沟）的规划位置。

2.3.5 结合轨道交通站体、区间段上方空间布置地下步行系统，应保证公共通道的先期开发和可控性。

2.3.6 地下步行系统复合开发建设模式主要有三种：公共绿地下方、市政道路下方以及地块内部。

地下步行系统复合开发建设模式 表 2.3.6

主要影响因素	开发模式及技术要求			规范依据
	公共绿地下方	市政道路下方	地块内部	
步行空间效果	根据设计要求可达到较好的空间效果	通风采光设施、出入口对道路红线、宽度、断面形式有较高要求，通常空间效果单一	可结合建筑一体化设计，取得较好的空间效果	《前海地下空间规划》第五章第1.3条
与市政管线关系	互不影响	需协调与市政管线的竖向关系	互不影响	
覆土厚度	绿地型宜大于3m	不应小于3m，且应满足市政管线敷设要求	按地块要求	

续表

主要影响因素	开发模式及技术要求			规范依据
	公共绿地下方	市政道路下方	地块内部	
出入口、消防、机电等附属设施	附属设施的布局和方案对绿地有一定影响	较难独立设置，需借助周边地块统筹设置	结合地块一体化设计	《前海地下空间规划》第五章第1.3条
协调难度	由政府投资建设，产权及运营管理权归政府，易于协调	由政府投资建设，产权及运营管理权归政府，易于协调	需在土地出让、建设用地规划许可证等前期明确建设要求	
建设时间可控性	根据政府建设时序要求，具有可控性，且具备先期建设优势	根据政府建设时序要求，具有可控性，且具备先期建设优势	按地块开发时序，存在一定的不可控性	
建设成本	独立建设时建设成本相对较高；若绿地下方有公共设施、商业等一体化开发，建设成本与常规项目出入不大	独立建设时建设成本相对较高	与地块一体化开发，建设成本与常规项目出入不大	

2.3.7 城市高密度区域的地下步行系统复合开发宜以轨道站点为中心，轨道站点200m步行范围内轨道站点出入口与地块地下空间直接衔接；轨道站点200～500m范围为合理的步行范围，可将步道延伸至高强度开发的公共建筑地块，建立地下步行网络系统。

2.3.8 分析用地功能类型、开发量、产生吸引率、步行分担率以及轨道车站日客流等基础数据及预测值，建立步行流量分布模型，确立主要人流的流量、方向及路径。

2.3.9 地下步行系统复合开发应与轨道站点、公交首末站结合，进一步提升城市公共通道的衔接水平；宜与地上、地下商业结合，提高步行可达性；市政路下方城市公共通道兼具人行过街功能。

2.3.10 地下步行系统类型划分及功能定位

地下步行系统类型划分及功能定位　　　　　　　　　　　　　　　　　表2.3.10

通道类型		功能定位	通道宽度	操作落实	规范依据
骨干通道	主要通道	地下步行系统的骨架和基础，服务轨道站点间的连通，扩大步行辐射范围	不宜小于8m，带商业地下公共通道不应小于8m	以政府主导建设和开发商承建共同落实，主要通道为保证其公共利益和落地性，优先选择结合轨道交通等公共基础设施同步建设	《前海步行和自行车交通系统专项规划》
	次要通道	地下步行骨架道路的延伸，服务主要商业廊道，提高步行可达性	不应小于6m，带商业地下公共通道不应小于8m	次要通道优先选择布局在街坊内绿地等开敞空间下，可以提高其空间品质	
发散通道		地下步行系统进一步完善和加密，服务于地块地下商业空间的连通成片	不应小于6m，带商业地下公共通道不应小于8m	由开发商责建设，鼓励地块开发商本着共同利益最大化原则，自发建设或共同建设	

2.3.11 地块内地下城市公共通道的宽度和高度，应根据通行能力和使用功能等要求确定，且最小净宽和最小净高应满足表2.3.11规定（长通道最小净高数值宜适当提高）。

地块内地下城市公共通道最小净宽和最小净高　　　　　　　　表 2.3.11

类　　别	地下人行公共通道			规范依据
	无商业	单侧商业	双侧商业	
最小净宽	6m	8m	8m	《深圳市城市规划标准与准则》《深圳市建筑设计规划》
最小净高	宜为 3m	宜为 3m	宜为 3m	

2.3.12　地下步行通道的布局形态

地下步行通道的布局形态　　　　　　　　表 2.3.12

布局形态	适 用 范 围	规范依据
格网状布局	适用于地块较均质的片区，地块间在开发强度、用地性质上趋同，特别是在高强度开发的核心金融商务区，可采用格网状的地下步行系统	《前海地下空间规划》第五章第 1.4 条
鱼骨状布局	适用于有明显轴线的片区，轴线两侧汇聚了公共性最强、开发强度最高的地块，越远离轴线，其开发强度和公共性越低	
多点放射状布局	适用于有多个核心节点的片区，核心节点周边公共性、开发强度均最高，适合于轨道交通站点周边形成的地下步行系统	

2.3.13　地下城市公共通道应满足无障碍设计要求，其内不宜设置台阶。当有高差而确需设置台阶时，应设明显标志，并设置栏杆和轮椅坡道或无障碍电梯等设施。

2.3.14　城市高密度区域的地下步行系统复合开发宜构筑立体化城市公共通道系统，在重要节点处设置无障碍人行垂直转换设施，连接地下、地面及地上城市公共通道。

2.3.15　地下人行联络道总平面、平面及竖向设计要点

地下人行联络道总平面、平面及竖向设计要点　　　　　　　　表 2.3.15

设计类型	技 术 要 求	规范依据
总平面设计	以轨道站点为核心，结合公交站点，形成互联互通的地下人行网络 应与其他地下空间如地铁站点、地下商业街、地下过街通道、地下停车库、地下人防设施等紧密衔接，共享通道和出入口 结合地铁站点设置地下过街通道，须配建餐饮、零售、文化娱乐等功能配套设施，塑造连续的、具有活力的商业服务街道 地下行人通道应纳入整体交通系统，连接附近主要交通站点，采用简明的形式，避免造成行人滞留。地下行人通道出入口与公交站的距离宜在 100m 范围之内	《前海地下空间规划》第五章　第 1.4 条《深圳市城市规划标准与准则》第 9.2.1.2 条
平面设计	地下人行城市公共通道净宽不应小于 6m，净高不应小于 2.8m；带商业的地下人行城市公共通道净宽不应小于 8m，净高不应小于商业使用要求 地下行人通道的长度不宜超过 100m；如有特别需要而超过 100m 时，宜设自动人行道。通道内每间隔 50m 应设置防灾疏散空间以及 2 个直通地面的出入口。最大建设深度宜控制在 10m 以内	《深圳市城市规划标准与准则》第 9.2.1.3 条、第 9.2.3.5 条
竖向设计	地下开放空间应与地面公共建筑空间、开放绿地广场空间节点相结合，便于人流的立体转换 地下开放空间宜设置行人上下转换设施，连通地块地下空间与地面开敞空间，转换设施位置应醒目易识别 地下公共空间应结合地下人行骨干通道的交汇处、转换处设置，加强地下空间导向性，引导人流集散	《前海合作区慢行系统专项规划》

2.4 地下车行系统复合开发

2.4.1 定义

地下车行系统复合开发指由地下道路承担通过性及中长距离快速到发交通功能，并与建设用地一体化设计建造的开发模式，为公共交通和慢行系统释放出地面空间，增大路网通行能力，均衡交通量分布。

2.4.2 地下车行系统宜构成为"地下道路—联络道—车库"的逐级分流交通系统。

2.4.3 地下车行系统与地下空间复合开发的设计要点

地下车行系统与地下空间复合开发设计要点   表 2.4.3

复合开发方式	设 计 要 点	规范依据
与地面市政道路、轨道线路复合开发	利用市政道路下方布设地下车行道路时，市政路下方覆土厚度不应小于3m，且应满足市政管线敷设要求 地铁线上方设置地下车行道路时，地铁外壁距地下道路底板距离应取得地铁相关主管部门同意，一般不应小于6m；地铁采用明挖法施工方案时，地下道路、地面道路、地铁应一体化设计和施工 地下车行道路外壁与周边地块地下室间距不宜小于3m	《前海地下空间规划》第五章第2节
与绿地复合开发	绿地下方覆土层的厚度不宜小于3m	
与地块复合开发	地下道路进入地块时，应采用三维产权方式划分产权，清晰界定地块物业、地下道路的边界及权属 地块建筑设计单位与道路设计单位应统筹协调，确保地下道路的净高、净宽、标高、结构、机电等满足要求，同时尽可能减少对地块建筑的影响 同步设计、同步施工，分项验收	

2.4.4 地下车行道路的设计应注重消防、应急等系统安全可靠，同时确保不对周边复合开发项目造成安全隐患。

2.4.5 地下车行系统与地下空间复合开发的建设模式

地下车行系统与地下空间复合开发建设模式   表 2.4.5

建设模式	利	弊	规范依据
独立建设	地下道路与地块结构、围护、系统均独立，有利于工程管理、质量控制和竣工验收 有利于工程的总体工期控制并尽早投入使用，独立建设完成后即可通车运行 有利于减少与周边地块的协调工作	支护结构需要独立设置，工程费用相对较高 基坑与周边地块基坑独立，一般周边地块基坑开挖深度大，为避免后期地块实施的影响，需要设置防沉降措施	《前海地下空间规划》第五章
与地块同步建设	与周边地块同步实施，地下道路与地块结构、系统独立，基坑与地块作为一个整体统筹考虑或者与地块结构一体化设计建造，机电、交通设施分步实施。集约化建造，可极大节约成本 有利于设备用房等设施的集中布设，有利于地下空间的集约化利用 有利于减少邻接工程的影响	统筹协调难度大 联络道通车运营时间受周边地块建设时间影响较大	

2.4.6　地块开发与地下车行联络道建设方式影响分析

地块开发与地下车行联络道建设方式影响分析　　　　表 2.4.6

建设模式	独立建设	共同开发建设（结构相连）	同步设计分期施工（结构相连）	规范依据
建设时序	只需提供对围护墙的弯矩及深度要求	联络道和地块建筑需同步设计及施工	联络道和地块建筑需同步设计	《前海地下空间规划》第五章
建设条件	提供对共用围护墙的弯矩及深度要求	地块内方案确定	地块内方案确定	
结构形式	结构分离，联络道与地块建筑互不影响	结构共墙共板。不利于结构抗震	结构共墙共板。不利于结构抗震	
结构责权划分	结构责权划分清晰	结构若出现问题，权责不明，难以划分	结构若出现问题，权责不明，难以划分	
空间利用	对地块建筑有一定影响	地上及地下空间充分利用	地上及地下空间充分利用	
接口协调	联络道与地块的接口分期由不同建设主体实施，易造成接口预留和后期贯通问题	可以避免接口预留和后期贯通问题	先行建设的工程需预留接口，后期工程贯通	
建设标准	联络道竣工资料独立编制，自成体系。后期验收竣工易于通过	设计复杂性较高；联络道的竣工资料由多家单位编制、标准难以统一，出现资料缺少、错误的可能性大，后期整理、归档工作复杂	设计复杂性较高；联络道的竣工资料由多家单位编制，标准难以统一，出现资料缺少、错误的可能性大，后期整理、归档工作复杂	
工程投资	投资稍大	投资稍小	投资稍小	

2.5　轨道站点复合开发

2.5.1　轨道站点及出入口与地块整合开发，与商业、公共服务设施等空间结合，衔接区域交通，有利于建立更紧密、高效、可持续的城市公共空间。

2.5.2　轨道站点复合开发设计要点

轨道站点复合开发设计要点　　　　表 2.5.2

要素	设　计　要　点	规范依据
边界	应明确界定轨道站点及出入口与地块建筑间的边界，责权清晰 地块建筑设计应与轨道站点及出入口统筹设计，标注交界处的坐标点、标高、净高，确保衔接顺畅	《前海车站与地块整合设计指引》第二节
公共空间	应一体化统筹设计公共空间，地面铺装、墙面、照明、景观等在不同权属空间应整体设计，保障城市公共空间与地铁出入口协调统一 轨道站点出入口应保障充足间隔空间，满足地铁人流要求，避免地块与地铁人流冲突 合理规划人行流线，创造公共空间活跃边界，避免流线迂回，减少到达车站时间 轨道站点出入口与地块公共通道应满足无障碍通行要求 尽可能采用自然采光和通风，创造舒适与活力空间，提升公共空间的品质	

要素	设计要点	规范依据
交通	轨道站点及出入口应与公交场站、公交站点、出租车站、自行车停放点一体化设计，确保连接快捷顺畅	
消防	消防设计应与地块整体设计，保障消防疏散安全。轨道站点利用地块疏散通道、楼电梯的，应明确标识	《前海车站与地块整合设计指引》第二节
机电	给水排水、电力电信、空调等系统应与地块整体设计 机电附属设施应与建筑、城市公共空间协调，避免对城市环境造成不利影响 结合使用要求，复合开发部分可共用机电系统，分开计量，统一管理	
标识	应设置清晰的导向标识，提升导向能力和辨识度 轨道站点出入口与地块导示应整体设计，导向标识应一致 提供清晰的换乘导向标识	

2.5.3　轨道站点复合开发整合类型

轨道站点复合开发整合类型　　　　　　　　　　　　　　　　　　表 2.5.3

类型	设计要点	规范依据
与地块建筑整合出入口	在不影响街道、建筑内部密集人流的条件下，整合车站空间和周边地块建筑空间，提高通行效率，实现全天候无缝换乘 转角设置，结合下沉广场，形成共享空间	《前海车站与地块整合设计指引》第二节
风亭整合	与裙房整合 与下沉广场整合	

2.5.4　地铁附属设施的类型（出入口、风亭、冷却塔、疏散口、垂直电梯）及设置要点

地铁附属设施的类型及设置要点　　　　　　　　　　　　　　　　表 2.5.4

类型	建设模式	设置要点	规范依据
永久性	独立建设	按照城市、地域统一标准及风格建设。位于公共绿地内的附属设施应尽量减小体量，降低对公共绿地的影响	《前海车站与地块整合设计指引》第二节
	与地块合建	与地块内建筑进行景观一体化处理 预留与各地块内的地下空间接口	
临时性	独立建设	临时景观绿化遮挡，预留远期改造的条件。在地铁出入口改造的过程中，建议不要同时改造，保留一个出入口的正常运营使用	
	与地块合建		

2.5.5　地铁出入口设计应满足功能要求，符合城市定位形象，施工简单，后期维护容易。

2.5.6　各个地铁附属设施应风格统一，与景观进行一体化设计。

2.5.7　地面风亭应尽量与地面建筑结合设置，风亭口部距其他建筑物距离应不小于 **5m**，设于路边时其开口底部距离地面高度应不小于 **2m**，冷却塔应尽量布置在邻近建筑物的屋顶，或与风亭合建。冷却塔、风亭的噪声应达到标准限制要求。

2.6　地下建筑附属设施

2.6.1　地下建筑的附属设施设置应满足功能要求，宜集中布置，应与地面景观相协调。

2.6.2　人行出入口、机动车出入口及下沉广场的设计

人行出入口、机动车出入口及下沉广场设置要点　　　　　　　　　　表 2.6.2

附属设施类型	设　置　要　点	规范依据
人行出入口	地下空间出入口设计应简洁、轻巧、通透、可识别；人行出入口应优先结合建筑一体化设计，分布均匀且主次分明；地面及下沉广场连通地面的主要人行出入口宜设置在地面空间开敞的用地内 连接地面出入口的地下通道长度不宜大于100m，当超过时应采取能满足消防疏散要求的措施 地铁出入口及人行出入口宜采用下沉广场、半地下街道、采光井等形式，保证自然采光通风，同时考虑具有较强标志性的建筑小品设计；主要人行出入口宜设置电梯或自动扶梯 地下人行公共通道出入口宜与轨道站点、公交站点布局结合，提高公共交通的步行衔接服务水平；人行出入口与地下建筑连通道应保持通畅，在距离出入口疏散门5m范围内不得设置可燃物或影响人员通行的障碍物 地下空间出入口应布置在主要人流方向上，与人行过街天桥、地下人行通道、邻近建筑物地下空间连通。道路两侧的地下空间出入口方向宜与道路方向一致，出入口前应设置符合建筑功能和疏散要求的集散场地，宜设置城市配套的非机动车停放场地及设施 地下空间出入口应采用多种形式强化无障碍设计	《车库建筑设计规范》JGJ 100—2015 《深圳市建筑设计规则》 《深圳市城市规划标准与准则》 《建筑设计防火规范》GB 50016—2014 《城市道路设计规范》CJJ 37—90
机动车出入口	机动车出入口与城市道路的衔接、间距、数量、大小、坡度等要求应符合现行标准《车库建筑设计规范》JGJ 100 的规定 当地下汽车库的出入口与地下城市道路直接相连时，应设有满足行车视距及不影响城市道路的正常行车要求的缓冲区，且该缓冲区应符合《城市道路设计规范》的要求 地下商业、餐饮、娱乐等设施宜根据功能分区设置独立的物流通道及货物出入口。货物出入口的数量及大小应根据货流量及货运管理模式确定，运货方式宜以货梯为主。地下车库的机动车出入口可兼作货物出入口，其口部净高应满足货运车辆的高度要求 地下建筑敞开式出入口，其敞开部分的围护结构上应设置距地面不小于1.1m高的防护设施，且该防护设施应满足其所在场所防护设施的耐冲击强度要求	
下沉广场	下沉广场退道路红线不宜小于3m 兼作地下建筑出入口的下沉式广场应设置在方便地面人流进出地下建筑的主要地段，并与城市道路或地面广场相连接 下沉式广场周边地面应设置一定规模的集散场地，宜设置非机动车的停放场地 用于防火分隔的下沉式广场等室外开敞空间，应符合《建筑设计防火规范》GB 50016 第6.4.12 条规定 下沉式广场内宜设置自动扶梯，自动扶梯上下工作点前8m范围内不得设置可燃物或妨碍人员通行	

参 考 文 献

［1］《深圳市城市规划标准与准则》（由深圳市规划和国土资源委员会编制）

［2］《深圳市建筑设计规则》（由深圳市规划和国土资源委员会编制）

［3］《前海地下空间规划》（由深圳市前海深港现代服务业合作区管理局委托，上海市政工程设计研究总院有限公司编制）

［4］《前海步行和自行车交通系统专项规划》（由深圳市前海深港现代服务业合作区管理局委托，深圳市城市交通规划设计研究中心有限公司编制）

［5］《前海车站与地块整合设计指引》［由深圳市前海深港现代服务业合作区管理局委托，栢诚（亚洲）有限公司编制］

［6］《建筑设计防火规范》GB 50016—2014（由中国建筑标准设计研究院编制）

［7］《车库建筑设计规范》JGJ 100—2015（由中华人民共和国住房和城乡建设部编制）

［8］《城市道路设计规范》CJJ 37—90（由北京市市政设计研究院编制）

［9］《深圳经济特区绿化条例》（由深圳市人民代表大会常务委员会编制）

3 超高层建筑安全技术措施

3.1 一般规定

3.1.1 基本概念

建筑高度大于 100m 为超高层建筑，包括居住建筑和公共建筑。

3.1.2 基本分类

超高层分类 表 3.1.2

分类方式	形式	特点及设计要点	
功能	超高层办公	人数计算	使用面积 4 ~ 10m²/人
	超高层酒店		客房部分按楼层总床位数
	超高层住宅		3.2 人/户
规范适用	建筑高度 ≤ 250m	满足《建筑设计防火规范》GB 50016—2014（2018 年版）的相关要求	
	建筑高度 > 250m	满足《建筑设计防火规范》GB 50016—2014（2018 年版）及《建筑高度大于 250m 民用建筑防火设计加强性技术要求（试行）》的相关要求	

3.2 消防安全技术

3.2.1 建筑构件的防火安全要求

超高层建筑构件的防火安全要求 表 3.2.1

分类	建筑构件	设计安全措施		规范依据
建筑高度大于 100m 民用建筑	楼板	耐火极限不应低于 2.00h		《建筑设计防火规范》GB 50016—2014（2018 年版）
	穿越防火隔墙、楼板和防火墙处的孔隙	应采用防火封堵材料封堵		
建筑高度大于 250m 民用建筑	承重柱（包括斜撑）、转换梁、结构加强层桁架	耐火极限不应低于	4.00h	《建筑高度大于 250m 民用建筑防火设计加强性技术要求（试行）》
	梁以及与梁结构功能类似构件		3.00h	
	楼板和屋顶承重构件		2.50h	

续表

分类	建筑构件	设计安全措施		规范依据
建筑高度大于250m民用建筑	核心筒墙体	耐火极限不应低于	3.00h	《建筑高度大于250m民用建筑防火设计加强性技术要求（试行）》
	电缆井、管道井等其他竖井井壁		2.00h	
	房间隔墙		1.50h	
	疏散走道两侧分隔墙体		2.00h	
	建筑中的承重钢结构，采用防火涂料保护时	应采用厚涂型钢结构防火涂料		

3.2.2 防火分隔

建筑高度大于250m民用建筑防火分隔要求　　　　表 3.2.2

分类	设计安全措施		规范依据
环形走道	建筑的核心筒周围应设置环形走道，隔墙上的门应采用乙级防火门窗		《建筑高度大于250m民用建筑防火设计加强性技术要求（试行）》
电梯	设置电梯厅		
公共大堂	与周围连通空间之间应设置耐火极限不低于3.00h的防火隔墙，与公共大堂相连通的门窗应采用甲级防火门窗		
厨房（公共建筑内）	应采用耐火极限不低于3.00h的防火墙和甲级防火门与相邻区域分隔		
防火门	建筑内防烟前室及楼梯间	甲级防火门	
	酒店客房的门	乙级防火门	
	电缆井等竖井井壁上的检查门	甲级防火门	
防火墙、防火隔墙	不得采用防火玻璃墙、防火卷帘替代		
建筑外墙上下口之间	应设置高度不小于1.5m且在楼板上的高度不小于0.6m的不燃性实体墙出挑宽度不小于1.0m、长度不小于开口宽度两侧各延长0.5m		

3.2.3 安全疏散和避难设计

建筑高度大于250m民用高层主体建筑内的安全疏散设计　　　　表 3.2.3.1

分类	设计安全措施	规范依据
疏散楼梯	应保证其中任一部疏散楼梯不能使用时，其他疏散楼梯的总净宽度仍能满足楼层全部人员安全疏散的需要 不应采用剪刀楼梯 建筑面积大于2000m²的楼层，其疏散楼梯不应少于3部 疏散楼梯间在首层应设置直通室外的出口。当确需通过门厅或公共大堂通向室外时，疏散距离不应大于30m	《建筑高度大于250m民用建筑防火设计加强性技术要求（试行）》

分类	设计安全措施		规范依据
电梯	除消防电梯外，公共建筑中每个防火分区应至少设置一部可兼作火灾时用于人员疏散的辅助疏散电梯	火灾时，仅停靠指定楼层和首层；电梯附近应设置明显的使用标识 载重量不应小于1300kg，速度不应小于5m/s 轿厢内应设置消防专用电话分机 其他要求应符合现行国家标准《建筑设计防火规范》GB 50016有关消防电梯及其设置要求	《建筑高度大于250m民用建筑防火设计加强性技术要求（试行）》

避难层设计   表 3.2.3.2

分类	设计安全措施		规范依据
建筑高度大于100m的公共建筑及住宅建筑的避难层(间)	第一个避难层（间）的楼地面至灭火救援场地地面的高度不应大于50m，两个避难层（间）之间的高度不宜大于50m 通向避难层（间）的疏散楼梯应在避难层分隔同层错位或上下层断开 避难层（间）的净面积应能满足设计避难人数避难的要求，按5人/m² 计算 避难层可兼作设备层。设备管道宜集中布置，其中的易燃、可燃液体或气体管道应集中布置，设备管道区应采用耐火极限不低于3.00h的防火隔墙与避难区分隔。管道井和设备间应采用耐火极限不低于2.00h的防火隔墙与避难区分隔，管道井和设备间的门不应直接开向避难区；确需直接开向避难区时，与避难层区出入口的距离不应小于5m，且应采用甲级防火门。避难间内不应设置易燃、可燃液体或气体管道，不应开设除外窗、疏散门之外的其他开口 避难层应设置消防电梯出口，应设置消火栓和消防软管卷盘，应设置消防专线电话和应急广播 在避难层（间）进入楼梯间的入口处和疏散楼梯通向避难层（间）的出口处，应设置明显的指示标志 应设置直接对外的可开启窗口或独立的机械防烟设施，外窗应采用乙级防火窗		《建筑设计防火规范》GB 50016—2014（2018年版）
大于250m民用高层建筑避难层（间）	除满足大于100m的公共建筑及住宅建筑的避难层（间）的相关规定外，还应符合下列规定	避难层（间）的净面积应能满足设计避难人数的要求，并应按不小于4人/m²计算	《建筑高度大于250m民用建筑防火设计加强性技术要求（试行）》
		设计避难人数应按该避难层与上一避难层之间楼层上的全部使用人数计算；应设置视频监控系统	
		在避难层对应位置的外墙处不应设置幕墙	

3.2.4 消防扑救与救援

消防车道   表 3.2.4.1

分类	设计安全措施		规范依据
建筑高度大于100m民用高层建筑	应设置环形消防车道		《建筑设计防火规范》GB 50016—2014（2018年版）
	消防车道应符合下列要求	净宽度和净空高度均不应小于4.0m	
		转弯半径应满足消防车转弯的要求	

续表

分类	设计安全措施		规范依据
建筑高度大于100m民用高层建筑	消防车道应符合下列要求	与建筑之间不应设置妨碍消防车操作的树木、架空管线等障碍物	《建筑设计防火规范》GB 50016—2014（2018年版）
		靠建筑外墙侧的边缘距离建筑外墙不宜小5m	
		坡度不宜大于8%	
		环形消防车道至少应有两处与其他车道连通，尽头式消防车道应设置回车道或回车场，回车场的面积不应小于12m×12m；对于高层建筑，不宜小于15m×15m；供重型消防车使用时，不宜小于18m×18m	
		路面、救援操作场及其下面的管道和暗沟等，应能承受重型消防车的压力。消防车道可利用城乡、厂区道路等，但该道路应满足消防车通行、转弯和停靠的要求	
建筑高大于250m民用高层建筑	除满足大于100m民用高层建筑消防车道的相关规定外，还应符合下列规定	净宽度和净空高度均不应小于4.5m 路面、救援操作场地、消防车道和救援操作场地下面的结构、管道和暗沟等，应能承受不小于70t的重型消防车的压力	《建筑高度大于250m民用建筑防火设计加强性技术要求（试行）》

救援场地 　　　　　　　　　　　　　　　　　表3.2.4.2

分类	设计安全措施		规范依据
建筑高度大于100m民用高层建筑	建筑应至少沿一个长边或周边长度的1/4且不小于一个长边长度的底边连续布置消防车登高操作场地，该范围内的裙房进深不应大于4m		《建筑设计防火规范》GB 50016—2014（2018年版）
	消防车登高操作场地应符合下列规定	与厂房、仓库、民用建筑之间不应设置妨碍消防车操作的树木、架空管线等障碍物和车库出入口 长度和宽度分别不应小于20m和10m 场地及其下面的建筑结构、管道和暗沟等，应能承受重型消防车的压力 应与消防车道连通，场地靠建筑外墙一侧的边缘距离建筑外墙不宜小于5m，且不应大于10m，场地的坡度不宜大于3%	
建筑高度大于250m民用高层建筑	满足大于100m民用高层建筑消防车登高操作场地的相关规定		《建筑高度大于250m民用建筑防火设计加强性技术要求（试行）》
	还应符合下列规定	场地的总长度不应小于建筑周长的1/3且不应小于一个长边的长度，并应至少布置在两个方向上 在建筑的第一个和第二个避难层外墙一侧应对应设置消防车登高操作场地 消防车登高操作场地的长度和宽度分别不应小于25m和15m	

续表
直升机停机坪 表 3.2.4.3

分类		设计安全措施	规范依据
建筑高度大于100m且标准层建筑面积大于2000m²的公共建筑	建筑高度大于100m且标准层建筑面积大于2000m²的公共建筑，宜在屋顶设置直升机停机坪或供直升机救助的设施；直升机停机坪应符合下列规定	设置在屋顶平台上时，距离设备机房、电梯机房、水箱间、共用天线等突出物不应小于5m 建筑通向停机坪的出口不应少于2个，每个出口的宽度不宜小于0.90m 四周应设置航空障碍灯，并应设应急照明 在停机坪的适当位置应设置消火栓 其他要求应符合国家现行航空管理有关标准的规定	《建筑设计防火规范》GB 50016—2014（2018年版）

3.2.5 防排烟设计

防排烟设计 表 3.2.5

类别	分项	设计安全措施	依据
防烟系统	设置场所	防烟楼梯间、前室（包括独立前室、共用前室、合用前室、消防电梯前室、避难走道前室）、避难层（间）、避难走道等	《建筑设计防火规范》GB 50016—2014（2018年版）第8.5.1条《建筑防烟排烟系统技术标准》GB 51251—2017第3.1.9条
	系统选择	楼梯间、前室需采用机械加压系统 避难层可采用开窗自然通风防烟，也可设置机械加压送风系统。外窗应采用乙级防火窗 避难走道应在其前室及避难走道分别设置机械加压送风系统，但下列情况可仅在前室设置机械加压送风系统： （1）避难走道一端设置安全出口，且总长度小于30m； （2）避难走道两端设置安全出口，且总长度小于60m	《建筑防烟排烟系统技术标准》GB 51251—2017第3.1.2条、第3.1.8条、第3.1.9条《建筑设计防火规范》GB 50016—2014（2018年版）第5.5.23-9条
	系统设置	（剪刀）楼梯间、前室加压系统应独立设置，不可合用系统 机械加压送风系统应竖向分段独立设置，且每段高度不应超过100m 机械加压送风机的进风口应直通室外，且其进风口宜设置在机械加压送风系统的下部 消防进风、排烟百叶竖向布置时，送风机的进风口应设置在排烟出口的下方，两者边缘最小垂直距离大于等于6.0m；水平布置时，两者边缘最小水平距离大于等于20.0m 加压送风机应设置在专用机房内 建筑高度大于250m的建筑，避难层机械加压送风系统的室外进风口应至少在两个方向上设置 建筑高度大于250m的建筑，采用外窗自然通风防烟的避难区，其外窗应至少在两个朝向设置，总有效开口面积不应小于避难区地面面积的5%与避难区外墙面积的25%中的较大值	《建筑防烟排烟系统技术标准》GB 51251—2017第3.1.5条、第3.3.1条《建筑高度大于250m民用建筑防火设计加强性技术要求（试行）》第十九条、第二十条

续表

类别	分项	设计安全措施	依　据
防烟系统	防烟系统外窗、固定窗	除避难层外的外窗设置要求：采用机械加压送风的场所不应设置百叶窗，且不宜设置可开启外窗 楼梯间固定窗设置要求：设置机械加压送风系统的防烟楼梯间，尚应在其顶部设置不小于 $1m^2$ 的固定窗。靠外墙的防烟楼梯间，尚应在其外墙上每 5 层内设置总面积不小于 $2m^2$ 的固定窗。固定窗应设置明显永久标识 避难层外窗设置要求：设置机械加压送风系统的避难层（间），尚应在外墙设置可开启外窗，其有效面积不应小于该避难层（间）地面面积的 1%。有效面积的计算应符合《建筑防烟排烟系统技术标准》第 4.3.5 条的规定 避难层特殊开窗要求：建筑高度大于 250m 的建筑，采用外窗自然通风防烟的避难区，其外窗应至少在两个朝向设置，总有效开口面积不应小于避难区地面面积的 5% 与避难区外墙面积的 25% 中的较大值	《建筑防烟排烟系统技术标准》GB 51251—2017 第 3.3.10 条、第 3.3.11 条、第 3.3.12 条、第 6.1.5 条 《建筑高度大于 250m 民用建筑防火设计加强性技术要求（试行）》第十九条、第二十条
排烟系统	设置场所	1. 应设置排烟设施场所一： （1）设置在一、二、三层且房间建筑面积大于 $100m^2$ 的歌舞、娱乐、放映、游艺场所，设置在四层及以上楼层、地下或半地下的歌舞、娱乐、放映、游艺场所； （2）中庭； （3）公共建筑内建筑面积大于 $100m^2$ 且经常有人停留的地上房间； （4）公共建筑内建筑面积大于 $300m^2$ 且可燃物较多的地上房间； （5）建筑内长度大于 20m 的疏散走道 2. 应设置排烟设施场所二： 地下或半地下建筑（室）、地上建筑内的无窗房间，当总建筑面积大于 $200m^2$ 或一个房间建筑面积大于 $50m^2$，且经常有人停留或可燃物较多时，应设置排烟设施	《建筑设计防火规范》GB 50016—2014（2018 年版）第 8.5.3 条、第 8.5.4 条
	系统选择	优先采用自然排烟系统，不能满足自然排烟条件时，应采用机械排烟系统	《建筑防烟排烟系统技术标准》GB 51251—2017 第 4.1.1 条
	自然排烟系统设置	房间：净高小于等于 6m 时，设置不小于排烟房间建筑面积 2% 的自然排烟窗（口）。净高大于 6m 的场所，根据《建筑防烟排烟系统技术标准》表 4.6.3 计算 走道或回廊：根据其所连接的房间是否有排烟设置，走道或回廊设置有效面积不小于走道、回廊建筑面积 2% 的自然排烟窗（口），或在走道两端（侧）均设置面积不小于 $2m^2$ 的自然排烟窗（口）且两侧自然排烟窗（口）的距离不应小于走道长度的 2/3 中庭：按排烟量和自然排烟窗（口）的限制风速计算有效开窗面积 补风：地上走道和地上建筑面积小于 $500m^2$ 的房间无需补风，其余需设置补风系统。补风可采用外门、可开启外窗（防火门、窗除外）或机械送风方式。补风风机应设置在专用机房内 排烟外窗的加强要求：建筑高度大于 250m 的建筑，自然排烟口的有效开口面积应大于等于该场所地面面积的 5%	《建筑防烟排烟系统技术标准》GB 51251—2017 第 4.6.3 条、第 4.6.5 条、第 4.5.1 条～第 4.5.3 条 《建筑高度大于 250m 民用建筑防火设计加强性技术要求（试行）》第二十条

续表

类别	分项	设计安全措施	依 据
排烟系统	机械排烟系统设置	系统分段：排烟系统竖向分段独立设置，公共建筑每段高度不超过50m，住宅每段高度不超过100m 排烟风机需设置在专用机房内 建筑高度大于250m的建筑，机械排烟系统竖向按避难层分段设计	《建筑防烟排烟系统技术标准》GB 51251—2017第4.4.2条、第4.4.5条 《建筑高度大于250m民用建筑防火设计加强性技术要求（试行）》第二十一条
	排烟系统外窗设置	采用自然排烟时，外窗的设置应满足： 1. 自然排烟窗（口）应在储烟仓以内，但走道、室内空间净高不大于3m的区域的自然排烟窗（口）可设置在室内净高度的1/2以上 2. 最近的自然排烟窗（口）距离防烟分区内任一点之间的水平距离应小于等于30m。当公共建筑空间净高大于等于6m，且具有自然对流条件时，其水平距离应小于等于37.5m 3. 自然排烟窗（口）宜分散均匀布置，且每组的长度不宜大于3.0m 4. 设置在防火墙两侧的自然排烟窗（口）之间最近边缘的水平距离不应小于2.0m 5. 自然排烟窗（口）开启的有效面积应根据排烟窗开启方式及开启角度，按《建筑防烟排烟系统技术标准》第4.3.5条计算 6. 自然排烟窗（口）应设置手动开启装置	《建筑防烟排烟系统技术标准》GB 51251—2017第4.3.2条、第4.3.3条、第4.3.5条、第4.3.6条
	排烟系统固定窗	固定窗设置场所要求：地上商店建筑、展览建筑及类似功能的公共建筑及其走道，歌舞、娱乐、放映、游艺场所，中庭等，当设置机械排烟系统时，应根据建筑面积大小，按《建筑防烟排烟系统技术标准》第4.4.14条~第4.4.16条的要求在外墙或屋顶设置固定窗 固定窗应设置在外墙或屋顶，位置和面积需满足《建筑防烟排烟系统技术标准》第4.1.14条、第4.1.15条规定 固定窗宜按每个防烟分区在屋顶或建筑外墙上均匀布置且不应跨越防火分区 固定窗应设置明显永久标识	《建筑防烟排烟系统技术标准》GB 51251—2017第4.1.4条、第4.1.14条~第4.4.16条、第6.1.5条

3.2.6 火灾探测报警设计

火灾探测报警设计 表 3.2.6

分类	设计安全措施	规范依据
火灾自动报警系统	辅助疏散电梯的轿厢内应设置消防专用电话分机 旅馆客房内设置的火灾探测器应具备有声警报功能 旅馆客房及公共建筑中经常有人停留且建筑面积大于100m²的房间内应设置消防应急广播扬声器 疏散楼梯间内每层应设置1部消防专用电话分机，每2层应设置一个消防应急广播扬声器 避难层（间）、辅助疏散电梯的轿厢及其停靠层的前室内应设置视频监控系统，视频信号系统应接入消防控制室，视频监控系统的供电回路应符合消防供电的要求 消防控制室应设置在建筑的首层	《建筑高度大于250m民用建筑防火设计加强性技术要求（试行）》

3.2.7 消防给水及自动灭火系统设计

<table>
<tr><td colspan="3">消防给水及自动灭火系统设计</td><td>表 3.2.7</td></tr>
<tr><td>分类</td><td colspan="2">设计安全措施</td><td>规范依据</td></tr>
<tr><td rowspan="2">室内消火栓</td><td colspan="2">室内消火栓的布置应满足同一平面有 2 支消防水枪的 2 股充实水柱同时达到任何部位的要求，消火栓的布置间距不应大于 30.0m</td><td>《消防给水及消火栓系统技术规范》GB 50974—2014</td></tr>
<tr><td colspan="2">大于 250m 民用高层建筑：楼梯间前室和设置室内消火栓的消防电梯前室通向走道的墙体下部，应设置消防水带穿越孔。消防水带穿越孔平时应处于封闭状态，并应在前室一侧设置明显标志</td><td>《建筑高度大于 250m 民用建筑防火设计加强性技术要求（试行）》</td></tr>
<tr><td>灭火器</td><td colspan="2">超高层建筑灭火器应按照严重危险级配置</td><td>《建筑灭火器配置设计规范》GB 50140—2005</td></tr>
</table>

3.2.8 燃气设计

<table>
<tr><td colspan="3">燃气设计</td><td>表 3.2.8</td></tr>
<tr><td>类　别</td><td colspan="2">设计安全措施</td><td>依据</td></tr>
<tr><td rowspan="4">室内燃气</td><td colspan="2">公寓式旅馆建筑客房中的卧室及采用燃气的厨房或操作间应直接采光、自然通风</td><td>《旅馆建筑设计规范》JGJ 62—2014 第 4.2.3 条</td></tr>
<tr><td colspan="2">高层民用建筑内使用可燃气体燃料时，应采用管道供气。使用可燃气体的房间或部位宜靠外墙设置，并应符合现行国家标准《城镇燃气设计规范》GB 50028 的规定</td><td>《建筑设计防火规范》GB 50016—2014（2018 年版）第 5.4.16 条</td></tr>
<tr><td colspan="2">餐饮场所严禁使用液化石油气，设置在地下的餐饮场所严禁使用燃气</td><td>关于加强超大城市综合体消防安全工作的指导意见（公消〔2016〕113 号）</td></tr>
<tr><td colspan="2">建筑高度大于 250m 的民用建筑高层主体内严禁使用液化石油气、天然气等可燃气体燃料</td><td>《建筑高度大于 250m 民用建筑防火设计加强性技术要求（试行）》第十三条</td></tr>
</table>

3.3 地下室安全技术措施

3.3.1 地下室设计控制要素

<table>
<tr><td colspan="3">地下室设计控制要素</td><td>表 3.3.1</td></tr>
<tr><td>控制要素</td><td colspan="2">设计安全措施</td><td>规范依据</td></tr>
<tr><td>边线范围</td><td colspan="2">除设置地下联系通廊的区域外，地下空间开发范围应在满足市政设施敷设及地面绿化覆土要求的前提下，地下空间边线范围可根据其权属边线进行开发建设，所有建（构）筑物（含基坑支护结构）不应超出其用地红线
地下室边线应退让规划路边线 3m。经城市规划批准的与城市轨道交通、公共建筑或公用设施相连而进入该范围的地下隧道除外</td><td>各地城乡规划技术规定</td></tr>
<tr><td>埋深与层高</td><td colspan="2">建筑层高：梁板式地下车库层高 3800mm，采用无梁楼盖式地下车库层高 3700mm
基础埋置深度影响地下室埋深。基础埋置深度可从室外地坪算至基础底面，并宜符合下列规定：天然地基或复合地基，可取房屋高度的 1/15；桩基础，不计桩长，可取房屋高度的 1/18</td><td>《高层建筑混凝土结构技术规程》JGJ 3—2010</td></tr>
</table>

3.3.2　地下室防水设计要点

地下室防火设计要点　　　　　　　　　　　　　　　表 3.3.2

分类	分项	设计安全措施	规范依据
防水等级	顶板	地下工程种植顶板的防水等级应为一级 种植顶板厚度不应小于 250mm，最大裂缝宽度不应大于 0.2mm，并不得贯通	《地下工程防水技术规范》 GB 50108—2008
	侧壁	人员长期停留的场所按一级防水设计 地下车库、设备房按二级防水设计	
基坑支护结构与地下室永久侧壁分设	外防外贴	基坑支护结构内侧边线与地下室永久侧壁外边线之间宜有 1200mm 施工操作距离	
	外防内贴	基坑支护结构内侧边线与地下室永久侧壁外边线之间缺少施工操作距离时适用	
基坑支护结构（地下连续墙）兼做主体结构地下室侧壁	内部防水结合排水的做法	地下室侧壁内侧设建筑内衬墙，内衬墙与侧壁之间地面为满足至少 250mm 净宽的排水沟，水沟地漏附近设 800mm×2100mm 甲级防火检修门	
		地下室侧壁内侧设内防水，可采用无机防水涂料如水泥基渗透结晶型防水涂料；内衬墙靠地下室一侧面层采用防水砂浆找平	

3.3.3　基坑支护方案设计控制要素

基坑支护方案设计控制要素　　　　　　　　　　　　表 3.3.3

控制要素	设计安全措施	规范依据
基坑围护结构使用年限	基坑围护结构为临时结构，自基坑开挖算起使用年限为 1～2 年 基坑围护结构（地下连续墙）兼作主体结构地下室侧壁，为永久性结构，使用年限同主体结构	《建筑基坑支护技术规程》 JGJ 120—2012
基坑支护深度控制	地下室底板结构标高 地下室底板结构厚度 地下室底板结构下防水处理厚度 靠近基坑侧壁的电梯核心筒底坑标高	
主体结构影响设计的因素（采用内支撑时适用）	临时格构柱应避免与主体竖向受力构件位置重叠，应考虑主体集水井、电梯井位置及深度，应避让人防墙 钢筋混凝土水平支撑梁位于主体结构楼板上时宜保证有 700mm 以上净空 地下室车道贴邻影响永久基坑支护结构，需要考虑临时换拆支撑	

3.4　超高层幕墙安全技术措施

3.4.1　超高层幕墙工程规划

1）新建玻璃幕墙要综合考虑城市景观、周边环境及建筑性质和使用功能等因素，按照建筑安全、环保和节能等要求，合理控制玻璃幕墙的类型、形状和面积。多使用轻质节能的外墙装饰材料，从源头上减少玻璃幕墙安全隐患。

2）新建住宅、党政机关办公楼、医院门诊急诊楼和病房楼、中小学校、托儿所、幼儿园、老年人建筑，不得在二层及以上采用玻璃幕墙。

3）建筑物位于 T 形路口正对直线路段的外立面不得设置玻璃幕墙。

4）人员密集、流动性大的商业中心，交通枢纽，公共文化体育设施等场所，临近道路、广场及下部为出入口、人员通道的建筑，严禁采用全隐框玻璃幕墙。以上建筑在二层及以上安装玻璃幕墙的，应在幕墙下方周边区域合理设置绿化带或裙房等缓冲区域，也可采用挑檐、防冲击雨篷等防护设施。《广州市建筑玻璃幕墙管理办法》规定：以上建筑的二层以及以上部位设置玻璃幕墙的，应当采用具有防坠落性能的玻璃。

3.4.2 超高层幕墙设计安全措施

超高层幕墙设计安全措施		表 3.4.2
分类	设计安全措施	规范依据
玻璃面板	框支承玻璃幕墙面板可采用夹层玻璃、钢化玻璃或半钢化玻璃。点支玻璃幕墙的面板应采用夹层玻璃或钢化玻璃。由玻璃肋支承的全玻璃幕墙，玻璃肋宜采用夹层玻璃或夹层钢化玻璃。索网结构玻璃幕墙可采用夹层玻璃。钢化玻璃应符合国家现行标准《建筑门窗幕墙用钢化玻璃》JG/T 455 的规定 反射比不大于 0.30，对有采光功能要求的玻璃幕墙，其采光折减系数不宜低于 0.20 人员流动密度大、青少年或幼儿活动的公共场所以及使用中容易受到撞击的部位，其玻璃幕墙应采用安全玻璃；对使用中容易受到撞击的部位，尚应设置明显的警示标志	《玻璃幕墙工程技术规范》JGJ 102—2003
石材幕墙	建筑高度大于 100m 的石材幕墙工程应进行专项论证	《金属与石材幕墙工程技术规范》JGJ 133—2001
板块分格	板块分格及其支承结构不应跨越主体结构的变形缝。与主体结构变形缝相对应部位的幕墙构造，应能适应主体结构的变形量	
构造类型	超高层幕墙板块连接单元式优于构件式，工厂加工，平整度高，防水性好，抗震性好，适应主体结构变形的能力强，安装方便	
防火	建筑外墙上、下层开口之间应设置高度不小于 1.2m 的实体墙或挑出宽度不小于 1.0m、长度不小于开口宽度的防火挑檐；当室内设置自动喷淋水灭火系统时，上、下层开口之间的实体墙高度不应小于 0.8m。当上、下层开口之间设置实体墙确有困难时，可设置防火玻璃墙，高层建筑的防火玻璃墙的耐火完整性不应低于 1.00h。外窗的耐火完整性不应低于防火玻璃墙的耐火完整性要求 住宅建筑外墙上相邻户开口之间的墙体宽度不应小于 1.0m；小于 1.0m 时，应在开口之间设置突出外墙不小于 0.6m 的隔板。实体墙、防火挑檐和隔板的耐火极限和燃烧性能，均不应低于相应耐火等级建筑外墙要求 幕墙与每层楼板、隔墙处的缝隙应采用防火封堵材料封堵。参考图集《建筑设计防火规范图示》18J811—1 第 6.2.6 条 同一幕墙玻璃单元，不宜跨越建筑物的两个防火分区	《建筑设计防火规范》GB 50016—2014（2018 年版）《玻璃幕墙工程技术规范》JGJ 102—2003
防护栏	楼层外缘无实体墙的玻璃部位应设置防撞设施和醒目的警示标志 根据易发生碰撞的建筑玻璃所处的具体部位，可采取在视线高度设醒目标志或设置护栏等防碰撞措施。碰撞后可能发生高处人体或玻璃坠落的，应采用可靠护栏 设置护栏时，护栏高度应符合《民用建筑设计通则》GB 50352 的规定 室内栏板用玻璃应符合下列规定：	《民用建筑设计统一标准》GB 50352—2019《建筑玻璃应用技术规程》JGJ 113—2015

分　类	设计安全措施	规范依据
防护栏	（1）设有立柱和扶手，栏板玻璃作为镶嵌面板安装在护栏系统中，栏板玻璃应使用符合《建筑玻璃应用技术规程》JGJ 113—2015 表 7.1.1-1 规定的夹层玻璃 （2）栏板玻璃固定在结构上且直接承受人体荷载的护栏系统，其栏板玻璃应符合下列规定： ① 当栏板玻璃最低点离一侧楼地面高度不大于 5m 时，应使用公称厚度不小于 16.76mm 的钢化夹层玻璃 ② 当栏板玻璃最低点离一侧楼地面高度大于 5m 时，不得采用此类护栏系统 室外栏板玻璃应进行玻璃抗风压设计，对有抗震设计要求的地区，应考虑地震作用的组合效应，且应符合《建筑玻璃应用技术规程》JGJ 113—2015 第 7.2.5 条的规定 如有美观要求不设栏杆，需进行专项论证	《民用建筑设计统一标准》GB 50352—2019 《建筑玻璃应用技术规程》JGJ 113—2015
开启窗	透明幕墙应具有不小于房间透明面积 10% 的可开启部分，对建筑高度超过 100m 的超高层建筑，100m 以上部分的透明幕墙可开启面积应进行专项论证 高层建筑不应采用外平开窗、平行平推窗及外倒下悬窗。特殊情况下使用此类窗时，应在构造上有可靠的窗扇防脱落措施。开启角度不大于 30°，开启距离不大于 300mm，开启扇面积不应大于 1.8m²	
气密性	10 层以下透明幕墙的气密性不应低于《建筑幕墙》GB/T 21086—2007 规定的 2 级，10 层及以上透明幕墙的气密性不应低于《建筑幕墙》GB/T 21086—2007 规定的 3 级	《建筑幕墙》GBT 21086—2007
可拆卸	超高层幕墙设计应同时考虑室内拆装设计	
结构计算	幕墙高度大于 200m 或体形、风荷载环境复杂时，宜进行风洞试验确定风荷载	《建筑结构荷载规范》DBJ 15—101—2014 《强风易发多发地区金属屋面技术规程》DBJ/T 15—148—2018

3.4.3　既有玻璃幕墙使用、维护、管理

既有玻璃幕墙使用、维护、管理　　　　　　　　　　　　　　　表 3.4.3

分　类	主　要　内　容
明确既有玻璃幕墙安全维护责任人	严格按照国家有关法律法规、标准规范的规定，明确玻璃幕墙安全维护责任，落实玻璃幕墙日常维护管理要求 玻璃幕墙安全维护实行业主负责制。建筑物为单一业主所有的，该业主为玻璃幕墙安全维护责任人；建筑物为多个业主共同所有的，各业主要共同协商确定安全维护责任人，牵头负责既有玻璃幕墙的安全维护
加强玻璃幕墙的维护检查	玻璃幕墙竣工验收一年后，施工单位应对幕墙的安全性进行全面检查 安全维护责任人要按规定对既有玻璃幕墙进行专项检查 遭受冰雹、台风、雷击、地震等自然灾害或发生火灾、爆炸等突发事件后，安全维护责任人或其委托的具有相应资质的技术单位，要及时对可能受损建筑的玻璃幕墙进行全面检查，对可能存在安全隐患的部位及时进行维修处理

分　类	主 要 内 容
及时鉴定玻璃幕墙安全性能	玻璃幕墙达到设计使用年限的，安全维护责任人应当委托具有相应资质的单位对玻璃幕墙进行安全性能鉴定，需要实施改造、加固或者拆除的，应当委托具有相应资质的单位负责实施
严格规范玻璃幕墙维修加固活动	对玻璃幕墙进行结构性维修加固，不得擅自改变玻璃幕墙的结构构件，结构验算及加固方案应符合国家有关标准规范，超出技术标准规定的，应进行安全性技术论证 玻璃幕墙进行结构性维修加固工程完成后，业主、安全维护责任单位或者承担日常维护管理的单位应当组织验收

3.5　电梯运行安全

3.5.1　电梯运行的分层分区设计

电梯停靠方式　　　　　　　　表 3.5.1.1

分类	分区停靠	分层、分区停靠	设转换厅停靠
技术措施	每个分区的电梯成组设置，电梯的速度可随分区所在的高度不同而不同，高区的电梯速度比中低区的快，缩短电梯运行时间，减少电梯数量。一般宜50m或者10～12层为一个区，下区的层数宜多些，上区的层数宜少些	下区电梯机房可设在避难层或转换层内；上区电梯基坑可设在转换层下一层；穿梭电梯机房可能需设在避难层内；对其他楼层的使用功能影响较小	设转换厅的方式多用于高度大于300m的超高层，30～50层高度设空中大堂转换层，段内再分区设置电梯
图示	a. 分区停靠方式	b. 分层、分区停靠方式	c. 设转换厅分区停靠方式

注：本表根据张一莉主编的《建筑师技术手册》整理

推荐的转换层（空中换乘大堂）设置 表 3.5.1.2

位置	特 点	优 点	图 示
设在避难层上层	下区电梯机房及上区电梯基坑可上下叠在避难层或转换层内	穿梭电梯机房设在转换层上一层；上下电梯井道在同一位置，能有效降低电梯井道占用核心筒空间	

3.5.2 电梯运行的系统选择

电梯运行的系统选择 表 3.5.2

系统	特 点	适用范围
单控	厅外召唤指令只对单独一台电梯的运行进行控制	货梯、消防电梯等单独设置的电梯
并联控制	适用于对两台相邻的、共用厅外召唤指令的电梯进行统一的运行调配控制。并联控制功能是使两台电梯高效率地运行的全自动集选控制方式，可使共用厅外召唤指令的两台电梯互相配合运行	货梯、VIP电梯等两台设置的电梯组
群控	将数台电梯作为一个群体来考虑，以相等的时间间距调配电梯，采用缩短平均等候时间和减少长时间等候情况的召唤答应调配方式	3台以上成组客梯
目的楼层预约系统	目的楼层预约系统是大多数电梯制造商最先进的调度系统。通过在电梯大堂的终端机"通知"乘客电梯编号，系统将同样目的地的乘客分组到同一电梯中，通过减少每部电梯的总停靠数来增强峰值时段的处理能力，减少往返时间。目的调度最终提高了系统的总体效率，并允许更多的乘客在特定时间段内到达其目的地楼层	3台以上成组客梯，多用于办公楼等
双轿厢电梯系统	在同一电梯井道内拥有一个上下两层的电梯轿厢，电梯停靠分奇数和偶数层，停靠层层高相等，乘客人数相当，需设置双基层候梯厅，建筑入口需设置明显的奇偶层分流标识。在一定的运输能力下，可减少电梯井道数量，可提高建筑使用率。双轿厢电梯系统需要两层电梯门关闭后方可运行，等候时间较长	3台以上成组客梯，多用于办公楼穿梭电梯等
双子电梯运行系统	基于目的楼层预约系统，在一个传统电梯井道内安装两部沿着同一导轨彼此独立运行的电梯，使得两个乘客同时抵达不同楼层成为可能。只有一个基站层，但需要在基站的下方设置一个轿厢库，用来停放暂时不使用的下轿厢，从而使得上轿厢可以服务基站乘客	3台以上成组客梯，多用于办公楼等。也用于现有电梯井道的现代化改造，增加系统运载量

3.5.3 电梯运行的风压控制

1. 电梯活塞效应

轿厢在井道内高速运行时，局部空气被压缩后在轿厢与井道之间狭小的缝隙中形成高速气流，产生噪声并导致轿厢运行不稳定，这就是电梯的活塞效应。

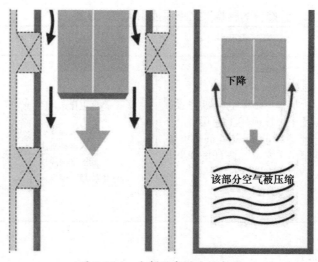

图 3.5.3.1 电梯活塞效应示意图

避免高速电梯活塞效应措施　　　　　　　　　　表 3.5.3.1

解决方案	设计安全措施
通井结构	相邻的两个井道之间不设置墙体，仅设置安装电梯需要的圈梁
相邻的两个井道之间不设置墙体，仅设置安装电梯需要的圈梁。井道中间壁开通气孔	相邻电梯井道墙壁的上、中、下等部位设置通气孔
井道其余地方开设通气孔	单井道可在电梯门头、电梯机房、设备层等其他地方开设通气孔

2. 电梯烟囱效应

烟囱效应是由于室内外温差引起井道周围空气密度不同而产生的气压差，这种气压差使空气向缝隙渗透或溜出，因此烟囱效应不仅涉及电梯井道的设计问题，更重要的是关系整栋大楼的气密性。烟囱效应会因井道风从门缝挤出造成噪声，严重时也会影响电梯门的开关，火灾时会将浓烟和火苗抽入井道造成巨大的危险。

降低电梯烟囱效应负面影响的设计策略　　　　　　　　　　表 3.5.3.2

位置	设计安全措施
入口	大堂的入口保持封闭（通过设置自动门），最好不要敞开设计；可采用三扇以上的自动旋转门，或者至少双重的自动门（确保其中一重自动门打开时，另一重自动门是关闭的），防止室内外空气的直接对流交换；尤其防止电梯大堂与外部直接开放连通
电梯机房	不应直接通向室外
井道各入口	避免火灾时浓烟进入井道，最好在井道各入口处加入烟雾过滤器

3.5.4 电梯的井道逃生设置

电梯井道逃生设置　　　　　　　　　　表 3.5.4

分类	设计安全措施	规范依据
井道安全门	当相邻两层门地坎间的距离大于 11m 时，其间应设置井道安全门，以确保相邻地坎间的距离不大于 11m。在相邻的轿厢都采取轿厢安全门措施时，则不需要执行本条款	《电梯制造与安装安全规范》GB 7588—2003

续表

分类	设计安全措施		规范依据
井道安全门	轿厢安全门应采用甲级防火门		《建筑设计防火规范》GB 50016—2014（2018 年版）
轿厢安全门	在有相邻轿厢的情况下，如果轿厢之间的水平距离不大于 0.75m，可使用安全门。安全门的高度不应小于 1.80m，宽度不应小于 0.35m	援救轿厢内乘客应从轿外进行，尤其应遵守电梯相关紧急操作的规定。 如果装设轿厢安全窗或轿厢安全门，则应符合轿壁、轿厢地板和顶的相关要求，并满足下列要求： 1. 轿厢安全窗或轿厢安全门应设有手动上锁装置； 2. 轿厢安全窗应能不用钥匙从轿厢外开启，并应能用附录 B 规定的三角形钥匙从轿厢内开启； 3. 轿厢安全窗不应向轿内开启。轿厢安全窗的开启位置，不应超出电梯轿厢的边缘	《电梯制造与安装安全规范》GB 7588—2003
轿厢安全窗	设于轿厢顶用于援救和撤离乘客的安全窗，其尺寸不应小于 0.35m×0.50m		

3.6 室内环境安全

3.6.1 室内通风换气

室内通风换气 表 3.6.1

类 别	分项	设计安全措施	依 据
室内外空气质量要求	室内空气质量	室内空气中的氨、甲醛、苯、总挥发性有机物、氡等污染物浓度应符合现行国家标准《室内空气质量标准》GB/T 18883 的有关规定。建筑室内和建筑主出入口处应禁止吸烟，并应在醒目位置设置禁烟标志	《绿色建筑评价标准》GB/T 50378—2019 第 5.1.1 条 《住宅设计规范》GB 50096—2011 第 7.2.3 条 《办公建筑设计标准》JGJ 67—2019 第 6.2.6 条
	住宅通风要求	每套住宅的自然通风开口面积不应小于地面面积的 5%	
	室内建材污染限制	办公建筑室内建筑材料和装修材料所产生的室内环境污染物浓度限量应符合现行国家标准《民用建筑工程室内环境污染控制规范》GB 50325 的规定	
暖通设备安装要求	空调室外机	当阳台或建筑外墙设置空调室外机时，应为室外机安装和维护提供方便操作的条件	《住宅设计规范》GB 50096—2011 第 5.6.8 条

3.6.2 室内噪声控制

设备用房噪声超过 72dB 时，顶棚、墙身需设置多孔吸声板，其面积应大于等于房间表面积的 50%。多孔吸声板的具体做法为：50mm 厚超细玻璃丝绵吸声毡（25kg/m³），外罩穿孔面板（穿孔率≥20%）。

3.6.3 室内隔振措施

设备机房的室内隔振措施 表 3.6.3.1

机 房		设计安全措施
换热机房、水泵房	卧式水泵（消防水泵除外）	应安装在配有 25 ~ 32mm 变形量外置式弹簧减振器的惯性地台上，若卧式水泵噪声大于等于 80dB，则需额外加设浮筑地台
	立式水泵（消防水泵除外）	应安装在配有 25 ~ 32mm 变形量外置式弹簧减振器的惯性地台上，并安装在浮筑地台上
	稳压泵、水箱、热交换器	应安装在厚度大于等于 50mm 的专业橡胶减振垫上；水箱距离墙身、顶棚应大于等于 50mm
	机房内风机	应配备 25 ~ 32mm 变形量外置式弹簧减振器
终端配电房		变压器、控制柜应安装在浮筑地台上

注：本表参考张一莉主编的《建筑师技术手册》整理

惯性地台及浮筑地台做法 表 3.6.3.2

分类	具 体 做 法	
惯性地台	1. 重量至少为所承托水泵运行重量的 2.5 倍 2. 混凝土块密度 ≥ 2240kg/m³ 3. 长宽大于所承托水泵尺寸 300mm，厚度 ≥ 150mm 4. 做法：四周用槽钢焊成一个外框，底部焊上钢板，周边焊接角码用于固定弹簧减振器，通过减振器将其固定在结构楼板（或浮筑地台）上，在框内浇筑 C30 混凝土	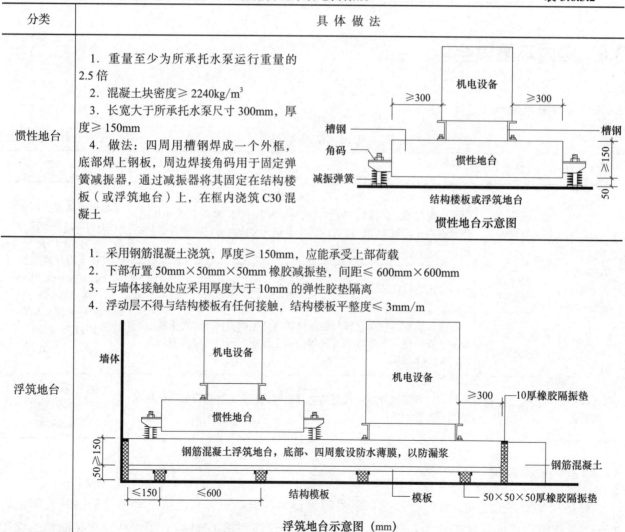
浮筑地台	1. 采用钢筋混凝土浇筑，厚度 ≥ 150mm，应能承受上部荷载 2. 下部布置 50mm×50mm×50mm 橡胶减振垫，间距 ≤ 600mm×600mm 3. 与墙体接触处应采用厚度大于 10mm 的弹性胶垫隔离 4. 浮动层不得与结构楼板有任何接触，结构楼板平整度 ≤ 3mm/m	

注：本表参考张一莉主编的《建筑师技术手册》整理

3.6.4 室内晃动控制

超高层建筑在有风的情况下会产生晃动，风速越大，晃动越厉害，这会对室内环境产生不利影响。减小风力对超高层建筑的影响有许多途径，最新的技术进展是在超高层建筑设置一种名为"风阻尼器"的装置，能有效减小强风力对超高层建筑产生的摇晃。风阻尼器的本质就是一套阻尼系统或称消能减振装置。

室内晃动控制技术与案例　　　　　　　　　　　　　　　　　　表 3.6.4

分　类		特　点	案　例
按振动控制技术的不同分类	调谐质量阻尼器（TMD）	构造简单，安装维护方便，经济实用，应用广泛。但 TMD 有效频率较窄，控制效果不稳定	台北 101 大厦 上海环球金融中心
	主动质量阻尼器（AMD）	一种主动控制系统，比 TMD 拥有更小的质量而且能够提供更高的有效性，但 AMD 需要更高的投资和维护费	深圳京基 100
	主被动混合阻尼器（HMD）控制	主被动混合阻尼器 HMD 是由 TMD 和 AMD 组成的混合控制系统，只有在遭遇强风或强震时才启动 AMD，一般情况下被动工作。控制效果介于 TMD 和 AMD 之间，装置的可靠性好	广州塔
按质量块的不同分类	调谐质量阻尼器（TMD）	构造简单，安装维护方便，经济实用，应用广泛。但 TMD 有效频率较窄，控制效果不稳定	台北 101 大厦 上海环球金融中心
	调谐液体阻尼器（TSD）	被动耗能减振装置，利用液体在晃动过程中产生的动侧力来提供减振作用。构造简单，安装容易，自动激活性能好，可兼作供水水箱使用	苏州国际金融中心

3.6.5 室内防爆要求

室内防爆要求　　　　　　　　　　　　　　　　　　表 3.6.5

类　别		设计安全措施	依　据
爆炸、危险场所内通风、管道设置要求		可能突然放散大量有害气体或有爆炸危险气体的场所应设置事故通风	《民用建筑供暖通风与空调调节设计规范》GB 50736—2012 第 6.3.9 条、第 6.6.18 条
	事故排风的室外排风口应符合下列规定	不应布置在人员经常停留或经常通行的地点以及邻近窗户、天窗、室门等设施的位置 排风口与机械送风系统的进风口的水平距离不应小于 20m；当水平距离不足 20m 时，排风口应高出进风口，并不宜小于 6m 当排气中含有可燃气体时，事故通风系统排风口应远离火源 30m 以上，距可能火花溅落地点应大于 20m 排风口不应朝向室外空气动力阴影区，不宜朝向空气正压区	
		排除有害气体的通风系统的排风口宜设置在建筑物顶端，且宜采用防雨风帽	

续表

类　别	设计安全措施	依　据
暖通相关爆炸、危险机房位置设置要求	锅炉房抗震设计要求：在抗震设防烈度为6度至9度地区建设锅炉房时，其建筑物、构筑物和管道设计，均应采取符合该地区抗震设防标准的措施 锅炉房严禁设置在人员密集场所和重要部门的上一层、下一层、贴邻位置以及主要通道、疏散口的两旁，并应设置在首层或地下室一层靠建筑物外墙部位 住宅建筑物内，不宜设置锅炉房 锅炉房及其附属用房的火灾危险性分类和耐火等级需按照锅炉类型（蒸汽锅炉、热水锅炉）、容量大小等因素确定，并应符合《锅炉房设计规范》GB 50041—2008 第15.1.1条要求 锅炉房防爆措施：锅炉房的外墙、楼地面或屋面，应有相应的防爆措施，并应有相当于锅炉间占地面积10%的泄压面积，泄压方向不得朝向人员聚集的场所、房间和人行通道，泄压处也不得与这些地方相邻。地下锅炉房采用竖井泄爆方式时，竖井的净横断面积应满足泄压面积的要求。当泄压面积不能满足上述要求时，可采用在锅炉房的内墙和顶部（顶棚）敷设金属爆炸减压板作补充（注：泄压面积可将玻璃窗、天窗、质量小于等于120kg/m² 的轻质屋顶和薄弱墙等面积包括在内） 燃油、燃气锅炉房锅炉间与相邻的辅助间之间的隔墙，应为防火墙；隔墙上开设的门应为甲级防火门；朝锅炉操作面方向开设的玻璃大观察窗，应采用具有抗爆能力的固定窗 锅炉房为多层布置时，锅炉基础与楼地面接缝处应采取适应沉降的措施	《锅炉房设计规范》GB 50041—2008第3.0.13条、第4.1.3条、第4.1.4条、第15.1.1条～第15.1.4条

3.7　屋面及楼宇维护系统安全

3.7.1　楼宇清洁

超高层的楼宇清洁作业一般采用擦窗机进行。擦窗机是用于建筑物或构筑物窗户和外墙清洗、维修等作业的常设悬吊接近设备。

楼宇清洁表　　　　　　　　　表 3.7.1

分　类	特　点	适用范围
带可伸缩悬臂式的屋面轨道式	擦窗机沿屋面轨道行走 行走平稳、就位准确、安全装置齐全、使用安全可靠、自动化程度高	适用于屋面结构较为规矩、屋顶屋面有足够的空间通道且屋面有一定的承载力的建筑物
带可伸缩关节旋臂的屋面轨道式	屋面结构承载应满足要求，预留出擦窗机的行走通道 不使用时可收缩存放于塔冠内	屋顶屋面的空间通道有限，擦窗机的轨道行走范围受限时，需要扩大机器本身的伸缩及摆动范围才能覆盖全部外立面幕墙清洁

分　类		特　点	适用范围
伸缩桅杆式的大型擦窗机		屋面结构承载应满足要求 不使用时可收缩存放于塔冠内，预留出擦窗机的收藏空间	属于大型擦窗机，在屋面较多、多台擦窗机很难完成整个大楼的作业时常采用。设备可沿短暂的轨道移动到工作点覆盖较大的工作面
附墙轨道式		擦窗机沿与外幕墙结合的水平轨道运行，设备可退回到建筑物内收藏 行走平稳，就位准确，使用方便	适用于特殊造型的玻璃幕墙屋面结构，屋面的擦窗机无法覆盖下部立面的清洁维护
远程绞盘驱动钢缆的滑橇式擦窗机		轨道结构按建筑物屋顶形式设计，附于屋顶幕墙结构上 行走平稳、就位准确 对立面效果有影响	适用于弧形、倾斜的玻璃天幕，球形结构、天桥连廊等特殊造型屋顶

3.7.2　楼宇设备更换

一般建筑机电设备用房设在地下室，设备更换可通过车道来垂直运输。超过一定高度的超高层，机电设备用房需要设在塔楼的中间楼层，布置在避难层或专用设备层。设置在超高层中间楼层的设备采用电梯井道来更换。

楼宇设备更换　　　　　　　　　　　　　　　表 3.7.2.1

分类	特点	安全技术措施
垂直运输	利用电梯井道吊装	电梯井相应的高度设置预埋件，用于更换设备时安装钢梁，钢梁满足更换设备荷载要求。预埋件施工时，需与电梯公司土建深化图进行核对，不影响电梯的正常使用
	设置大荷载专用电梯	专用电梯轿厢尺寸及载重满足需要更换设备的要求，平时可按普通电梯使用，待设备需要更换时可经过调试将电梯的速度降低来满足大荷载的运输
水平运输	门	除去门框的净空尺寸满足设备进出需求
	走道	所有管线安装完成后的净高净宽满足设备进出需求

可能需要更换的机电设备信息 表3.7.2.2

设 备		尺寸（mm）	荷载重量
给水排水专业	消防转输泵	$B \times L \times H = 500 \times 500 \times 2500$	230kg
	生活转输泵	$B \times L \times H = 400 \times 400 \times 1700$	750kg
	气浮隔油器	$B \times L \times H = 1780 \times 2770 \times 1500$	3000kg
电气专业	1600kVA 变压器	$L \times W \times H = 1900 \times 1100 \times 2000$	5000kg
空调专业	冷水机组部件	$B \times L \times H = 5000 \times 2500 \times 2000$	10000kg

注：来源于某实际建设项目，供参考

参 考 文 献

［1］住房城乡建设部.国家安全监管总局关于进一步加强玻璃幕墙安全防护工作的通知.

［2］玻璃幕墙工程技术规范 JGJ 102—2003.北京：中国建筑工业出版社，2003.

［3］金属与石材幕墙工程技术规范 JGJ 133—2001.北京：中国建筑工业出版社，2001.

［4］公共建筑节能设计标准 GB 50189—2015.

［5］建筑玻璃应用技术规程 JGJ 113—2015.北京：中国建筑工业出版社，2015.

［6］日立、奥的斯、蒂森克虏伯电梯公司电梯相关技术资料.

［7］广商中心擦窗机技术方案 利沛公司.

［8］珠江城擦窗机方案 SOM.

［9］610m 广州塔主体结构阻尼器特性与施工技术 中建安装工程有限公司.

4 建筑表皮设计

4.1 概述

4.1.1 概念

建筑表皮是建筑与建筑的外部空间直接接触的界面,以及其展现出来的形象和构成的方式,或为建筑内外空间界面处的构件及其组合方式的统称。

建筑表皮由一定的材料,按照某种特定的构造方式组合而成,并表达一定的形式意义。建筑表皮有的与建筑围护结构构成一个整体,有的则脱离围护结构自成体系。建筑表皮需抵御外界不利的环境影响,适应外界变化的环境,对建筑内部空间进行保护和调节,并与建筑的空间及结构体系一起构成建筑的整体。

4.1.2 基本功能

保温、隔热、通风、采光、遮阳、隔声、防火、防水、防风、防撞击、防眩光、安全防护、防视线干扰、提供视线联系、获取能源等。

创造良好室内环境,降低能源消耗,体现审美价值。

4.1.3 规划条件

遵循住房和城乡建设部《城市设计管理办法》及地方城市设计导则。

建筑表皮与城市景观风貌协调,体现地域特征、民族特色和时代风貌。

4.1.4 建筑表皮分类

建筑表皮分类 表 4.1.4

分类方式	形 式	特点及说明
按荷载传递方式	承重	既作围护结构又作承重结构,多以砖石、钢材及钢筋混凝土等材料实现
	非承重	附于建筑主体结构外围,只承受或传递外部荷载(风荷载、地震作用、施工活荷载等),不承受或传递主体结构荷载
按表皮构成方式	单一材料表皮	构造简单,难以高效满足各种要求
	复合材料表皮	各种材料组合运用,各部位功能针对性强
按表皮层数关系	单层表皮	形式简单,功能单一
	多层表皮	在单层表皮之外,增设带通风层外表皮,改善表皮的热工性能

续表

分类方式	形　　式			特点及说明
按热辐射传播能力	透明			自然采光量大，降低照明能耗，视野获得能力强；夏季能耗大
	半透明			热辐射传播能力居中
	不透明			保温隔热性能优于透明式，提供视线阻隔
按表皮材料表达形式	纯粹表达型			材料纯显现，简洁宁静，表达超越物质功能以外的精神因素
	精致制造型			重视节点构造的造型、工艺和材料设计，需配合高水平的施工工艺
	结构构造型			选择合理的结构类型，使功能与结构紧密结合，结构支撑作为表皮的可见部分
	异质共生型			多种材料组合，兼顾造型规律、软质与硬质的搭配、色彩及明度搭配、空间通透的搭配，实现建筑外观样式的丰富
	肌理拓展型			天然肌理，原始纯粹 运用材料的肌理效果，采用不同的排列、重叠、组织设计
	空间营造型			材料作为空间支撑体，从不同空间角度切入，创造出特色表皮
	自然情趣型			采用自然及传统材料，适合营造人文情愫与地域气质
	技术创新型			表皮材料及其连接结合现代技术体现建筑的空间形式，实现强烈视觉冲击，构建绿色环保生态型表皮
按表皮元素几何形态	矩形			最常见、经济的构造形态，可运用点、面、块等表现途径，渐变、错位、叠压空间处理等手法构建规则表皮
	圆形			常用于金属表皮，整体性强，匀质性与纯净化形成深远的空间意象
	三角形			精练，个性鲜明，造型锐性
	菱形			美观大方，体现力学合理性及生产的经济性，常用于商业空间
	六边形			形如"蜂巢"，力与美的有机结合
	线型	直线		简练明确，适合办公空间
		曲线		活泼、律动，适用于综合性公共空间
		带状		或整齐排列或弯曲扭动，流畅、时尚
	异形			不规则形态单元组合，造型前卫，凸显卓越创造
按基本元素构成类型	平构	散点式		运用窗的疏密，集合布局，轻松、简洁
		均格式		以单元格均匀分割，整齐划一，实用节材，常用于高层建筑
		网格式		粗细交错、虚实相间，层次感丰富，光影视觉效果强，常采用双层，内部为支撑结构，外部表皮架空
		镂空式		镂空包裹式表皮利用钢结构、膜结构、网结构等新材料、新技术

续表

分类方式	形 式		特点及说明
按基本元素构成类型	立构	块体式	均匀的块体外凸，整齐划一，表现力强
		折面式	遵循构成美的秩序排列，统一而富有变化
		动态式	开合变化，由静至动，百叶是其典型形式
	色构	散色式	色彩不用大面积包裹形体，主要在窗户、阳台等构成单元中运用，构成呼应，轻松、活跃，兴奋却不刺目
		对比色式	利用对比颜色形成视觉冲击，赋予色彩表现力
		暖色式	用黄、红、橙等暖色，让观者亲近、依偎、兴奋、充满活力
		冷色式	用青、蓝、紫等冷色，让人感觉安静、沉稳、踏实，也有强硬、坚实的气质

注：本表参考江寿国、胡红霞编著的《建筑表皮设计》与李保峰、李钢编著的《建筑表皮》整理

4.2　建筑表皮设计原则

适用性设计原则　　　　　　　　　　　　　　　　　　　表 4.2.1

类 别	分 项	说 明
功能的适用性	基本功能	温度、湿度、光、声、气流、视野
	建筑使用需求	不同的建筑功能对建筑表皮有不同的要求
室内环境的适用性	舒适的环境	舒适的室内环境是气温 20～25℃，湿度 30%～70% 至少让 80% 的使用者在任何时间都感觉舒适
	健康的环境	室内环境应维持合适的温度、湿度及良好的空气质量
全生命周期的适用性	使用	提高建筑构件的寿命与工作效率，既可以降低成本，也可以减少维护的能耗 尽可能采用原理简明、构件简洁的设计
	再生	临时性建筑需考虑可回收利用、可拆卸和拼装等功能 改造后的新表皮需满足新建筑功能的需求，并同时考虑对原有结构的影响 改造设计需要继承和延续原有的历史文脉
	废弃	建筑材料需尽量环保、可降解或可回收再利用

时代性设计原则　　　　　　　　　　　　　　　　　　　表 4.2.2

年 代		流 派	特 征
古代	18 世纪下半叶以前	古典主义	推敲立面。功能、表皮和对环境的应对完全服从于古典审美原则的基本比例关系

续表

年　代		流　派	特　征
近现代	20世纪20～50年代	现代主义	强调解决建筑的实用功能和经济问题，运用新材料、新技术。承重结构与围护结构分离，表皮成为独立的建筑元素。建筑表皮摆脱了建筑经典样式的束缚，整体干净利落
	20世纪60年代	后现代主义	在设计中重新采用了装饰花纹和色彩，以折中的方式借鉴历史上具有典型意义的局部
当代	21世纪		如今建筑思潮已不能用简单的风格或流派来概括。建筑设计转到科学思维上来，倡导更加理性客观的建筑生成逻辑和审美价值

地域性设计原则 表 4.2.3

类　别	分　项	说　明
自然环境	理解自然	规划需科学合理，正确处理好建筑同环境之间的关系 对于建筑的朝向、选址、气候、地形等因素进行充分考虑
	保护自然	表皮的设计不应影响并破坏周边的生态环境
人文环境	继承历史	充分挖掘历史资源，建立具有可识别性的地域形象
	融入周边	使用当地常见的材料和建造工艺 地域性材料的现代表现
	活化地域	提升可识别性和文化效应

生态性设计原则 表 4.2.4

目　标	分　项	特点及说明
与自然环境共生	防御自然	降低气候不利条件的影响，满足室内使用者的舒适需求
	利用自然	合理利用可再生能源，减少能耗，降低成本
	保护自然	在建造、使用以及拆除时尽可能地减少能耗以及对环境的破坏

技术性设计原则 表 4.2.5

类　别	分　项	要　求
设计前提		建筑的表皮设计应该以技术合理为基础，建筑的合理审美价值应当建立在技术合理的前提之上
设计阶段	概念设计	消化设计任务书，了解基本情况，形成设计意向
	方案设计	确定建筑功能、节能目标、表皮形式
	初步设计	优化建筑朝向、窗墙比、外遮阳、材料、通风
	施工图设计	整个建筑和局部的具体做法，各部分确切的尺寸、关系、结构构造、材料的选择和连接，各种设备系统的设计、计算和对建筑的影响，以及各工种之间的整体协调

类　别	分　项	要　求
设计目标		降低能耗，延长建筑寿命，使用环境亲和的材料，无污染施工
技术条件	低技术	就地取材，因地制宜，在传统构造技术基础上根据资源环境的具体要求来改造、重组、再利用
	高技术	高成本、高效益、技术导向性较强。采用先进材料，较高的施工要求和管理水平
	适宜技术	结合当地自然环境、经济情况、施工条件，选择相匹配的材料与构造方式，取得最佳综合效益

4.3　建筑表皮审美要素

城市设计控制要素　　　　　　　　　　　　　　　　　表 4.3.1

类　别	技术要求
建筑风貌	单体风貌需服从群体风貌要求，与建筑群体风貌协调 建筑设计方案应有利于周边地区环境价值的提升
建筑体量	多栋建筑组成建筑群时应高度错落
建筑高度	建筑高度不得突破限高要求 需考虑周边的建筑、环境，共同形成和谐、优美的城市天际线
建筑退界	临自然水面、绿地、广场、山体等开敞空间的建筑单体应按照前低后高原则控制建筑高度 严格按照当地城市规划技术管理规定，或地块城市设计导则执行 一线建筑高度原则上应少于建筑退让开敞空间和保护建筑的距离
建筑面宽	严格控制建筑面宽，使建筑表皮尺度适宜
立体绿化	重视第五立面设计，鼓励设置立体绿化 立体绿化折抵绿地面积的计算方式以当地规划部门解释为准
构筑物	户外广告和招牌应设置在城市设计要求的位置 在建筑物人行入口设置雨篷。注意防坠落设计

建筑设计色彩要素　　　　　　　　　　　　　　　　　表 4.3.2

类　别	说　明
满足热工需求	表皮设计中的色彩运用，需充分考虑节能需求
区分功能	运用色彩实现空间的层次划分 运用色彩的差别来识别建筑 运用色彩凸显建筑自身功能
修饰局部造型	通过色彩的优化，可对建筑形体进行视觉上的调整，并对造型缺陷进行掩饰或弥补

续表

类　别	说　明
表达情感	色彩选择应与建筑形式、建筑功能相匹配。以人为本，发挥色彩的情感调节功能
营造建筑环境	通过色彩表达建筑的地域性 与周边自然景观、城市色彩环境相协调

建筑设计光线要素　　　　　　　　　　表 4.3.3

类　别	分项	说　明
光的艺术性	塑造形象	适合的光影能塑造建筑的立体感，提升艺术效果
	建构空间	利用光的强弱变化塑造空间的层次感
	渲染气氛	不同的光环境表达不同的空间感染力
光源	天然光源	色调平衡，亮度分布均匀 亮度、方位随时间和天气变化，不易控制
	人工光源	光源种类繁多，光源形状、光束大小、方向容易控制，亮度、色温、显色性可以选择 根据设计目标选择合适的照明方式 在表皮设计过程中应考虑人工光源的艺术效果及放置方式

建筑形体与肌理要素　　　　　　　　　　表 4.3.4

类　别	分　项		说　明
建筑形体原型分类	欧式几何形体	基本形体	圆柱体及其基本变体形体
			锥体及其基本变体形体
			方形体及其基本变体形体
		组合形体	穿插式关系
			邻接式关系
			以第三个形体连接
	非欧式几何形体		拓扑变化、分形变化
			形体置入
建筑形体的演变方式	增加积聚		积聚，咬合，叠落
	体量削减		切削，叠落，剥离
	线性变形		扭转，收缩/放大，倾斜
	非线性变形		拓扑拉伸，拓扑扭转，拓扑折叠，自相似分形，嵌套式分形
肌理表现形式	规律型表皮		肌理单元按人工几何的规律排列，服从形式美原则，组织规律相对单一
	非规律型表皮		肌理单元独立性较强，无重复规律。表皮具有动感，视觉张力较强

类　别	分　项	说　明
肌理单元 构成方式	点阵肌理	点的变形、点的聚散
	线性肌理	竖向分隔、横向分隔
	编织肌理	平面编织、空间编织
	有机肌理	无序拼贴、缠绕、交织、扭转

4.4 建筑表皮性能

光学性能　　　　　　　　　　　　　　　　　　表 4.4.1

类　别	分　项	技　术　要　求	规范依据
采光	幕墙	有采光功能要求的幕墙，其透光折减系数不应低于 0.45。有辨色要求的幕墙，其颜色透视指数不宜低于 Ra80 建筑幕墙采光性能分级指标透光折减系数应符合规范要求 玻璃幕墙的光学性能应满足《玻璃幕墙光热性能》GB/T 18091 的规定 玻璃幕墙在满足采光、隔热和保温要求的同时，不应对周围环境产生有害反射光的影响 玻璃幕墙产品应提供可见光透射比、可见光反射比、太阳光直接透射比、太阳能总透射比、遮阳系数、光热比及颜色透射指数 对紫外线有特殊要求的场所，使用的幕墙玻璃产品应提供紫外线透射比	《建筑幕墙》 GB/T 21086—2007 《玻璃幕墙光热性能》 GB/T 18091—2015
	外门窗	外窗采光性能以透光折减系数表示，其分级及指标值应符合规范要求 有天然采光要求的外窗，其透光折减系数不应小于 0.45。有遮阳性能要求的外窗，应综合考虑遮阳系数	《铝合金门窗》 GB/T 8478—2008
反射光		玻璃幕墙应采用反射比≤0.30 的幕墙玻璃，对有采光功能要求的玻璃幕墙，其采光系数折减 0.20 在城市快速路、主干道、立交桥、高架桥两侧的建筑物 20m 以下及一般路段 10m 以下的玻璃幕墙，应采用可见光反射比小于等于 0.16 的玻璃 在 T 形路口正对直线路段处设置玻璃幕墙时，应采用可见光反射比小于等于 0.16 的玻璃 构成玻璃幕墙的金属外表面，不宜使用可见光反射比大于 0.30 的镜面和高光泽材料 道路两侧玻璃幕墙设计成凹形弧面时应避免反射光进入行人与驾驶员的视场中。凹形弧面玻璃幕墙设计与设置应控制反射光聚焦点的位置 玻璃幕墙反射光分析应选择典型日进行 玻璃幕墙反射光对周边建筑的影响分析应选择日出后至日落前，太阳高度角不低于 10° 的时段进行 与水平面夹角 0°～45° 的范围内，玻璃幕墙反射光照射在周边建筑窗台面的连续滞留时间不应超过 30 分钟 在驾驶员前进方向垂直角 20°、水平角 ±30° 内，行车距离 100m 内，玻璃幕墙对机动车驾驶员不应造成连续有害反射光 当玻璃幕墙反射光对周边建筑和道路影响时间超过范围时，应采取控制玻璃幕墙面积或对建筑立面加以分隔等措施	《玻璃幕墙光热性能》 GB/T 18091—2015

类　别	分　项	技　术　要　求	规范依据
反射光	反射光影响分析	在居住区、医院、中小学校及幼儿园周边区域设置玻璃幕墙时应作分析 在主干道路口和交通流量大的区域设置玻璃幕墙时应作分析 玻璃幕墙反射光分析应采用通过国家建设主管部门评估的专业分析软件，评估机构应具备国家授权的资质及能力	《玻璃幕墙光热性能》GB/T 18091—2015

热工性能　　　　　　　　　　　　　　　　　　　　表 4.4.2

类　别	分　项	技　术　要　求	规范依据
传热保温	幕墙	建筑幕墙传热系数应按《民用建筑热工设计规范》GB 50176 的规定确定，并满足《公共建筑节能设计标准》GB 50189、《采暖居住建筑节能检验标准》JGJ 132—2001、《夏热冬冷地区居住建筑节能设计标准》JGJ 134、《严寒和寒冷地区居住建筑节能设计标准》JGJ 26 和《夏热冬暖地区居住建筑节能设计标准》JGJ 75 的要求。玻璃（或其他透明材料）幕墙遮阳系数应满足《公共建筑节能设计标准》GB 50189 和《夏热冬暖地区居住建筑节能设计标准》JGJ 75 的要求 幕墙传热系数应按相关规范进行设计计算 幕墙在设计环境条件下应无结露现象 对热工性能有较高要求的建筑，可进行现场热工性能试验 幕墙传热系数分级指标 K 应符合规范要求 开放式建筑幕墙的热工性能应符合设计要求	《建筑幕墙》GB/T 21086—2007
	外门窗	门、窗保温性能分级及指标值分别应符合规范规定	《铝合金门窗》GB/T 8478—2008
遮阳	玻璃幕墙	遮阳系数应按相关规范进行设计计算，其分级指标应符合规范要求	《建筑幕墙》GB/T 21086—2007
	外门窗	门窗遮阳性能指标——遮阳系数 SC 应采用《建筑门窗玻璃幕墙热工计算规程》JGJ/T 151 规定的夏季标准计算条件，并按该规程计算所得值 门窗遮阳性能分级及指标值 SC 应符合规范规定	《铝合金门窗》GB/T 8478—2008

防火性能　　　　　　　　　　　　　　　　　　　　表 4.4.3

类　别	分　项	技　术　要　求	规范依据
外墙		防火墙应从楼地面基层隔断至梁、楼板或屋面板的底面基层。当高层厂房（仓库）屋顶承重结构和屋面板的耐火极限低于 1.00h，其他建筑屋顶承重结构和屋面板的耐火极限低于 0.50h 时，防火墙应高出屋面 0.5m 以上	《建筑设计防火规范》GB 50016—2014（2018 年版）
	难燃性或可燃性材料	防火墙应凸出墙的外表面 0.4m 以上，且防火墙两侧的外墙均应为宽度不小于 2.0m 的不燃性墙体，其耐火极限不应低于外墙的耐火极限	
	不燃性材料	防火墙可不凸出墙的外表面，紧靠防火墙两侧的门、窗、洞口之间最近边缘的水平距离不应小于 2.0m；采取设置乙级防火窗等防止火灾水平蔓延的措施时，该距离不限	
	需防火的外墙	内转角两侧墙上的门、窗、洞口之间最近边缘的水平距离不应小于 4.0m；采取设置乙级防火窗等防止火灾水平蔓延的措施时，该距离不限 墙上不应开设门、窗、洞口，确需开设时，应设置不可开启或火灾时能自动关闭的甲级防火门、窗 可燃气体和甲、乙、丙类液体的管道严禁穿越。防火墙内不应设置排气道	

类　别	分项		技　术　要　求	规范依据
外墙构件	实体墙	无自动喷水灭火系统	建筑外墙上、下层开口之间应设置高度不小于1.2m的实体墙或挑出宽度不小于1.0m、长度不小于开口宽度的防火挑檐	《建筑设计防火规范》GB 50016—2014（2018年版）
		有自动喷水灭火系统	上、下层开口之间的实体墙高度不应小于0.8m	
	防火玻璃墙	高层建筑	防火玻璃墙的耐火完整性不应低于1.00h	
		多层建筑	防火玻璃墙的耐火完整性不应低于0.50h	
		外窗的耐火完整性不应低于防火玻璃墙的耐火完整性要求		
	住宅建筑外墙上相邻户开口之间的墙体宽度不应小于1.0m；小于1.0m时，应在开口之间设置突出外墙不小于0.6m的隔板			
	实体墙、防火挑檐和隔板的耐火极限和燃烧性能，均不应低于相应耐火等级建筑外墙的要求			
建筑幕墙	建筑幕墙应在每层楼板外沿处采取以上的防火措施，幕墙与每层楼板、隔墙处的缝隙应采用防火封堵材料封堵			

防风性能　　　　　　　　　　　　　　　　　　　　　　表 4.4.4

类　别	分项	技　术　要　求	规范依据
抗风压能力	幕墙	幕墙的抗风压性能指标应根据幕墙所受的风荷载标准值 w_k 确定，其指标值不应低于 w_k，且不应小于1.0kPa。w_k 的计算应符合《建筑结构荷载规定》GB 50009 的规定 在抗风压性能指标值作用下，幕墙的支承体系和面板的相对挠度和绝对挠度不应大于规范要求 开放式建筑幕墙的抗风压性能应符合设计要求 抗风压性能分级指标 P_3 应符合规定	《建筑幕墙》GB/T 21086—2007
	外门窗	外门窗的抗风压性能分级及指标值 P_3 应符合规定 外门窗在各性能分级指标值风压作用下，主要受力杆件相对（面法线）挠度应符合规范规定；风压作用后，门窗不应出现使用功能障碍和损坏	《铝合金门窗》GB/T 8478—2008
气密性能	幕墙	气密性能指标应符合《民用建筑热工设计规范》GB 50176、《公共建筑节能设计标准》GB 50189、《采暖居住建筑节能检验标准》JGJ 132—2001、《夏热冬冷地区居住建筑节能设计标准》JGJ 134、《严寒和寒冷地区居住建筑节能设计标准》JGJ 26 的有关规定，并满足相关节能标准的要求	《建筑幕墙》GB/T 21086—2007
		开启部分气密性能分级指标 q_L 应符合要求	
		幕墙整体（含开启部分）气密性能分级指标 q_A 应符合规范要求	
		开放式建筑幕墙的气密性能不作要求	
	外门窗	门窗的气密性能分级及指标绝对值应符合规定	《铝合金门窗》GB/T 8478—2008
		门窗试件在标准状态下，压力差为10Pa时的单位开启缝长空气渗透量 q_1 和单位面积空气渗透量 q_2 不应超过各分级相应的指标值	

防水性能   表 4.4.5

类别	分项	技术要求	规范依据
幕墙	热带风暴和台风多发地区	固定部分不宜小于 1000Pa，可开启部分与固定部分同级	《建筑幕墙》GB/T 21086—2007
	其他地区	按热带风暴和台风多发地区计算值的 75% 进行设计 固定部分取值不宜低于 700Pa，可开启部分与固定部分同级	
		水密性能分级指标值应符合规范要求 有水密性要求的建筑幕墙在现场淋水试验中，不应发生水渗漏现象 开放式建筑幕墙的水密性能可不作要求	
外门窗		外门窗的水密性能分级及指标值应符合规范规定 外门窗试件在各性能分级指标值作用下，不应发生水从试件室外侧持续或反复渗入试件室内侧、发生喷溅或流出试件界面的严重渗漏现象	《铝合金门窗》GB/T 8478—2008

4.5 建筑表皮材料

表皮材料与建筑的关系   表 4.5.1

关系	主要内容
影响建筑的视觉效果	表皮的形态、色彩、肌理、光影、纹样等属性会赋予由材料构成的建筑外观形象及整体感觉
影响建筑工程的造价	建筑表皮占建造成本的15%～35%,表皮材料是决定建筑设计是否可行的重要因素。恰当选择建筑材料，注重合理和巧妙的表皮设计，非单纯追求建筑材料的高标准，可以有效控制建筑造价，提高使用者舒适度，实现建筑各项功能要求
决定建筑物的质量及耐久性	建筑表皮的设计使用年限通常为15～25年，表皮质量的高低很大程度上取决于建筑材料的优劣。材料品质高，施工工艺高，是建筑物质量及使用寿命的根本保障
影响建筑的施工工艺	不同建筑表皮及构造体系都有其特定的施工方法和施工要求，二者互为制约，互相服务。开拓新型有效的施工工艺，辅助参数化运用，使结构与表皮的协作更加紧密，可实现创新与突破

常用建筑表皮材料的选用   表 4.5.2

种类	名称及图例	一般规格（mm）长×宽×厚	特点及适用范围	颜色	面层处理及质感	价格档次	备注
天然材料	花岗石	用于干挂幕墙时厚度25～35；用于湿贴幕墙时，厚度20，平面加工各种尺寸，长300～1200，宽250～800	硬度高、抗压强度高、抗风化、耐腐蚀、耐磨损、吸水率低 适用于建筑外墙	黑、棕、绿、灰白、浅红、深红	磨光、自然面、荔枝面、火烧面、剁斧面、拉道面	高（材料越大越厚，价格越高）	用于吊顶时，背部需采用防护措施如粘贴玻璃纤维网以防坠落

续表

种类	名称及图例	一般规格（mm）长×宽×厚	特点及适用范围	颜色	面层处理及质感	价格档次	备注
天然材料	大理石	厚20～25，平面加工尺寸，长300～1200，宽150～900	密度高、抗磨损、光泽不持久　适用于室内墙面、地面	红、黑、白、棕、灰色（含花纹）	磨光	中	
	板岩	厚20～25，平面加工尺寸，长300～1200，宽150～900	硬度高、耐磨、防滑、吸水率小、色彩纹理丰富，容易按纹理开裂　适用于墙体、屋面、路面	黑、灰、绿、棕、铁锈色	文化石面、自然面	中	
	砂岩	垂直贴25～35厚；水平面铺30～50厚	内部孔隙率大，吸水率大，隔声、吸潮、抗破损、耐风化、耐褪色、哑光　适用于有吸声要求的场所，室内外装饰面	黄、白、灰、黑、红	文化石面、自然面	中	
	木材	长度小于4.5m，断面另定	质量轻、具有天然色泽和纹理、绝缘、有一定硬度、可雕刻、抗震性能好，含水率高、构造组织不均匀、易产生霉变与蛀蚀，具有可燃性　多用于室内，特殊防腐处理后可用于室外	自然色、棕色	防腐、防虫处理后刷清漆两道	高	
	竹	直径60～160长度可至15m按需截取	产量大、价格低、易加工；顺纹抗拉强度为木材的两倍，抗剪强度低于木材　适用于具有地域性与民族性的建筑表皮	绿、黄、红	防腐、防虫处理后刷清漆两道	低	
	草	不定型	混合泥砖使用　多用于表达生态环保理念　多用于屋顶	自然色	切割	低	
	土	不定型	成本低，冬暖夏凉，凸显自然风格　适用于外墙	自然色	夯实	低	
烧土制品材料	砖	230×114×60（常用规格）	具有一定强度，可湿贴，可干挂　用作表皮时，通过一定规律砌筑、构造组合，形成砖缝交错纹理，立体变化，质感和光影表现	暗红、浅黄、棕、灰、青、象牙	工厂预制	中、低	

续表

种类	名称及图例	一般规格（mm）长×宽×厚	特点及适用范围	颜色	面层处理及质感	价格档次	备注
烧土制品材料	瓦	小青瓦长200～250，宽150～200；脊瓦长300～425，宽180～230；平瓦400×240～360×220	防雨水渗漏、隔热、吸水率高 用于仿古建筑屋面	暗红、青、琉璃瓦多色	工厂预制	低	
	外墙面砖	200×100×（8～10）、150×75×（8～10）100×100×10 150×150×10	黏结类面砖、干挂法面砖、空心陶板 质地坚硬、强度高、吸水率低、耐久、耐酸碱、防腐、抗冻、抗折、自洁，兼具自然美与文化气息 适用于外墙	多色	工厂预制	中、低	
人造材料	金属板材	常用宽度：1000～1500，长度可根据需要定制，需考虑运输与安装条件 厚度2～5	常见金属板材质：钢、铝、铜、不锈钢 形式：实面板、穿孔板、格栅板、夹芯板 机械化加工精度高、质量轻，强度高，可根据造型需要弯折成异形，可回收利用，属环保型材料 适用于建筑立面、屋面	设计自定	氟碳喷涂、粉末喷涂、阳极氧化、面板可冲孔，可压花 工厂预制	中、高	
	玻璃	玻璃原片尺寸：1500×2000 1370×2200 1830×2440 3300×2440 3660×2440 中空夹层玻璃可按原片厚度进行合片，中空层常为9A、12A 夹层常用0.76、1.14、1.52厚夹胶片 选用尺寸时在原片尺寸范围内切割	表面光洁、透光、保温、隔声 钢化玻璃自爆率0.3%，超白玻璃自爆率低至0.1‰ 加工种类：浮法、半钢化、钢化 常见固定形式：全隐框、半隐框、全明框 适用于建筑立面、屋面、采光顶、雨篷	透明、蓝、灰、绿彩釉玻璃可多色	透明、磨砂、花纹	高	玻璃幕墙用玻璃反射比不大于0.3 有采光功能要求的玻璃，采光折减系数不宜低于0.20
	清水混凝土	定制，强度等级不宜低于C25	属轻混凝土，表观密度不大于1950kg/m³，强度高，保温、隔热、防火、耐久性能好；质朴、沉稳，体现材料本质美感，施工工艺要求高	自然色	浇捣	中、高	

种类	名称及图例	一般规格（mm）长×宽×厚	特点及适用范围	颜色	面层处理及质感	价格档次	备注
人造材料	UHPC超高性能混凝土	厚度尺寸可定制	不使用粗骨料，必须使用硅灰和纤维（钢纤维或复合有机纤维），水泥用量较大，水胶比很低 超高强度，超低吸水率，超强耐久性和耐侵蚀性	外形，颜色设计自定	预制	较普通预制混凝土或高性能混凝土成本高	
	涂料	不定型	色彩丰富、施工简便、易于更新，成本低，持久性、自洁性较差	多色	涂刷、烤漆	中、低	定期重刷
	膜	根据需要塑型	PTFE膜具有一定抗拉强度，透光率8%～15%；ETFE膜质量轻、强度高、韧性好、延展性好、充气后使用，对遮光度和透光性进行调节，节能、保温、隔热，防火B1级 膜结构形式：充气式、骨架支撑式、张拉式、开合式、悬索式、索穹顶式、张弦梁式、混合支撑式 多用于大跨度建筑的顶面	原色	可焊接PVDF 不可焊接PVDF	中、高	
	玻璃纤维增强混凝土板（GRC板）	常用规格：4～30厚1200×2400可定制	质量轻、防水、防火性能好，具有较高的抗折、抗冲击性能和良好的热工性能	按需定制	喷洒涂刷	中、高	
	玻璃增强热固性塑料板（GRP板）	厚度：8～20,50,100,150宽度：500～1200长度：小于10000（大于该尺寸需特殊制作）	具有良好的电绝缘性能和黏结性能，较高的机械强度和耐热性，可纺织性，耐一般酸碱及有机溶剂，耐霉菌，多用于异形装饰构件	按需定制	模压固化色彩丰富选型多样	低、中	
	人造石面板	长×宽×厚2440×760×12.52440×760×6.2特殊可定制	无毒性、放射性，阻燃、不粘油、不渗污、抗菌防霉、耐磨、耐冲击、易保养、无缝拼接、造型百变	有一定的玉石的质感，色彩丰富	磨光、毛面	中、高	

种类	名称及图例	一般规格（mm）长×宽×厚	特点及适用范围	颜色	面层处理及质感	价格档次	备注
人造材料	免烧瓷质饰面再生骨料板	按需定制	全无机、无毒、无味，节能环保，内部致密性高，力学性能和理化性能好，再生循环利用率高。用于工业与民用建筑工程内外墙面干挂饰面，并将作为外墙板在装配式建筑中起到一定的作用	自然色			
	石材蜂窝板	标准板块可达1200×2400	质量轻，抗冲击性能强，弯曲强度高，石材利用率高，色差小。用于建筑外墙、屋面、吊顶	同天然石材颜色	磨光、自然面、荔枝面、火烧面、剁斧面、拉道面	中高	

幕墙常用表皮材料构造大样 表 4.5.3

名称	构造类型	特 点	构造大样
玻璃幕墙	单元式	工厂预制整体单元板块，施工周期短；接缝处使用胶条密封，现场作业量小，质量易控制。板块有严格安装顺序。造价比框架式高	横剖节点 竖剖节点
	框架式	工艺成熟，形式灵活，造价经济，现场作业多，施工质量不易控制	

名称	构造类型	特　　点	构　造　大　样
石材幕墙	背栓式	安装精度高，受力均匀，拆装方便，抗震性能好	石材面板／专用石材密封胶／连接件／后切式螺栓／横梁／连接角码／立柱／混凝土结构
	卡条式	安装简便、工艺传统，板块不可单独拆卸，需留缝注胶	石材面板／金属卡条／横梁／连接角码／立柱／混凝土结构
铝板幕墙	挂钩式	安装方便，可单独拆卸	立柱／横梁／3厚单层铝板／铝合金挂钩／耐候密封胶／幕墙分格尺寸／幕墙分格尺寸
	压块式	构造简单，经济	立柱／横梁／3厚单层铝板／铝合金挂钩／耐候密封胶／幕墙分格尺寸／幕墙分格尺寸

4.6 建筑表皮维护

4.6.1 一般规定

建筑表皮维护一般规定　　　　　　　　　　　　　　　表 4.6.1

分　类	主　要　内　容
竣工验收时	承包商应向业主提供《建筑表皮使用维护说明书》。《建筑表皮使用维护说明书》应包括以下内容： （1）建筑表皮的设计依据、主要性能参数及设计使用年限；

续表

分　类	主　要　内　容
竣工验收时	（2）使用注意事项； （3）日常与定期的维护、保养要求； （4）表皮的主要结构特点及易损零部件更换方法； （5）备品、备件清单及主要易损件的名称、规格； （6）承包商的维修责任
交付使用后	业主应根据《建筑表皮使用维护说明书》的相关要求制定维修、保养计划与制度
极端天气	雨天或4级以上风力的天气情况下不宜使用开启窗；6级以上风力时，应全部关闭开启窗 表皮的检查、清洗、保养与维修工作不得在4级以上风力和大雨天气下进行
设备	机具设备（举升机、擦窗机、吊篮等）应保养良好、功能正常、操作方便、安全可靠 每次使用前都应进行安全装置的检查，确保设备与人员安全
高空作业	应符合现行行业标准《建筑施工高处作业安全技术规范》JGJ 80 的有关规定

4.6.2　建筑表皮清洁

1）业主应根据建筑表皮的积灰污染程度，确定其清洗次数，但不应少于每年一次。

2）清洗表皮应按《建筑表皮使用维护说明书》要求选用清洗液。

3）清洗过程中不得撞击和损伤建筑表皮。

4.6.3　建筑表皮检查与维修

建筑表皮检查与维修　　　　　　表 4.6.3

分　类	主　要　内　容
日常维护和保养	应保持表面整洁、避免锐器及腐蚀性气体和液体与表面接触 应保持表皮排水系统的畅通，发现堵塞应及时疏通 在使用过程中如发现门、窗启闭不灵或附件损坏，构件或连接件松动或锈蚀等现象时，应及时修理或更换
定期检查和维护	建筑表皮竣工验收一年时，应进行一次全面的检查，此后每五年应检查一次。检查内容包括：整体有无变形、错位、松动；主要受力构件、连接件是否损坏、锈蚀；面板有无松动；密封胶有无脱胶、开裂、起泡，密封胶条有无脱落、老化；开启部分是否启闭灵活；排水是否畅通；对不符合要求者进行维修或更换 使用十年后应对表皮中结构硅酮密封胶进行粘接性能的抽样检查；此后每三年宜检查一次
灾后检查和修复	建筑表皮遭遇强风袭击后，应及时进行全面检查，修复或更换损坏的构件。对建筑表皮支撑结构为施加预拉力的拉杆或拉索，应进行一次全面的预拉力检查和调整 遭遇地震、火灾等灾害后，应由专业技术人员对建筑表皮进行全面的检查，并根据损坏程度制定处理方案，及时处理

参 考 文 献

[1]江寿国，胡红霞.建筑表皮设计.北京：人民邮电出版社，2013.

［2］刘超英.经典建筑表皮材料.北京：中国电力出版社，2014.

［3］李保峰，李钢.建筑表皮.北京：中国建筑工业出版社，2010.

［4］玻璃幕墙工程技术规范 JGJ 102—2003.北京：中国建筑工业出版社，2003.

［5］金属与石材幕墙工程技术规范 JGJ 133—2001.北京：中国建筑工业出版社，2001.

［6］庄惟敏，祁斌，林波荣.环境生态导向的建筑复合表皮设计策略［M］.北京：中国建筑工业出版社.2014.

［7］（英）珍妮·洛弗尔（Jenny Lovell）.建筑表皮设计要点指南［M］.南京：江苏科学技术出版社.2014.

［8］陈苗佩.基于"形体＋表皮"理念的超高层建筑造型设计初探［D］.中国建筑设计研究院，2018.

［9］区庆津.浅谈现代建筑设计中的色彩运用［J］.城市建设理论研究（电子版），2012，（17）.

［10］徐斌，姜慧.光影在建筑设计与建筑表现中的应用［J］.建筑工程技术与设计，2019，（17）：1209. DOI：10.12159/j.issn.2095-6630.2019.17.1176.

5 文化综合体设计

5.1 定义、类型与规模

文化综合体的定义 表5.1.1

名　称	定　义	内容参考
文化综合体	文化综合体是指通过共享空间对三种或以上不同属性的文化功能（如博物馆、美术馆、图书馆、剧场等）进行有机组织、设计，使其在同一建筑实体中可以和谐共生、彼此牵制，不同文化功能之间既有一定的关联度又彼此独立，形成具有互补与共生关系的文化建筑	王扬，叶子藤.文化建筑综合体整体性设计策略研究［J］.南方建筑，2012（03）：28-31.

文化综合体的类型 表5.1.2

类　别	技 术 要 点	内容参考
并置式	三个及以上独立的功能并列布置 通过室外或室内公共空间产生联系纽带，使多个单体构成水平统一的建筑系统 功能聚落化	钟中，马影.深圳文化综合体的集约化设计研究［J］.新建筑，2019（03）：71-75.
叠加式	两个及以上独立的功能垂直布置 通过室外或室内公共空间产生联系纽带，使多个单体构成立体统一的建筑系统 功能垂直化	
复合式	三个及以上独立的功能相互融合布置 通过室外或室内公共空间产生联系纽带，使多个单体构成立体统一的建筑系统 功能复合化	

文化综合体的规模 表5.1.3

规　模		技 术 要 点	规 范 依 据
剧场	特大型	观众座席数量＞1500座	《剧场建筑设计规范》JGJ 57—2016第1.0.5条
	大型	观众座席数量1201～1500座	
	中型	观众座席数量801～1200座	
	小型	观众座席数量≤800座	

续表

规　模		技　术　要　点	规　范　依　据
博物馆	特大型	总建筑面积＞50000m²	《博物馆建筑设计规范》 JGJ 66—2015 第1.0.4条
	大型	总建筑面积20001～50000m²	
	大中型	总建筑面积10001～20000m²	
	中型	总建筑面积5001～10000m²	
	小型	总建筑面积≤5000m²	
图书馆	大型	服务人口150万以上	《公共图书馆建设标准》 建标108—2008 第十一条
	中型	服务人口20万～150万	
	小型	服务人口20万及以下	
美术馆	特大型	建筑面积22000～35000m²	《公共美术馆建设标准》 建标193—2018 第十九条
	大型	建筑面积15000～22000m²	
	大中型	建筑面积6500～15000m²	
	中型	建筑面积3800～6500m²	
	小型	建筑面积1000～3800m²	

5.2　选址和总平面

选址　　　　　　　　　　　　　　　　　　　　　　　　　　表5.2.1

选址因素	技　术　要　点	规　范　依　据
城乡规划 与城市设计	各项控制指标符合所在地控制性详细规划的有关规定	《民用建筑设计统一标准》 GB 50352—2019 第4.1.1条
	满足城乡规划和城市设计对所在区域的目标定位及空间形态 满足城市设计对公共空间、建筑群体、园林景观、市政设施等环境设施的设计控制要求	《民用建筑设计统一标准》 GB 50352—2019 第4.1.2条
道路交通	宜选择交通便利的区域 至少有一面临接城市道路，或直接通向城市道路的空地	《剧场建筑设计规范》 JGJ 57—2016 第3.1.2条
	大型、特大型文化综合体基地与城市道路邻接的总长度不应小于建筑基地周长的1/6	《民用建筑设计统一标准》 GB 50352—2019 第4.2.5条
环境	具备良好的工程地质及水文地质条件，环境安静	《图书馆建筑设计规范》 JGJ 57—2016 第3.1.2条
	场地干燥、排水通畅、通风良好 基地自然环境、街区环境、人文环境与文化综合体功能特征相适应	《博物馆建筑设计规范》 JGJ 66—2015 第3.1.1条
周边	与易燃易爆、噪声和散发有害气体、强电磁波干扰等污染源之间的距离，应符合国家现行有关安全、消防、卫生、环境保护等标准的规定 公用配套设施比较完备	

	总平面	表 5.2.2
设计要点	技 术 要 点	规 范 依 据
功能	分区明确，布局合理，各区联系方便且互不干扰	《图书馆建筑设计规范》JGJ 38—2015 第 3.2.1 条
流线	交通流线合理，避免人流与车流、货流交叉，防止干扰并有利于消防、停车、人员集散以及无障碍设施的设置	《民用建筑设计统一标准》GB 50352—2019 第 5.1.1 条
	道路设计应满足消防车和货运车的通行要求，其净宽不应小于 4.00m，穿越建筑物时净高不应小于 4.00m	《剧场建筑设计规范》JGJ 57—2016 第 3.2.3 条
间距	应符合现行国家标准《建筑设计防火规范》GB 50016 的规定及当地城市规划要求 主要功能房间的采光计算应符合现行国家标准《建筑采光设计标准》GB 50033 的规定	《民用建筑设计统一标准》GB 50352—2019 第 5.1.2 条
出入口	基地机动车出入口位置应符合所在地控制性详细规划	《民用建筑设计统一标准》GB 50352—2019 第 4.2.4 条
	大型、特大型文化综合体基地出入口不应少于 2 个，且不宜设置在同一条城市道路上 基地主要出入口前应设置人员集散场地，其面积和长度应根据使用性质和人数确定	《民用建筑设计统一标准》GB 50352—2019 第 4.2.5 条
	观众出入口与工作人员出入口以及藏品、展品出入口分开设置	《博物馆建筑设计规范》JGJ 66—2015 第 3.2.2 条
	对于文化综合体内设置的剧场，宜设置通往室外的单独出入口，应设置人员集散空间，并应设置相应标识	《剧场建筑设计规范》JGJ 57—2016 第 3.2.6 条
指标	建筑密度、建筑容积率、绿地率、停车位数量等指标满足当地规划部门的要求	《民用建筑设计统一标准》GB 50352—2019 第 4.1.1 条

5.3 建筑设计

	一般规定	表 5.3.1
设计要点	技 术 要 点	规 范 依 据
功能空间	功能空间应划分为公众区域、业务区域和行政区域，并根据工艺设计的要求确定各功能空间的面积分配	《博物馆建筑设计规范》JGJ 66—2015 第 4.1.1 条
出入口	不同功能的出入口应分开设置，不同区域之间的通道应能关闭	《博物馆建筑设计规范》JGJ 66—2015 第 4.1.3 条
无障碍设计	无障碍设计应符合《无障碍设计规范》GB 50763 的规定	《图书馆建筑设计规范》JGJ 38—2015 第 4.1.5 条
节能设计	节能设计应符合《公共建筑节能设计标准》GB 50189 的规定	《图书馆建筑设计规范》JGJ 38—2015 第 4.1.6 条

主功能用房

表 5.3.2

主功能		技术要点	规范依据
展览馆—陈列展览区	平面组合	应满足陈列内容的系统性、顺序性和观众选择性参观的需要 观众流线的组织应避免重复、交叉、缺漏，其顺序宜按顺时针方向 除小型馆外，临时展厅应能独立开放、布展、撤展；当个别展厅封闭维护或布展调整时，其他展厅应能正常开放	《博物馆建筑设计规范》JGJ 66—2015 第 4.2.1 条
	平面设计	分间及面积应满足陈列内容（或展项）完整性、展品布置及展线长度的要求，并应满足展陈设计适度调整的需要 应满足观众观展、通行、休息、临摹等的需要 展厅单跨时的跨度不宜小于 8m，多跨时的柱距不宜小于 7m	《博物馆建筑设计规范》JGJ 66—2015 第 4.2.2 条
	展厅净高	展厅净高确定：$h \geqslant a + b + c$ 式中：h—净高（m）； a—灯具的轨道及吊挂空间，宜取 0.4m； b—厅内空气流通需要的空间，宜取 $0.7 \sim 0.8$m； c—展厅内隔板或展品带高度，取值不宜小于 2.4m	《博物馆建筑设计规范》JGJ 66—2015 第 4.2.3 条
		应满足展品展示、安装的要求，顶部灯光对展品入射角的要求，以及安全监控设备覆盖面的要求；顶部空调送风口边缘距藏品顶部直线距离不应少于 1.0m	
		特殊展厅的空间尺寸、设备、设施及附属设备间等应根据工艺要求设计	《博物馆建筑设计规范》JGJ 66—2015 第 4.2.4 条
		陈列展览区的合理观众人数应为其全部展厅合理限值之和，高峰时段最大容纳观众人数应为其全部展厅高峰限值之和	《博物馆建筑设计规范》JGJ 66—2015 第 4.2.6 条
展览馆—藏品库区、藏品技术区	藏品库	藏品库区应由库前区和库房区组成 建筑面积应满足现有藏品保管的需要，并应满足工艺确定的藏品增长预期的要求，或预留扩建的余地 当设置多层库房时，库前区宜设于地面层；较大体积或重量大于 500kg 的藏品库宜设于地面层 开间或柱网尺寸不宜小于 6m 当收藏对温湿度敏感的藏品时，应在库房区总门附近设置缓冲间	《博物馆建筑设计规范》JGJ 66—2015 第 4.4.1 条
	采用藏品柜存放藏品的库房	库房内主通道净宽应满足藏品运送的要求，并不应小于 1.20m 两行藏品柜间通道净宽应满足藏品存取、运送的要求，并不应小于 0.80m 藏品柜端部与墙面净距不宜小于 0.60m 藏品柜背与墙面的净距不宜小于 0.15m	《博物馆建筑设计规范》JGJ 66—2015 第 4.4.2 条
	藏品技术区	各类用房的面积、层高、平面布置、墙地面构造、水池、工作台、排气柜、空调参数、水质、防腐蚀、防辐射等应根据工艺要求进行设计 建筑空间与设备容量应适应工艺变化和设备更新的需要 使用有害气体、辐射仪器、化学品或产生灰尘、废气、污水、废液的用房，应符合国家有关环境保护和劳动保护的规定；使用易燃易爆品的用房应符合防火要求；危险品库，应独立布置 实验室每间面积宜为 $20 \sim 30$m²	《博物馆建筑设计规范》JGJ 66—2015 第 4.4.3 条

主功能	技 术 要 点	规 范 依 据
图书馆—阅览室（区）	图书馆应按其性质、任务及不同的读者对象设置相应的阅览室或阅览区	《图书馆建筑设计规范》 JGJ 38—2015 第 4.3.1 条
	阅览室（区）的开间、进深及层高，应满足家具、设备的布置及开架阅览的使用和管理要求	《图书馆建筑设计规范》 JGJ 38—2015 第 4.3.3 条
	缩微阅读应设专门的阅览区，并宜与缩微资料库相连通，其室内家具设施应满足缩微阅读的要求	《图书馆建筑设计规范》 JGJ 38—2015 第 4.3.8 条
	当阅览室（区）设置老年人及残障读者的专用座席时，应邻近管理台布置	《图书馆建筑设计规范》 JGJ 38—2015 第 4.3.13 条
	阅览室（区）每座所占使用面积设计计算指标应符合规范规定	《图书馆建筑设计规范》 JGJ 38—2015 第 4.3.14 条

主功能	技 术 要 点				规 范 依 据
图书馆—书库	书库包括基本书库、开架书库、特藏书库等形式，图书馆建筑设计可根据具体情况选择书库形式				《图书馆建筑设计规范》 JGJ 38—2015 第 4.2.1 条
	基本书库的结构形式和柱网尺寸应适合所采用的管理方式和所选书架的排列要求				《图书馆建筑设计规范》 JGJ 38—2015 第 4.2.2 条

	书库书架连续排列最多挡数（档）	条件	开架	闭架	《图书馆建筑设计规范》 JGJ 38—2015 第 4.2.4 条
		书架两端有走道	9	11	
		书架一端有走道	5	6	

	书架之间以及书架与墙体之间通道的最小宽度（m）	通道名称	常用书架		不常用书架	《图书馆建筑设计规范》 JGJ 38—2015 第 4.2.4 条
			开架	闭架		
		主通道	1.50	1.20	1.00	
		次通道	1.10	0.75	0.60	
		档头走道	0.75	0.60	0.60	
		行道	1.00	0.75	0.60	

			规 范 依 据
	特藏书库应单独设置。珍善本书库的出入口应设置缓冲间，并在其两侧分别设置密闭门		《图书馆建筑设计规范》 JGJ 38—2015 第 4.2.6 条
	书库的净高不应小于2.40m。有梁或管线的部位，其底面净高不宜小于2.30m。采用积层书架的书库，结构梁或管线的底面净高不应小于4.70m		《图书馆建筑设计规范》 JGJ 38—2015 第 4.2.8 条
	书库荷载值的选择，应根据藏书形式和具体使用要求按现行国家标准《建筑结构荷载规范》GB 50009确定		《图书馆建筑设计规范》 JGJ 38—2015 第 4.2.13 条
剧场—观众厅	观众厅的视线设计宜使观众能看到舞台面表演区的全部。受条件限制时，应使位于视觉质量不良位置的观众能看到表演区的80%		《剧场建筑设计规范》 JGJ 57—2016 第 5.1.1 条

主功能	技术要点		规范依据
剧场—观众厅	观众厅的视点	对于镜框式舞台剧场，视点宜选在舞台面台口线中心处 对于大台唇式、伸出式舞台剧场，视点应按实际需要，将设计视点适当外移 岛式舞台的视点应选在表演区的边缘 受条件限制时，视点可适当上移，但不得超过舞台面0.30m；也可向台口线或表演区边缘后方移动，但不得大于1.00m	《剧场建筑设计规范》JGJ 57—2016 第5.1.2条
	观众厅视线超高值	视线超高值不应小于0.12m 当隔排计算视线超高值时，座席排列应错排布置，并应保证视线直接看到视点 对于儿童剧场、伸出式、岛式舞台剧场，视线超高值宜适当增加	《剧场建筑设计规范》JGJ 57—2016 第5.1.3条
	舞台面距第一排地面的高度	对于镜框式舞台面，不应小于0.60m，且不应大于1.10m 对于伸出式舞台面，宜为0.30～0.60m；对于附有镜框式舞台的伸出式舞台，第一排座席地面可与主舞台面齐平 对于岛式舞台台面，不宜高于0.30m，可与第一排座席地面齐平	《剧场建筑设计规范》JGJ 57—2016 第5.1.4条
	对于观众席与视点之间的最远视距，歌舞剧场不宜大于33m；话剧和戏曲剧场不宜大于28m；伸出式、岛式舞台剧场不宜大于20m		《剧场建筑设计规范》JGJ 57—2016 第5.1.5条
	对于观众视线最大俯角，镜框式舞台的楼座后排不宜大于30°，靠近舞台的包厢或边楼座不宜大于35°；伸出式、岛式舞台剧场的观众视线俯角不宜大于30°		《剧场建筑设计规范》JGJ 57—2016 第5.1.6条

公众服务配套用房 表5.3.3

类别	技术要点				规范依据
门厅、前厅和休息厅	文化综合体应设置门厅、售票室、商品零售部、衣物寄存处、误场等候区等，并应在其中或近旁合理安排售票、验票、安检、雨具存放、衣帽寄存、问询、语音导览及资料索取、轮椅及儿童车租用等为观众服务的功能空间				《博物馆建筑设计规范》JGJ 66—2015 第4.3.2条
	最小使用面积（m²/座）	等级	前厅	休息厅	合并	《剧场建筑设计规范》JGJ 57—2016 第4.0.1条
		甲等	0.30	0.30	0.50	
		乙等	0.20	0.20	0.30	
	售票窗（台）的数量宜为每300座设一个，相邻两个售票窗（台）的中心距离不应小于0.90m					《剧场建筑设计规范》JGJ 57—2016 第4.0.4条
门厅、前厅和休息厅	寄存处应靠近出入口，存物柜数量可按阅览座位的25%确定，每个存物柜的使用面积应按0.15～0.20m²计算					《图书馆建筑设计规范》JGJ 38—2015 第4.5.3条
教育区	教育区的教室、实验室，每间使用面积宜为50～60m²，并宜符合现行国家标准《中小学校设计规范》GB 50099的有关规定					《博物馆建筑设计规范》JGJ 66—2015 第4.3.1条

续表

类别	技术要点	规范依据
陈列厅	图书馆应设陈列空间，并可根据图书馆的规模、使用要求分别设置新书陈列厅、专题陈列厅或书刊图片展览厅	《图书馆建筑设计规范》JGJ 38—2015 第 4.5.4 条
报告厅	超过 300 座规模的报告厅应独立设置，并应与阅览区、展览区、观众厅隔离	《图书馆建筑设计规范》JGJ 38—2015 第 4.5.5 条
	报告厅与阅览区、展览区、观众厅毗邻设置时，应设单独对外出入口，宜设休息区、接待室及厕所	
辅助服务设施	餐厅、茶座的设计应符合现行行业标准《饮食建筑设计规范》JGJ 64 的要求，且产生的油烟、蒸汽、气味等不应污染藏品保存场所的环境，并应配置食品储藏间、垃圾间和通往室外的卸货区	《博物馆建筑设计规范》JGJ 66—2015 第 4.3.3 条
	厕所应设前室，厕所门不得开向观众厅。女厕位与男厕位（含小便站位）的比例不应小于 2：1，卫生洁具数量应符合现行行业标准《城市公共厕所设计标准》CJJ 14 的规定	《剧场建筑设计规范》JGJ 57—2016 第 4.0.5 条

业务与研究用房　　　　　　　　　　　　　　　　　　　　　　　表 5.3.4

类别	技术要点	规范依据
照相摄影用房	照相室宜设置摄影室、拷贝还原工作间、冲洗放大室和器材、药品储存间	《图书馆建筑设计规范》JGJ 38—2015 第 4.6.8 条
	摄影用房宜靠近藏品库区设置，有工艺要求的大型馆、特大型馆可在库前区设置专用摄影室 摄影室面积、层高、门宽度和高度尺寸，以及灯光、吊轨等设施应满足摄影工艺要求 冲洗放大室应严密避光，室内墙裙、地面和管道应采取防腐蚀材料，并应设置满足工艺要求的水质、水压、水温和水量，废液应按国家有关环境保护的要求进行处理	《博物馆建筑设计规范》JGJ 66—2015 第 4.5.1 条
	摄影室、拷贝还原工作间应防紫外线和可见光，门窗应采取遮光措施，墙壁、顶棚不宜用白色反光材料饰面 缩微复制用房应有防尘、防振、防污染设施，室内应配置电源和给水、排水设施，并宜根据工艺要求对室内温度、湿度进行调节控制；当采用机械通风时，应采取净化措施	《图书馆建筑设计规范》JGJ 38—2015 第 4.6.8 条
研究室	研究室、展陈设计室朝向宜为北向，并应有良好的自然采光、照明	《博物馆建筑设计规范》JGJ 66—2015 第 4.5.2 条
	需要从藏品库区提取藏品进行工作的研究室应与库区连接方便，并宜设藏品存放室或保险柜	《博物馆建筑设计规范》JGJ 66—2015 第 4.5.3 条
美工、展品展具制作与维修室	应与展厅联系方便，且靠近货运电梯设置，并应避免干扰公众区域和有安静环境要求的区域 净高不宜小于 4.5m 通往展厅的垂直和水平通道，应满足展品、展具运输的要求 应采取隔声、吸声处理措施满足声学设计要求	《博物馆建筑设计规范》JGJ 66—2015 第 4.5.5 条

类别	技术要点	规范依据
典藏室	当单独设置典藏室时，应位于基本书库的入口附近 工作人员的人均使用面积不宜小于6m²，且房间的最小使用面积不宜小于15m²	《图书馆建筑设计规范》JGJ 38—2015 第4.6.4条
控制室	幕前放映的控制室，进深和净高均不应小于3m 控制室的观察窗应视野开阔，兼作放映孔时，其窗口下沿距控制室地面应为0.85m，距视听室后部地面应大于2m 幕后放映的反射式控制室，进深不应小于2.70m，地面宜采用活动地板	《图书馆建筑设计规范》JGJ 38—2015 第4.6.9条

行政管理用房 表5.3.5

类别	技术要点	规范依据
行政办公用房	行政办公用房包括行政管理和后勤保障用房，其规模应根据使用要求确定，可组合在建筑中，也可单独设置。行政办公用房的建筑设计应按现行行业标准《办公建筑设计规范》JGJ 67 的有关规定执行	《图书馆建筑设计规范》JGJ 38—2015 第4.6.1条
安全保卫用房	安全保卫用房应根据博物馆防护级别的要求设置，并可包括安防监控中心或报警值班室、保卫人员办公室、宿舍（营房）、自卫器具储藏室、卫生间等。大型馆、特大型馆宜在重要部位设分区报警值班室 安防监控中心、报警值班室宜设在首层，不应与建筑设备监控室或计算机网络机房合用；当与消防控制室合用时，应同时满足消防与安全防范的要求 特大型馆、大型馆的安防监控中心出入口宜设置两道防盗门，门间通道长度不应小于3.0m；门、窗应满足防盗、防弹要求 保卫人员办公室、宿舍（营房）的使用面积应按定员数量确定；宿舍（营房）应有自然通风和采光，并应配备卫生间、自卫器具储藏室	《博物馆建筑设计规范》JGJ 66—2015 第4.6.2条

5.4 防火设计

5.4.1 耐火等级

耐火等级 表5.4.1

类　别	耐火等级	规范依据
地下或半地下和一类高层文化综合体	耐火等级不低于一级	《建筑设计防火规范》GB 50016—2014（2018年版）第5.1.3条
单、多层和二类高层文化综合体	耐火等级不低于二级	

5.4.2 防火分区

防火分区 表 5.4.2

类　别	防火分区的最大允许建筑面积（m²）	规 范 依 据
耐火等级为一、二级的高层文化综合体	1500	《建筑设计防火规范》GB 50016—2014（2018年版）第5.3.1条
耐火等级为一、二级的单、多层文化综合体	2500	
地下或半地下文化综合体	500	

注：1. 表中规定的防火分区最大允许建筑面积，当建筑内设置自动灭火系统时，可按本表的规定增加1.0倍，局部设置时，防火分区的增加面积可按该局部面积的1.0倍计算。
　　2. 裙房与高层建筑主体之间设置防火墙时，裙房的防火分区可按单、多层建筑的要求确定。

5.4.3 中庭防火设计要求

建筑内设置中庭时，其防火分区的建筑面积应按上、下层相连通的建筑面积叠加计算；当叠加计算后的建筑面积大于最大允许建筑面积时，应符合表5.4.3规定。

中庭防火设计 表 5.4.3

类　别	技 术 要 点	规 范 依 据
与周围连通空间的防火分隔	采用防火隔墙时，其耐火极限不应低于1.00h，采用防火玻璃墙时，其耐火隔热性和耐火完整性应≥1.00h；采用耐火完整性不应低于1.00h的非隔热性防火玻璃墙时，应设置自动喷水灭火系统进行保护；采用防火卷帘时，其耐火极限不应低于3.00h	《建筑设计防火规范》GB 50016—2014（2018年版）第5.3.2条
与中庭相连的门、窗	应采用火灾时能自行关闭的甲级防火门、窗	
中庭	中庭应设置排烟措施；中庭内不应布置可燃物	
高层文化综合体建筑内的中庭回廊	应设置自动喷水灭火系统和火灾自动报警系统	

5.4.4 安全疏散

安全疏散 表 5.4.4

区　域		位于两个安全出口之间的疏散门（m）	位于袋形走道两侧或尽端的疏散门（m）	规 范 依 据
教学培训区域	单、多层	35	22	《建筑设计防火规范》GB 50016—2014（2018年版）第5.5.17条
	高层	30	15	
业务、管理及辅助用房	单、多层	40	22	
	高层	40	20	
观众厅、展览厅、多功能厅		厅内任一点至最近疏散门或安全出口的直线距离不应大于30m；当疏散门不能直通室外地面或疏散楼梯间时，应采用长度不大于10m的疏散走道直通至最近的安全出口		

5.5 建筑声学

一般规定		表 5.5.1
设计要点	技 术 要 点	规 范 依 据
剧场的声学设计	应与建筑设计和室内装饰装修设计同步	《剧场建筑设计规范》JGJ 57—2016 第 9.1.1 条
	应使观众席各处获得合适的响度、早期侧向反射声、混响时间和清晰度，并使舞台上具有合适的声支持度	《剧场建筑设计规范》JGJ 57—2016 第 9.1.2 条
	与音响系统设计应密切配合，避免扬声器的布置对观众厅音质的影响	《剧场建筑设计规范》JGJ 57—2016 第 9.1.3 条

厅堂体形			表 5.5.2
设计要点	技 术 要 点		规 范 依 据
	剧场类别	容积指标（m³/座）	
观众厅每座容积	歌剧、舞剧	5.0 ~ 8.0	《剧场建筑设计规范》JGJ 57—2016 第 9.2.1 条
	话剧、戏剧	4.0 ~ 6.0	
	多用途	4.0 ~ 7.0	
观众厅体形	当自然声演出时，观众厅的平面和剖面形式应使早期反射声在观众席上具有合理的空间、时间分布；观众席中前区应具有足够的早期反射声，且相对于直达声的初始延迟时间宜小于或等于 35ms，不应大于 50ms 对于以自然声演出功能为主的剧场，当观众厅内设有楼座时，挑台的挑出深度宜小于楼座下开口净高的 1.2 倍；楼座下吊顶形式应有利于该区域观众席获得早期反射声 对于以扩声为主的剧场，观众厅内挑台的挑出深度宜小于楼座下开口净高的 1.5 倍，并应使主扬声器的中高频部分能直投射至挑台下全部观众席；楼座、池座后排净高及吊顶下沿至观众席地面的净高宜大于 2.80m		《剧场建筑设计规范》JGJ 57—2016 第 9.2.2 条
舞台	观众厅建筑声学设计应覆盖伸出式舞台空间		《剧场建筑设计规范》JGJ 57—2016 第 9.2.3 条
	当剧场用于自然声音乐演出时，舞台上应设置活动声反射罩或声反射板		《剧场建筑设计规范》JGJ 57—2016 第 9.2.4 条

厅堂混响时间		表 5.5.3
设计要点	技 术 要 点	规 范 依 据
观众厅	不同用途、不同容积的剧场，当频率在 500 ~ 1000Hz 时，观众厅满场混响时间和混响时间的频率特性比值应符合一定数值	《剧场建筑设计规范》JGJ 57—2016 第 9.3.1 条

续表

设计要点	技术要点	规范依据
观众厅	观众厅满场混响时间应分别对 125Hz、250Hz、500Hz、1000Hz、2000Hz、4000Hz 等 6 个频率进行计算	《剧场建筑设计规范》JGJ 57—2016 第 9.3.2 条
	当伸出式舞台的舞台空间和观众厅合为同一混响空间时,应按同一空间进行混响时间设计	《剧场建筑设计规范》JGJ 57—2016 第 9.3.3 条
	对于设置舞台声反射罩的剧场,观众厅应针对有无声反射罩的条件分别进行混响时间设计	《剧场建筑设计规范》JGJ 57—2016 第 9.3.4 条
	舞台空间应作吸声处理,其混响时间宜与观众厅空场混响时间一致,乐池内宜作吸声及扩散处理	《剧场建筑设计规范》JGJ 57—2016 第 9.3.5 条
	声桥与观众厅吊顶内部空间之间应作隔声处理或设置扬声器的隔离小室,并应作吸声处理,其他安装扬声器位置的内部空间宜作吸声处理	《剧场建筑设计规范》JGJ 57—2016 第 9.3.6 条
剧场辅助用房	房间类型 / 混响时间(s):音响控制室 0.3～0.5(平直);多功能排练厅 0.6～1.0;乐队排练厅 1.0～1.2;合唱排练厅 0.6～0.8;琴房 0.2～0.4(平直)	《剧场建筑设计规范》JGJ 57—2016 第 9.3.7 条

噪声控制　　　　　　　　　　　　　　表 5.5.4

设计要点	技术要点	规范依据
一般规定	剧场产生的噪声对周围环境的影响应符合国家标准《社会生活环境噪声排放标准》GB 22337 的规定	《剧场建筑设计规范》JGJ 57—2016 第 9.4.1 条
观众厅	当观众厅和舞台内无人占用时,在通风、空调设备等正常工作条件下,噪声级的限值宜符合下列规定。具有自然声演出功能:甲等剧场宜小于等于 NR25 噪声评价曲线;乙等剧场宜小于等于 NR30 噪声评价曲线。无自然声演出功能:甲等剧场宜小于等于 NR30 噪声评价曲线;乙等剧场宜小于等于 NR35 噪声评价曲线	《剧场建筑设计规范》JGJ 57—2016 第 9.4.2 条
	观众厅宜利用休息厅(廊)、前厅等隔离外界噪声;休息厅和前厅宜作吸声降噪处理;观众厅出入口宜设置声闸,侧舞台不宜设置直接通向室外的入口,当条件受限而设置时,应设隔声门或声闸	《剧场建筑设计规范》JGJ 57—2016 第 9.4.4 条
	当观众厅下部设置送风静压箱时,静压箱内宜作隔声、吸声处理	《剧场建筑设计规范》JGJ 57—2016 第 9.4.6 条

设计要点	技 术 要 点		规 范 依 据
剧场辅助用房	房间类型	背景噪声（NR）	《剧场建筑设计规范》JGJ 57—2016 第9.4.7条
	音响控制室	≤ 30	
	多功能排练厅	≤ 35	
	乐队排练厅	≤ 30	
	合唱排练厅	≤ 35	
	琴房	≤ 30	
设备用房	空调机房、风机房、冷却塔、冷冻机房、锅炉房等产生噪声和振动的设施，宜远离观众厅及舞台区域，并应采取有效的隔声、隔振、降噪措施		《剧场建筑设计规范》JGJ 57—2016 第9.4.5条

5.6 结构与设备

结　构　　　　　　　　　　　　　　　　　表 5.6.1

设计要点	技 术 要 点	规 范 依 据
安全等级	特大型、大型、大中型博物馆建筑及主管部门确定的重要博物馆建筑主体结构的设计使用年限宜取100年，其安全等级宜为一级；中型及小型博物馆建筑主体结构的设计使用年限宜取50年，其安全等级宜为二级	《博物馆建筑设计规范》JGJ 66—2015 第10.1.1条
抗震设防	特大型、大型、大中型博物馆建筑及主管部门确定的重要博物馆建筑的主体结构的抗震设防类别宜取为乙类，中型及小型博物馆建筑主体结构的抗震设防类别宜取为丙类	《博物馆建筑设计规范》JGJ 66—2015 第10.1.2条
	建筑结构设计应符合现行国家标准《建筑抗震设计规范》GB 50011 的规定，并应满足博物馆藏品防震和防工业振动专项设计的要求	《博物馆建筑设计规范》JGJ 66—2015 第10.1.5条
	隔墙、挂饰、吊灯等非结构构件的抗震设计和防坠落设计应符合现行行业标准《非结构构件抗震设计规范》JGJ 339 的规定，并应满足博物馆藏品防震和防工业振动专项设计的要求	《博物馆建筑设计规范》JGJ 66—2015 第10.1.6条
楼地面使用活荷载	博物馆建筑的楼地面使用活载标准值不应低于现行国家标准《建筑结构荷载规范》GB 50009 所规定的要求，凡有特殊情况或有专门要求及现行国家标准《建筑结构荷载规范》GB 50009 中未规定的楼地面使用活载应按照实际情况采用	《博物馆建筑设计规范》JGJ 66—2015 第10.1.3条
风荷载和雪荷载	特大型、大型博物馆主体结构的风荷载宜采用100年一遇的风荷载，雪荷载宜采用100年一遇的雪荷载；大中型、中型及小型博物馆主体结构的风荷载可采用50年一遇的风荷载，雪荷载可采用50年一遇的雪荷载	《博物馆建筑设计规范》JGJ 66—2015 第10.1.4条

给水、排水　　　　　　　　　　　　　　　表 5.6.2

类别	技 术 要 点	规 范 依 据
一般规定	文化综合体应设给水排水系统，并应满足生活用水、空调用水、道路绿化用水、馆区内各功能区域工艺用水的要求。文化综合体的用水定额、给水排水系统选择，应按现行国家标准《建筑给水排水设计规范》GB 50015 中的有关规定执行	《博物馆建筑设计规范》JGJ 66—2015 第10.2.1条

续表

类别	技术要点	规范依据
一般规定	卫生器具和配件应符合现行行业标准《节水型生活用水器具》CJ/T 164 的有关要求。公共场所的卫生间洗手盆应采用感应式或延时自闭式水嘴，小便器应配套采用感应式或延时自闭式冲洗阀	《博物馆建筑设计规范》JGJ 66—2015 第 10.2.2 条
给水	文化综合体的供水系统宜利用市政水压直接供给；当市政水压不能满足使用要求时，应设置二次供水系统，且二次供水设备在运行中不应对市政水压及周边用户造成不利影响	《剧场建筑设计规范》JGJ 57—2016 第 10.1.5 条
	文化综合体的公众区域的餐厅、茶座、盥洗间等宜设置热水供应装置；休息室（廊）宜设置饮水装置	《博物馆建筑设计规范》JGJ 66—2015 第 10.2.3 条
	后台化妆间、盥洗间、淋浴室等应设热水供应装置和开水供应装置，并有防止误接烫伤的措施	《剧场建筑设计规范》JGJ 57—2016 第 10.1.2 条
排水	文化综合体的排水应遵循雨水与生活排水分流的原则，各类用房的排水应符合国家及地方的规定	《博物馆建筑设计规范》JGJ 66—2015 第 10.2.4 条
	屋面的雨水排水方式应根据房间的使用功能、屋面的结构形式和气候条件选择。藏品保存场所的屋面应采用雨水外排水系统	《博物馆建筑设计规范》JGJ 66—2015 第 10.2.6 条
	屋面的雨水设计重现期不宜小于 10 年；屋面雨水排水工程应设置溢流设施；屋面雨水排水工程与溢流设施的总排水能力不应小于 50 年重现期的雨水量	《博物馆建筑设计规范》JGJ 66—2015 第 10.2.7 条
	地下室、半地下室中的卫生器具、地漏等不应采用重力流方式直接排入室外排水系统，应设置集水坑或其他排水设施，由排水泵提升加压排出	《剧场建筑设计规范》JGJ 57—2016 第 10.1.7 条
消防	文化综合体的自动灭火系统设计应符合现行国家标准《建筑设计防火规范》GB 50016 的有关规定	《博物馆建筑设计规范》JGJ 66—2015 第 10.2.9 条
	文化综合体应设置灭火器，灭火器的配置应符合现行国家标准《建筑灭火器配置设计规范》GB 50140 的有关规定	《博物馆建筑设计规范》JGJ 66—2015 第 10.2.10 条

供暖、通风与空气调节   表 5.6.3

类别	技术要点	规范依据
供暖	供暖应根据文化综合体的性质和使用功能进行分区设置；书库设置集中采暖时，热媒宜采用不超过 95℃的热水，管道及散热器应采取可靠措施，严禁渗漏	《图书馆建筑设计规范》JGJ 38—2015 第 8.2.6 条、第 8.2.7 条
	陈列展览区和工作区供暖室内设计温度严寒和寒冷地区主要房间应取 18～24℃；夏热冬冷地区主要房间宜取 16～22℃；值班房间不应低于 5℃	《博物馆建筑设计规范》JGJ 66—2015 第 10.3.2 条
通风和空气调节	空调系统冷热源应根据文化综合体的用途、规模、使用特点、负荷变化情况与参数要求、所在地区气象条件与能源状况等，通过技术经济比较确定	《博物馆建筑设计规范》JGJ 66—2015 第 10.3.4 条
	博物馆的陈列展览区、藏品库区和公众集中活动区宜采用全空气空调系统	《博物馆建筑设计规范》JGJ 66—2015 第 10.3.5 条
	使用时间不同的空气调节区域、湿度基数和允许波动范围不同的空气调节区域、对空气的洁净要求不同的空气调节区域、在同一时间内需分别进行供热和供冷的空气调节区域宜分别或独立设置空气调节系统	《博物馆建筑设计规范》JGJ 66—2015 第 10.3.6 条

续表

类别	技 术 要 点	规 范 依 据
通风和空气调节	当技术经济比较合理时，文化综合体的集中机械排风系统宜设置热回收装置	《博物馆建筑设计规范》JGJ 66—2015 第 10.3.14 条
	空气调节系统宜兼备机械通风换气的功能	《图书馆建筑设计规范》JGJ 38—2015 第 8.2.11 条
	甲等剧场内的观众厅、舞台、化妆室及贵宾室等应设空气调节；乙等剧场宜设空气调节。未设空气调节的剧场，观众厅应设机械通风	《剧场建筑设计规范》JGJ 57—2016 第 10.2.1 条
	剧场最小新风量应符合现行国家标准《民用建筑供暖通风与空气调节设计规范》GB 50736 的相关规定	《剧场建筑设计规范》JGJ 57—2016 第 10.2.7 条
	文化综合体的供暖通风与空调系统应进行监测与控制，且监控内容应根据其功能、用途、系统类型等经技术经济比较后确定	《博物馆建筑设计规范》JGJ 66—2015 第 10.3.15 条
	文化综合体中经常有人停留或可燃物较多的房间及疏散走道、疏散楼梯间、前室等应设置防排烟系统，并应符合现行国家标准《建筑设计防火规范》GB 50016 的有关规定	《博物馆建筑设计规范》JGJ 66—2015 第 10.3.16 条

建筑电气　　　　　　　　　　　　　　　　　　　　　表 5.6.4

类别	技 术 要 点	规 范 依 据
电源	文化综合体的供配电设计应按现行国家标准《供配电系统设计规范》GB 50052 的规定执行	《博物馆建筑设计规范》JGJ 66—2015 第 10.4.1 条
	特大型、大型及高层文化综合体应按一级负荷要求供电，其中重要设备及部位用电应按一级负荷中特别重要负荷要求供电；大中型、中型及小型文化综合体的重要设备及部位用电负荷应按不低于二级负荷要求供电	
	火灾报警、防盗报警系统的用电设备应设置自备应急电源	《博物馆建筑设计规范》JGJ 66—2015 第 10.4.3 条
	文化综合体内供配电系统应适应不同空间使用功能变化的需要，各功能空间内应预留计算机、视听设备、复印机等设备的电源接口	《图书馆建筑设计规范》JGJ 38—2015 第 8.3.2 条
	文化综合体公用空间与内部使用空间的照明宜分别配电和控制	《图书馆建筑设计规范》JGJ 38—2015 第 8.3.3 条
照明	文化综合体应设置正常照明和应急照明，并宜根据需要设置值班照明或警卫照明	《图书馆建筑设计规范》JGJ 38—2015 第 8.3.4 条
	公共区域的照明应采用集中、分区或分组控制的方式；阅览区的照明宜采用分区控制方式	《图书馆建筑设计规范》JGJ 38—2015 第 8.3.6 条
	展厅的照明应采用分区、分组或单灯控制，照明控制箱宜集中设置；藏品库房内的照明宜分区控制	《博物馆建筑设计规范》JGJ 66—2015 第 10.4.11 条
	观众厅、前厅、休息厅、走廊等直接为观众服务的房间，其照明控制开关应集中设置并单独控制	《剧场建筑设计规范》JGJ 57—2016 第 10.3.15 条
	消防控制室、变配电室、发电机室、消防泵房等，应设不低于正常照明照度的应急备用照明	《剧场建筑设计规范》JGJ 57—2016 第 10.3.14 条

续表

类别	技术要点	规范依据
消防	文化综合体内消防用电设备及系统的设计应符合现行国家标准《建筑设计防火规范》GB 50016 的相关规定	《博物馆建筑设计规范》JGJ 66—2015 第 10.4.2 条
	展厅、观众厅、台仓、排练厅、疏散楼梯间、防烟楼梯间及前室、疏散通道、消防电梯及前室、合用前室等，应设应急疏散照明和疏散指示标志；其地面平均水平照度不应低于 5lx 各安全出口处和疏散走道应分别设置安全出口标志和疏散走道指示标志；应急照明和疏散指示标志连续供电时间不应少于 30 分钟	《剧场建筑设计规范》JGJ 57—2016 第 10.3.13 条
防雷	文化综合体的防雷与接地设计应符合国家现行标准《建筑物防雷设计规范》GB 50057、《建筑物电子信息系统防雷技术规范》GB 50343、《民用建筑电气设计规范》JGJ 16 的规定	《图书馆建筑设计规范》JGJ 38—2015 第 8.3.12 条
	文化综合体应根据其使用性质和重要性、发生雷电事故的可能性及造成后果的严重性，进行防雷设计。特大型、大型、大中型文化综合体应按第二类防雷建筑物进行设计，中型、小型文化综合体应根据年预计雷击次数确定防雷等级，并应按不低于第三类防雷建筑物进行设计	《博物馆建筑设计规范》JGJ 66—2015 第 10.4.18 条
	特等、甲等剧场应按第二类防雷建筑设置防雷保护措施；其他年预计雷击次数大于 0.06 的剧场，应按第二类防雷建筑设置防雷保护措施	《剧场建筑设计规范》JGJ 57—2016 第 10.3.17 条

智能化系统　　　　　　　　　　　　　　　　表 5.6.5

类别	技术要点	规范依据
一般规定	文化综合体的智能化系统应按国家现行标准《民用建筑电气设计规范》JGJ 16 和《智能建筑设计标准》GB 50314 的有关规定执行 应根据文化综合体的建筑规模、使用功能、管理要求、建设投资等实际情况，选相应的智能化系统 应满足面向社会公众的展示、文化传播、教学研究和资料存储等信息化应用的需求	《博物馆建筑设计规范》JGJ 66—2015 第 10.5.1 条
	应设置文化综合体信息管理系统，并宜与智能化集成系统构成信息管理共享平台	《博物馆建筑设计规范》JGJ 66—2015 第 10.5.6 条
信息设施系统	在公众区域、业务与研究用房、行政管理区、附属用房等处应设置综合布线系统信息点	《博物馆建筑设计规范》JGJ 66—2015 第 10.5.2 条
	陈列展览区、藏品库区的门口宜设置对讲分机	
	综合布线系统宜与电子信息、办公自动化、通信自动化等设施统一设计	《图书馆建筑设计规范》JGJ 38—2015 第 8.4.3 条
信息化应用系统	公众区域应设置多媒体信息显示、信息查询和无障碍信息查询终端 宜设置语音导览系统，支持数码点播或自动感应播放的功能 宜建立数字化博物馆网站和声讯服务系统	《博物馆建筑设计规范》JGJ 66—2015 第 10.5.3 条
公共安全系统	应设置火灾自动报警系统和入侵报警系统，并应符合现行国家标准《火灾自动报警系统设计规范》GB 50116 和《入侵报警系统工程设计规范》GB 50394 的相关规定	《博物馆建筑设计规范》JGJ 66—2015 第 10.5.4 条
	宜设置建筑设备监控系统	《图书馆建筑设计规范》JGJ 38—2015 第 8.4.8 条

6 会展建筑设计

6.1 概述

<table>
<tr><td colspan="4" style="text-align:center">会展建筑的定义与展览类型</td><td>表 6.1.1</td></tr>
<tr><td colspan="2">类　　别</td><td colspan="2">技 术 要 求</td><td>规范图集依据</td></tr>
<tr><td colspan="2">定义</td><td colspan="2">　　展览建筑指由一个或多个展览空间组成，进行展览活动的建筑物。展览建筑往往与会议、餐饮、宾馆、娱乐、办公和文化设施等相结合，其职能已远远超出最初单纯举办展览的范畴，演变成为人们之间相互交流与沟通、提供媒介的公共性活动场所
　　由于现代化展览、会议活动已逐步由相对独立的模式演化成为"展中有会，会中有展"的互融模式，形成了展览设施和会议设施的并存的"会展建筑"</td><td>《建筑设计资料集　第四分册》（第三版）</td></tr>
<tr><td rowspan="5">展览类型</td><td rowspan="3">根据展品类型分类</td><td>轻型展</td><td>轻工业产品，如食品、纺织、皮革、造纸、日用化工、文教艺术体育用品、印刷品等的展览</td><td rowspan="5">《建筑设计资料集　第四分册》（第三版）</td></tr>
<tr><td>中型展</td><td>一般工业产品，如普通机械、电气、汽车、电子设备等展览</td></tr>
<tr><td>重型展</td><td>重工业设备及产品，如机械加工、化工等的展览</td></tr>
<tr><td rowspan="2">根据客户群体进行分类</td><td>专业展</td><td>以面向专业采购商，介绍新产品和接受订单为主，例如广交会、工博会</td></tr>
<tr><td>消费展</td><td>以面向普通客流展示和直接销售为主，例如车展、房展、家具展</td></tr>
<tr><td rowspan="2">不同展览类型对设计的影响</td><td colspan="2">展品类型不同</td><td>楼地面及吊挂荷载取值、货运组织、展位对机电需求等</td><td></td></tr>
<tr><td colspan="2">客户群体不同</td><td>交通流量参数、会议功能的需求、餐饮功能的需求等</td><td></td></tr>
</table>

<table>
<tr><td colspan="3" style="text-align:center">会展建筑的规模</td><td>表 6.1.2</td></tr>
<tr><td colspan="2">类　　别</td><td>技术要求</td><td>规范图集依据</td></tr>
<tr><td rowspan="4">展览建筑规模</td><td rowspan="4">按基地以内的总展览面积划分（总展览面积 S，单位 m^2）</td><td>特大型　$S > 100000$</td><td rowspan="8">《展览建筑设计规范》JGJ 218—2010 第 1.0.3 条</td></tr>
<tr><td>大型　$30000 < S \leqslant 100000$</td></tr>
<tr><td>中型　$10000 < S \leqslant 30000$</td></tr>
<tr><td>小型　$S \leqslant 10000$</td></tr>
<tr><td rowspan="3">展厅的等级</td><td rowspan="3">按其展览面积划分（展厅的展览面积 S，单位 m^2）</td><td>甲等　$S > 10000$</td></tr>
<tr><td>乙等　$5000 < S \leqslant 10000$</td></tr>
<tr><td>丙等　$S \leqslant 5000$</td></tr>
</table>

6.2 场地设计

选址　　　　　　　　　　　　　　　　　　　　　　　表 6.2.1

类　别				技　术　要　求	规范图集依据
一般原则				展览建筑的选址必须服从城市总体规划的部署，并同分区规划紧密结合 具备便利的周边条件以及完善的市政基础设施 应至少同两种快速交通连接，确保会展活动召开期间，不干扰城市交通的正常运转 可以促进会展业对城市发展的带动作用	
建设地点与城市的关系	建设地点	城市中心		交通便利；可利用既有的配套设施；受场地限制，拓展难度大	《建筑设计资料集　第四分册》（第三版）
		城市近郊		邻近轨道交通；可持续性发展	
		城市远郊		与江河等景观相结合临近机场，便于大型货运；可持续发展；需建设配套设施	
周边环境		交通		交通应便捷，与航空港、港口、火车站、汽车站、地铁站、公交站等公共交通设施联系方便；特大型展览建筑选址不应设在城市中心	《建筑设计资料集　第四分册》（第三版）《展览建筑设计规范》JGJ 218—2010第 3.1.2 条
		环境		以临近城市重要的人工、自然环境为宜，不应选在有害气体和烟尘影响的区域内，且与噪声源及储存易燃、易爆物场所的距离，应符合国家现行有关安全、卫生和环境保护等标准的规定	
		水文地貌		宜选择地势平缓、场地干燥、排水畅通、空气流通、工程地质及水文地质条件较好的地段	
		公共设施		大型展览建筑周边应配备完善的公共服务和基础设施	

基地　　　　　　　　　　　　　　　　　　　　　　　表 6.2.2

类别	技　术　要　求	规范图集依据
基地	特大型展览建筑基地应至少有 3 面直接临接城市道路；大型、中型展览建筑基地应至少有 2 面直接临接城市道路；小型展览建筑基地应至少有 1 面直接临接城市道路。基地应至少有 1 面直接临接城市主要干道，且城市主要干道的宽度应满足布展、撤展或人员疏散的要求 展览建筑的主要出入口及疏散口的位置应符合城市交通规划的要求。特大型、大型、中型展览建筑基地应至少有 2 个不同方向通向城市道路的出口 基地应具有相应的市政配套条件	《展览建筑设计规范》JGJ 218—2010 第 3.2 条

总平面设计　　　　　　　　　　　　　　　　　　　　　　表 6.2.3

类　别	技　术　要　求	规范图集依据
建筑布局	总平面布置应根据近远期建设计划的要求，进行整体规划，并为可能的改建和扩建留有余地 总平面布置应功能分区明确、总体布局合理，各部分联系方便、互不干扰 交通组织合理，流线清晰，道路布置应便于人员进出、展品运送、装卸，并应满足消防车道和人员疏散要求 展览建筑应按不小于 0.20m²/ 人配置集散用地 宜设置室外场地，以满足展出、观众活动、展品临时存放、停车及绿化的需要，面积不宜少于展厅占地面积的 50%（不含社会停车场） 展览建筑的建筑密度不宜大于 35% 除当地有统筹建设的停车场或停车库外，基地内应设置机动车和自行车的停放场地（参考值：0.6 停车位 /100m² 建筑面积，或结合城市交通总量确定） 基地应做好绿化设计，绿地率应符合当地有关绿化指标的规定。栽种的树种应根据城市气候、土壤和能净化空气等条件确定 总平面应设置无障碍设施，并应符合现行行业标准《无障碍设计规范》GB 50763—2012 的有关规定 基地内应设有标识系统	《展览建筑设计规范》JGJ 218—2010 第 3.3 条
展馆及配套建筑	主要包括登录厅、展厅、贵宾接待、公共交通区域等，以及独立仓储、海关国检、行政办公等	
室外展场	详见表 6.3.4	
登录集散广场	主要出入口处均应设置一定规模的人员疏散广场；地面尽量平整，不宜有较大高差；地面要有一定的承载能力 人员集散广场除考虑疏散使用，也应根据需求和室外安检票检、室外展旗、绿化景观结合在一起设计，并考虑作为开幕式或重大新闻发布等使用	
地面停车场	停车位的类型包括小轿车、大轿车、货运车、自行车。停车场可以和绿化结合，和临时展场结合，也可以和卸货区、临时堆场结合	
货车轮候区	由于货车具有短时集聚效应，对于超大型场馆需在场馆外围用地内配备足够的货车缓冲停车场，避免会展场地外出现货车拥挤的局面，必要时还可采用"多级轮候"及"分时调度"的策略，对每辆货车的进场作业时间进行控制	
车行道与消防车道	馆区内车行道除常规的考虑小轿车、大巴车外，还需重点考虑货运车的流线要求、转弯半径要求、宽度要求、车道承载的要求。其中小轿车应满足工作人员车辆、观众车辆、贵宾车辆、出租车、网约车停靠 占地面积大于 3000m² 的展览建筑应设环形消防车道；确有困难时，可沿建筑的两个长边设置消防车道。当建筑物沿街道部分的长度大于 150m 或总长度大于 220m 时，应设置穿过建筑物的消防车道；确有困难时，应设置环形消防车道	《建筑设计防火规范》GB 50016—2014
	对于特大型多层会展建筑，还应适当考虑消防救援场地	
卸货区	展厅附近应设置展品卸货区，或者卸货平台	
临时堆场	应设置一定面积的室外垃圾分类及堆放场地。临时垃圾堆场可以和停车场、展品卸货场复合使用	

交通设计 表 6.2.4

类　别			技　术　要　求			规范图集依据
会展交通参数	客流吸引率（人次 /m²）	室内展厅	参展观众	工作日	0.4	该数据为某正常运营展馆的参考值
				休息日	0.7（消费展）	
			参展商		0.1	
			工作人员		0.04	
		室外展场	参展观众	工作日	0.2	
				休息日	0.35（消费展）	
			参展商		0.05	
			工作人员		0.02	
		货运交通吸引率			0.01 车次 /m²·日	
	高峰小时客流比例	离去高峰（晚高峰）比到达高峰（早高峰）集中；专业展晚高峰小时流量占全天35%～50%；消费展晚高峰小时流量占全天25%～30%				
外部交通设计	外部交通流线组织的目标	合理设计场内的五大通道，人行、车行、货运的三大交通流线，以及布展、观展、撤展三大交通需求，进行安全、畅通、高效的交通组织				《建筑设计资料集　第四分册》（第三版）
		内外衔接：三大交通流线既要做好展馆内部的衔接，还要做好和城市公共交通（公交站点、出租车站点、地铁轻轨站点、市政道路）的合理衔接				
		通道的错位使用：由于通道使用的时间和频率存在错位和差异，实际使用时，在保证安全的前提下，可互相借用或者混用，但人车尽可能分开				
	设计要点	人行通道	可细分为观众通道、参展商通道、贵宾通道、内部管理通道			
		车行通道	可细分为私家车通道、贵宾车通道、大轿车通道			
		货运通道	多用于多层展馆建设布展和撤展时展品的进出、装卸；办展时可作为食品服务供应通道			
		消防应急通道	消防车进入展馆区抢险，以及遇突发性事件所用的通道，应考虑消防以及应急车辆的转弯半径要求			
		垃圾装卸及运输通道	垃圾一般分为生活垃圾和展览垃圾，生活垃圾适合设置固定堆放点，展览垃圾适合根据不同展览设置相应临时堆放场			
	交通组织设计原则	会展交通集散系统与周边用地交通相对分离				
		结合集约交通与个体交通的不同需求				
		结合周边地块近远期发展需要				

类　　别			技　术　要　求	规范图集依据
外部 交通设计	交通组织 设计要求		根据不同类型会展的特点和运营要求，结合项目道路交通和内部功能布局，充分发挥轨道交通等公共交通的运载能力，提出内外道路的衔接组织方案，考虑人流和车流、客流与货流等不同交通方式布展、撤展与观展等不同时段的交通特征和需求，确保运行顺畅安全	《建筑设计资料集　第四分册》（第三版）
内部 交通设计	人行（图 6.2.1）	观众	通过观众入口进入会展场地，再由登录厅购票、安检进入公共交通廊，再由公共交通廊进入各展厅	
		贵宾	大型、特大型或有特殊要求的展览建筑设置贵宾通道和贵宾室。贵宾通过贵宾入口进入会展场地，再进入贵宾室，通过贵宾室进入展会现场。贵宾通道应方便出入又相对隐蔽，避免与其他流线交叉使用	
		参展商	参展商凭证件出入展会现场、参展商库房、参展商（主办方）办公室、会议室和洽谈室等	
		管理方	管理方凭证件出入展会现场、管理方办公室、参展商（主办方）办公室等	
	车行（图 6.2.2）	市政 交通	包括公交巴士、轨道交通、轮船等，通过城市道路、水路到达会展周边的落客站点	
		私家车	通过场地私家车入口进入会展场地，到达私家车停车场	
		贵宾车	通过贵宾入口进入会展场地和贵宾停车位	
		穿梭电瓶 车或巴士	特大型展览建筑可设置穿梭电瓶车或巴士，按具体运营需要，设置从会展场地出入口到登录厅、展厅、室外展场、停车场等处的穿梭巴士	
		消防 及抢险	经过消防及抢险道路到达场地，实施消防及抢险。在设计之前应确定进入展馆区的穿梭巴士、应急消防的车辆标准，以明确内部道路的宽度、通行高度、道路承载、转弯半径及回转半径	
	货运（图 6.2.3）	展品载 入流线 （布展）	办展前，拉有展品的货车从市政道路进入会展场地（货车量大的展览还需考虑货车在专用区域轮候），沿场地内道路驶入，进入装卸货场；有条件时，建议考虑货运车直接进入展厅卸货安装的可能性	
		展品载 出流线 （撤展）	办展结束，展品打包，在货场装进货车，沿内部货运路线驶出，进入市政道路	
		展品 的装卸	货车进入展品卸货场（或者卸货平台），装卸展品	
		展品临 时堆场	展品卸下后，如有临时堆放要求，一般可在展厅内外周转使用	
		办展时食 品供应服 务流线	外部食品供应时间集中，一般可借用靠近展厅的临时堆放区	
		垃圾装 卸及运 输流线	垃圾分生活垃圾和展品垃圾。生活垃圾堆放在垃圾站，展品垃圾堆放在临时垃圾堆场	

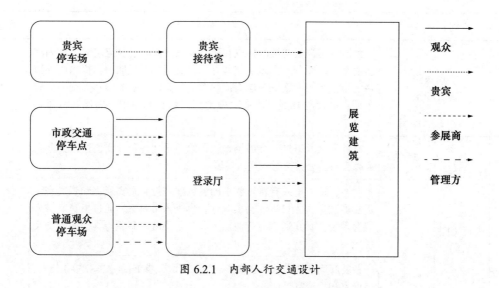

图 6.2.1 内部人行交通设计

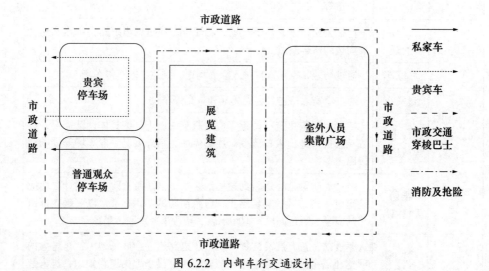

图 6.2.2 内部车行交通设计

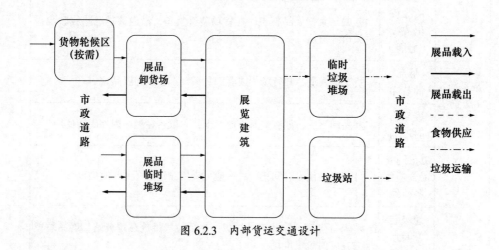

图 6.2.3 内部货运交通设计

会展建筑功能分区   表 6.2.5

类 别				技 术 要 求	规范图集依据
展厅组合方式	平面组合适用性比较（参考表6.2.6）		单边式布局		
			双边式布局		
			其他类型布局（围合式、集中式）	登录区　展厅	
	竖向组合	单层展厅	优点	所有展厅均能满足大荷载要求 所有展厅货运更方便快捷，货车可直接驶入展厅，布展和撤展效率较高 有利于大空间的安全疏散 提供完全无柱的展览空间	《建筑设计资料集　第四分册》（第三版）
			缺点	占地面积大，土地利用率低 人流步行距离比较大 相对于多层展厅体形系数过大，节能效果差	
		多层展厅	优点	有利于在较小的基地建设大面积展厅，适合城市中心区用地紧张的展览建筑 展厅集中，参观人流的观展路线更为简洁高效 因外围护减少，建筑较为节能 选型更丰富	
			缺点	二、三层货运系统较复杂，一般需设置大型货车坡道与大型货运电梯结合利用 二、三层展厅大量人流疏散需通过垂直防烟楼梯解决，且防烟楼梯需直通室外或通过安全通道至室外 二、三层地面荷载不宜过大，一般为 1～1.5t 一层展厅的柱子对展示有一定影响	

续表

类　别	技 术 要 求	规范图集依据
展厅与配套关系	见图 6.2.4 注：部分配套功能也可根据需要整合入展厅建筑	《建筑设计资料集　第四分册》（第三版）

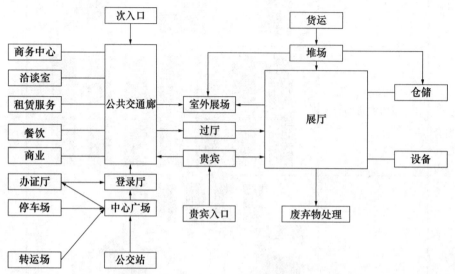

图 6.2.4　展厅与配套的关系

三种布局模式的适用性比较　　　　　　　　表 6.2.6

	单边式布局	双边式布局	其他类型布局
小型展会	优秀	良好	良好
中型展会	良好	优秀	优秀
大型展会中的物流组织	—	良好	较差
大型展会中观展人流步行距离及方向感	—	良好	距离较长方向感良好
同时举行多个展会	优秀	优秀	良好
用地利用效率	良好	优秀	较差
对用地形状的适应性	良好	良好	较差

6.3　建筑设计

一般规定　　　　　　　　表 6.3.1

类　别	技 术 要 求	规范图集依据
一般规定	展览建筑应根据其规模、展厅的等级和需要设置展览空间、公共服务空间、仓储等基本配套和各类辅助设施。建筑布局应与规模和展厅的等级相适应	《展览建筑设计规范》JGJ 218—2010 第 4.1 条

类　别	技　术　要　求	规范图集依据
一般规定	展厅不应设置在建筑的地下二层及以下的楼层 展厅中单位展览面积的最大使用人数宜按表 6.3.2 确定 展览建筑内部空间应考虑持票观展时的分区使用，特大型、大型展览建筑宜设置安检设施 展览建筑宜在适当位置设置观众休息区 当展览建筑的主要展览空间在二层或二层以上时，应设置自动扶梯或大型客梯运送人流，并应设置货梯或货运坡道 展览建筑应设置无障碍设施，并应符合现行行业标准《无障碍设计规范》GB 50763—2012 的有关规定	《展览建筑设计规范》JGJ 218—2010 第 4.1 条

展厅中单位展览面积的最大使用人数（人 /m²）　　　　表 6.3.2

楼层位置	地下一层	地上一层	地上二层	地上三层及三层以上各层
指标	0.65	0.70	0.65	0.50

一般性展览空间　　　　表 6.3.3

类　别		技　术　要　求	规范图集依据
展厅单元设计	长方形	展厅布置效率极高；观展方向感强；走道易布置；长边有利于通风采光；短边有利于消防疏散；结构和设备的经济性好	《建筑设计资料集　第四分册》（第三版）
	正方形	展位布置效率次高；展台形式调整方便；走道易布置；相同面积通风采光较差	
	扇形	布置展位时，展厅面积较浪费；位于边缘的展台灵活性差；联络各展厅的交通廊易形成环形参观路线	
展位模块布置		国际标准展位尺寸为 3m × 3m，因此决定了展厅柱网尺寸应以 3m 为模数，大型展厅平面尺寸通常以 3m 倍数为模数	
		通常甲等、乙等展厅展位间主通道 6m（一般不宜少于 5m，次通道 3m），丙等展厅展位通道净宽不宜小于 3m。展位背对布置，布置方式分为两种	
		展位横向走道和竖向连续布置不宜超过 10 个（30m），宜分区布置。多层展厅内的柱子宜落在单个展位内，减少对其他展位的影响	
	横向走道展位布置及观展流线		

类　别		技　术　要　求	规范图集依据
展位模块布置	纵向走道展位布置及观展流线		《建筑设计资料集　第四分册》（第三版）
层高与净高		展厅净高应满足展览使用要求。甲等展厅净高不宜小于12m，乙等展厅净高不宜小于8m，丙等展厅净高不宜小于6m	
		大型展览建筑建议设计个别层高较高的展厅，净空高度在20m左右，以满足特殊展览及活动需要。这种较高层高的设计为展厅的多功能使用提供了可能性	

多功能展览空间　　　　　　　　　　　　　　　　　　表6.3.4

类　别		技　术　要　求	规范图集依据
会展建筑可以复合的功能		基本配套功能的扩展，如会议中心、餐饮等，弹性调节适应不同性质规模展会的需求，并可独立对外经营 体育场馆、社会活动与集会、演唱会、开幕式、年会、庆典、应急避难场所、宴会、停车场等非传统功能	
展厅多功能复合利用的形式		主空间为中性空间，根据展厅和其他功能的需求灵活进行转换 主空间以展厅功能为主，其他功能为辅 展厅功能与体育演出功能同时存在，共用配套部分（会展体育综合体）	
多功能复合空间的基本设计方向		空间以弹性中立为目标，不为某一特定功能量身打造，空间形态尽量简单采用灵活可变的建筑构件 预先规划新功能所需的荷载、结构、机电设计	
多功能展厅功能空间的分类	功能固定空间	设备用房、技术用房、卫生间、楼电梯（例如从避免浪费角度考虑，应尽量压缩固定空间的面积，如利用临时厕所方案满足峰值需求）	
	功能半可变空间	贵宾休息室、运动员更衣室、新闻记者用房、包厢和疏散大厅等功能要求比较复杂，但在设计和使用中仍有很多可调节因素的空间，例如比赛时可作为竞赛管理用房，演出时作为后台化妆，会展时作为服务中心或仓储用房	
	功能可变空间	没有特定功能限制，灵活性非常大的空间	

室外展场   表 6.3.5

类　别		技　术　要　求	规范图集依据
室外展场的作用		室外展场是室内展厅的重要补充设施，可用于展示超高、超大、超重的大型展品，如重型机械展、大型军工展、帆船展等；可用来举办大型集会、表演等社会公共活动；可用来临时停放展会车辆；此外还可兼具集散功能，可作为城市防灾的安全区域	《建筑设计资料集　第四分册》（第三版）
室外展场的布置原则		室外展场一般布置在展厅周边的场地上，其配套设施可与展厅共用，室外展场宜与入口广场分开设置。对一些毗邻城市重要景区建造的会展中心来说，其室外展场可邻近这些景区建造，从而在建筑物与景区之间建立缓冲空间	
室外展场的面积要求		室外展场的规模大小与展览定位有关，各地会展中心的室外展场与首层展厅面积之比一般控制在 15% ～ 30%	
室外展场的配套设施	卫生设施	包括卫生间、茶水间、仓储等	
	管沟设计	室外展场同室内展场一样需要为每一个展位提供水电、信息、压缩空气等接口；管沟间距通常为 18m，宽度为 600mm，深度 600mm，沟底可具备排水功能	
	地面荷载	地面可承受 5t/m² 或以上的荷载	
	固展设施	应设置固定展位展品的设施	

公共服务空间   表 6.3.6

类　别		技　术　要　求	规范图集依据
公共交通通廊	公共交通廊的定义及作用	公共交通廊是联系各展厅及服务配套设施的交通纽带，是会展建筑重要的交通空间。其作用是组织参观者进出各展馆，具有导向性，同时其线性区域空间集中布置各类配套服务设置，可分成室内及室外两种（图 6.3.1）	《建筑设计资料集　第四分册》（第三版）
	公共交通廊的形式	单层单边式公共交通廊位于展厅一侧，流线简单直接，有利于交通疏散 单层双边平入式公共交通廊位于中间，有效节约空间，使其布局紧凑，流线便捷。公共交通廊可跨越货运道路，形成人车分流的立体交通 单层双边庭院式公共交通廊位于庭院两侧，分别与展厅连通，室外庭院作为缓冲休息空间，有利于消防疏散（图 6.3.2） 公共交通廊为双层时，为提高人流水平方向的交通效率，设自动快速步道。竖向交通方面设楼梯、自动扶梯与夹层的配套设施连接 多层展厅公共交通廊首层标高的确定，取决于进入各层展厅人流的疏散便利性（图 6.3.3）	
登录厅	登录厅概念及作用	登录厅与展览建筑入口广场及公共交通廊连接，是进出场馆的门厅空间 大型会展中心可在不同方向设置多个登录厅，将所有单元式展厅分为若干展区，可满足多个不同的展会同时举行的需要，避免不同展会之间的相互干扰 设计应满足售票、检票、咨询、寄存、休息、安检、新闻发布、记者服务、观众休息、公共电话及卫生设施等功能 登录厅可合并设置办证功能，也可分开设置办证厅	
	登录厅规模	登录厅为进入展厅提供验票、安检的功能空间，其面积可根据其服务的展览面积计算得出，即每 1000m² 展览面积宜设置 50 ～ 100m² 部分登录厅可与公共交通廊合并使用，但功能设施不应影响交通组织和人员疏散	

续表

类　别			技 术 要 求	规范图集依据
会议中心	会议中心的组成	公共区	指入口大厅、公共大厅、前厅。公共区的功能包括庆典仪式、票务、寄存、安检、登记、咨询、公用电话、售卖服务、休息、银行、邮局、新闻、商务中心、咖啡厅、卫生间等	《建筑设计资料集　第四分册》（第三版）
		会议区	指主要功能房间区。包括剧场式会议厅、大型多功能会议厅、宴会厅、报告厅、中小会议室、新闻中心、贵宾用房等满足参会人员开会、休息、座谈、新闻发布等功能的房间	
		后勤区	指内部的服务用房、技术管理用房，如厨房、备餐、仓储用房、机电用房、停车场库等	
	会议中心布置原则		会议中心主要流线包括参会人员、贵宾、服务人员流线及货物流线。各个流线入口位置应与总图场地协调，并避免各类人员流线间及人员流线与货物流线间的交叉干扰	
			整体布局通过公共区的大厅、公共走道及室内外廊道等交通空间，把各个会议区的使用功能有机地联系起来，使参会人员能够顺利到达各个会议室及其他功能房间	
			一般大中型会议中心设有公共大厅，根据不同规模及使用性质，需控制好主要大厅的空间尺度	
			整体布局通过公共区的大厅、公共走道及室内外廊道等交通空间，把各个会议区的使用功能有机地联系起来，使参会人员能够顺利到达各个会议室及其他功能房间	
			对于用地规模较大的会展中心，除集中的会议中心外，还应考虑将部分中小会议室分散布置于各展厅之间	
			办公房间布置应兼顾对外洽谈接待，同时对内便于物业后勤管理	
			后勤区应通过后勤走道与会议室等主要功能房间相连。服务用房应邻近相应会议功能房间，厨房及备餐房间规模需与会议中心主要用餐房间面积相匹配。如餐食由外部配送，加设备餐房间即可，如服务房间不同层，应设置专用电梯（食梯），并应避免服务流线过长	
	会议中心平面设计要点（图6.3.4）		公共大厅及公共走道是供参会人员使用，能够到达各个会议空间的主要交通空间，应与会议功能空间有机结合。一般组合形式有T字形、E字形、包围形和内部形（表6.3.7）	
			大型多功能会议厅、报告厅、宴会厅、特殊功能会议厅应为无柱空间。应设有独立的前厅及后勤走道，中小型会议建筑前厅也可与公共大厅合用	
			宴会厅应配有相应面积的厨房及备餐，也可由外部配送餐食，只设备餐间即可（参考图6.3.5）	
			剧场式会议厅体型复杂，占用层高较高，应设有独立的前厅和后台区，中小型会议建筑前厅可与公共大厅合用	
			除无柱空间外，柱网尺寸一般以9～12m为宜，便于中小会议室布置。大型会议中心的中小会议室宜成组布置，集中设置休息厅	
			会议中心人员数量较多，瞬时流量大，公共大厅应便于人员集散，以自动扶梯作为上下联系	

类　别			技 术 要 求		规范图集依据
会议中心	会议中心平面设计要点（图6.3.1）		大宴会厅、多功能厅（大会堂）等大面积空间会议室，要考虑主要人流入场及疏散路线。电梯、疏散楼梯宜分散均匀布置 大、中型会议中心应重视消防设计 不同功能需求会议厅采用不同座椅形式		《建筑设计资料集　第四分册》（第三版）
	剧场式会议厅的设计要点（图6.3.6）		国内此类会议厅通常采用镜框式舞台，采用全部固定座席，用于政务型及其他大型会议。一般根据需求可同时满足大型晚会、戏剧演出和电影放映等功能。容纳人数一般为1000～2500人，超大型剧场式会议厅可达到5000人 　　剧场式会议厅在空间形态上与剧场相似，多功能使用的剧场式会议厅往往具有演出功能，设计中宜适当考虑会议厅的演出功能，有利于提高会议厅的使用率		
		座席设计要点	座席	剧场式会议厅观众厅座席应设置有靠背的固定座椅。利用活动主席台布置座椅，可设活动座席	考虑到参会人员的活动可能性较大，为减少会议中人员活动带来的影响，座椅排练需注意以下几点：1. 不宜采用长排法布局；2. 最后一排座席不宜靠墙设置；3. 座椅排距宜适当增加；短排法，硬椅排距不宜小于0.85m，软席不宜小于0.95m；台阶式地面排距应适当加大，椅背到后面一排最突出部分水平距离不应小于0.35m
			剧场式会议厅采用固定式舞台和固定升起的观众席（或设置少量活动座椅），视线及舞台效果良好，观众厅利用率高，是大中型会议中心的重要组成部分，适合会议、典礼、开幕式等活动。剧场式会议厅有较好的室内形象，良好的视线、音质设计		
		座席设计要点	贵宾席（带桌座席）	一般设置在观众厅前排，采用软席＋条形会议桌。国内有政务功能的剧场式会议厅常常全部池座设置带桌座席，此种方式对观众厅面积要求较大，不适用于商业会议	带桌座席椅距、排距要求： 椅距即座椅宽度，尺寸以扶手中距为准，软椅不应小于0.55m，建议尺寸为0.6～0.65m 　贵宾席排距，建议尺寸1.05m 　带桌座席排距，建议尺寸1.2m
			剧场式会议厅的主席台／主舞台通常有两种形式，镜框式舞台及开放式舞台（表6.3.8、表6.3.9）		
		主席台设计（表6.3.10）	主席台台上设备	台上设备包括幕布吊杆、灯光吊杆、灯光吊架及多功能吊杆等；幕布吊杆包括檐幕吊杆、边幕吊杆、底幕吊杆、投影幕吊杆等	

类　别				技　术　要　求		规范图集依据
会议中心	剧场式会议厅的设计要点（图6.3.6）	主席台设计（表6.3.10）	主席台台下设备	主席台座席升降机械建议两种做法：3200～3600mm宽1个，对应的座席为2排，后排临时搭建；600～1800mm宽1个，对应1排座席		《建筑设计资料集　第四分册》（第三版）
			台塔	台塔是主席台上方至栅顶的空间，是舞台机械运作的基本空间。塔空间通过吊杆悬挂幕布、照明灯具、放映幕等设备，台塔四周设置天桥。台塔的平面尺寸与主席台相同。台塔空间高度考虑容纳上述设备，一般主席台净高 H（舞台面至栅顶的距离）为台口高度上 3～5m		
			其他要求	台口两侧及台口上方，设置假台口会增加舞台使用的适应性		
				镜框式主席台	可以不做侧台，或只做单侧侧台，提供主席台就座人员会间休息，不需设置后舞台	
				开放式主席台	主席台宽度和高度按会议厅空间统一设计，主席台宽度应与观众厅有效座位同宽，保证主席台视线不遮挡	
				主席台进深不应小于 6.0m，包括一排主席台就座人员、讲台及可能设置背景显示屏的尺寸		
			活动台	镜框式主席台及开放式主席台，常常使用升降式及伸缩式活动台作为主席台的补充。活动台有两个作用，一是用来改变主席台台前区的面积及高度，二是用来改变主席台的形状		
餐饮	餐饮的类别及设置		快餐供应点	该类餐厅通常为临时租约式，服务于大量的参观人群，其特点是人员周转快，食品供应基本为配送分发，食物品种较为简单。位置宜临近展厅，与展厅相结合，方便大量参观人流的进出		
			快餐厅	同时能够在短时间内解决大量参展人流就餐问题		
			商务餐厅	一般为常驻式，设计可参照《饮食建筑设计标准》JGJ 64—2017，必须按餐厨比例设置厨房。可按参观人群的类别分为不同风味的餐厅。这类餐厅在设置上应相对独立，有良好就餐环境，并有利在非展出时期对外开放使用		
	厨房的布置原则			厨房应有独立后勤流线，位置应远离各参展流线。厨房应位于建筑物的下风向，并和餐厅形成独立的防火分区		
	餐厅的流线设计			餐厅作为服务性的建筑，应充分考虑各种流线的设计，包括就餐者流线、制作及送餐流线、进货流线以及餐具回收和厨余垃圾的处理流线等		
				各种流线不应相互交叉。在会展建筑中其位置宜相对独立，同时方便人流的组织		

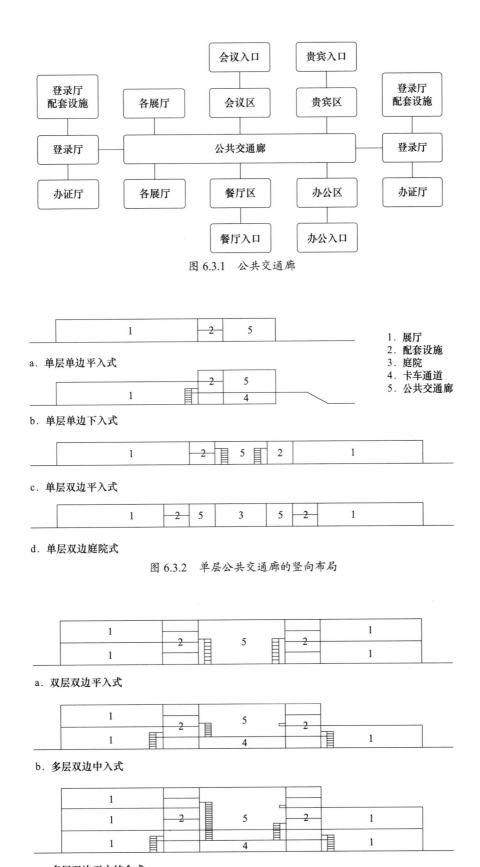

图 6.3.1　公共交通廊

1. 展厅
2. 配套设施
3. 庭院
4. 卡车通道
5. 公共交通廊

a. 单层单边平入式

b. 单层单边下入式

c. 单层双边平入式

d. 单层双边庭院式

图 6.3.2　单层公共交通廊的竖向布局

a. 双层双边平入式

b. 多层双边中入式

c. 多层双边平中结合式

图 6.3.3　双层、多层公共交通廊的竖向布局

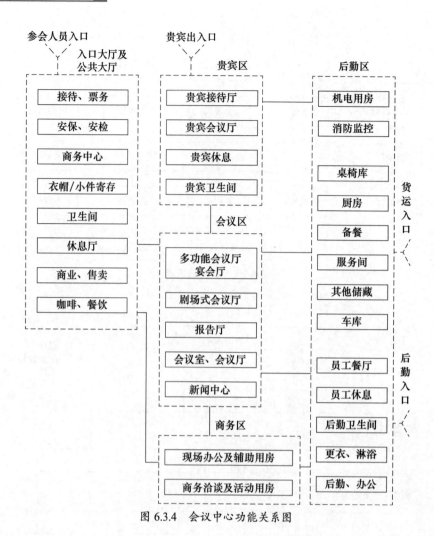

图 6.3.4 会议中心功能关系图

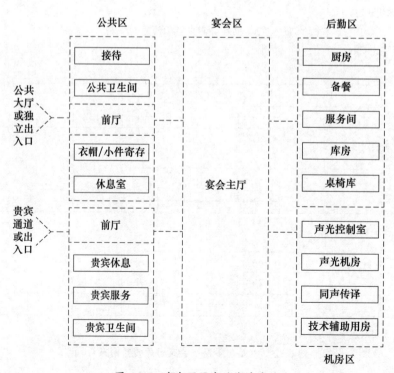

图 6.3.5 宴会厅区域功能关系图

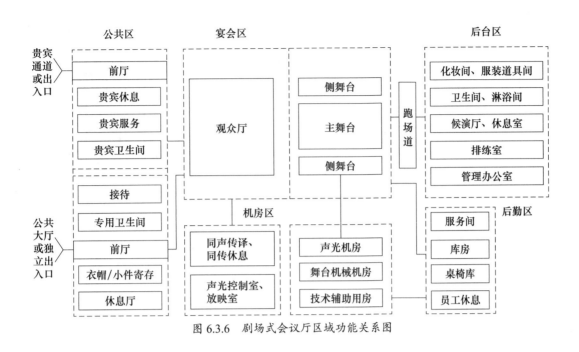

图 6.3.6 剧场式会议厅区域功能关系图

公共大厅与会议功能的空间布局类型   表 6.3.7

类 型	图 示	特 点
T 字形		适用于用地紧张的会议中心
E 字形		常见于大型会展中心、会议区及各类型会议中心
包围形		适合于大型会议中心，较为常见
内部形		适合用地进深较大、功能较为复杂的会议中心

注：▭ 会议功能房间，▤ 公共大厅及公共走廊

主舞台常用形式 表 6.3.8

镜框式主席台	开放式舞台
国内有政务功能的剧场式会议厅一般采用镜框式主席台，主席台和台口尺寸需满足人大、政协及大型会议的功能要求，以及典礼、晚会、开幕式等活动	开放式主席台广泛应用于各种商业学术会议厅。剧场式会议厅开放式主席台一般为尽端式
设计时可兼顾戏剧、综艺演出	设计时可兼顾小型音乐会

镜框式主席台设计要点 表 6.3.9

名称	设 计 要 点
台口尺寸	台口开口尺寸是主席台尺寸的计算依据 台口宽度满足主席台上 80% 就座人员，观众可以看到 台口高度需考虑观众视线、声学等因素
主席台尺寸	主席台尺寸需根据主席台人数和布置方式确定 主席台平面尺寸以台口宽度为基础，由各功能区域尺寸组成 主席台每排（包括软包座椅、会议桌、通道）排距宽不应小于 1.6m，1.8m 为舒适。主席台座席宜设升降台，每排级高 0.15 ～ 0.16m，并应设轮椅坡道。也可根据会议需求在主席台上临时搭建升起座席 主席台座席两侧工作区尺寸宜为 3 ～ 5m 台口大幕区需设置檐幕，宜设置大幕 天幕及天幕后平面区域尺寸宜大于 3m，用于会场天幕前布置及工作区

主席台类型 表 6.3.10

	机械种类	改变主席台台前区的面积及高度	改变主席台形状
机械式	液压机或剪刀式舞台升降机	与主席台同高，增加主席台面积；与地面齐平，设置观众活动座席 高度在主席台和观众席高度之间；布置不同高度主席台席坐或布置会场（如花坛） 降低形成月池	升起作为伸出式主席台，多用于发布会。与地面齐平设置观众活动座席
伸缩式	齿轮齿条、链条驱动、滚动摩擦、液压牵引	伸出扩大主席台面积 收起设置观众活动座席	伸出形成伸出式舞台；收起设置观众活动座席

基本配套 表 6.3.11

类别	技 术 要 求	规范图集依据
卫生间	展厅应设置足够面积的公共卫生间，女厕厕位等于男厕厕位数加小便斗数量总和；小便斗及坐便器附近均应设置搁板或挂钩；入口不宜设门或设可常开门扇，设计时应考虑避免视线干扰；每组男女卫生间至少设置 1 个残疾人卫生间及 1 个清洁间，女厕所的无障碍设施包括至少 1 个无障碍厕位和 1 个无障碍洗手盆；男厕所的无障碍设施包括至少 1 个无障碍厕位、1 个无障碍小便器和 1 个无障碍洗手盆。大型展会的卫生间设计可根据展会内容针对男女性别不同，调整男女厕位的比例，建议设置可转换卫生间	《建筑设计资料集 第四分册》（第三版）

类别			技 术 要 求	规范图集依据
卫生间			登录厅应设置独立公共卫生间 公共交通廊应均匀布置公共卫生间,应避免公共卫生间出入口设置对人们的视线和嗅觉产生干扰,并设置引导标识以便于寻找。考虑到会展建筑的交通空间和展厅通常紧密相连且处于同层,此类卫生间前室或通道可以考虑分别通向中央大厅和展厅的双向出入口 展览建筑的会议、办公、餐饮、贵宾休息室等空间宜设置独立卫生间 室外展场需要设置公共卫生间	《建筑设计资料集 第四分册》(第三版)
卫生间			甲等、乙等展厅宜设置2处以上公共厕所,位置应方便使用 对于男厕所,每1000m²展览面积应至少设置2个大便器、2个小便器、2个洗手盆 对于女厕所,每1000m²展览面积应至少设置4个大便器、2个洗手盆 展厅中宜设置一处以上无性别厕所;当未设无性别厕所时,每个厕所宜设置一个儿童厕位 展厅和前厅的公共厕所应设置无障碍厕位;特大型、大型展览建筑宜设无障碍专用厕所;无障碍厕位和专用厕所的设计应符合现行行业标准《无障碍设计规范》GB 50763—2012的有关规定	《展览建筑设计规范》JGJ 218—2010 第4.3条
行政办公			行政办公用房宜包括行政管理用的办公室、会议室、文印室、值班室、员工休息室、员工卫生间和员工机动车、自行车停放处等,并应符合下列规定	《展览建筑设计规范》JGJ 218—2010 第4.5.2条
行政办公			行政办公用房的位置及出入口不应造成内部员工流线与观众流线的交叉	《展览建筑设计规范》JGJ 218—2010 第4.5.2条
行政办公			行政办公用房可设置在展览建筑内,也可单独设置	
行政办公			行政办公用房的设计应符合现行行业标准《办公建筑设计规范》JGJ 67的有关规定	
仓储	室内库房		分为展览方库房和管理方库房,并根据使用要求另设装卸区	《展览建筑设计规范》JGJ 218—2010 第4.4条
仓储	室内库房		展览方库房和装卸区应采用大柱网设计,柱网尺寸不宜小于9m×9m,净高不宜小于4m	
仓储	室内库房		库房地面荷载应满足货物存放要求,展览方库房地面荷载不应小于相应展厅的荷载标准	
仓储	室内库房		集装箱卡车应能直接到达装卸区。装卸区与展览方库房之间交通联系应直接、便捷	
仓储	室外堆场		应设置集装箱、包装箱、展览搭建用品等堆放空间和临时垃圾堆放空间	
仓储	室外堆场	位置	靠近机动车入口、停车场、室外展场,紧邻展厅	
仓储	室外堆场	形式与组合方式	根据室外堆场与展厅的相对位置及其使用功能的差异,室外堆场分为通道式、货场式	
仓储	室外堆场	形式与组合方式 / 通道式	利用周边道路作为卸货场地,既是堆货区,又是平行通道,集中式布局展厅多采用此形式,宽度宜大于18m	
仓储	室外堆场	形式与组合方式 / 货场式	利用展厅之间场地作为堆货场,货场在展览期间可兼做室外展场。一般单元式展厅多采用此形式,因为要满足货车回车要求,宽度宜大于36m	
仓储	海关仓储区		也叫保税仓库,指专门存放经海关核准的保税货物的仓库。在展览建筑中,多用于存放外国参展商带来的展品	《建筑设计资料集 第四分册》(第三版)

辅助设施   表 6.3.12

类 别	技 术 要 求	规范图集依据
临时办公用房 （主办方办公用房）	每 10000m² 展览面积宜设置不小于 50m² 的临时办公用房 临时办公用房宜设置在展厅附近，并宜与公共服务空间和仓储空间有便捷的联系 临时办公用房可利用固定的房间，也可是在展览期间在展厅内辟出的专门区域	《展览建筑设计规范》 JGJ 218—2010 第 4.5.3 条
展商服务中心	为便于参展人员开展各种商务活动，应在公共交通廊两侧或入口大厅处设置商务中心，包含复印打字、旅行订票、邮电通信、广告制作等辅助设施的综合服务柜台及窗口，便于参展商及采购商集中办理各类事务	
贵宾接待	特大型、大型展览建筑应设置贵宾接待设施。贵宾接待应有独立的、较私密的出入口；可直接连接公共交通廊进入展厅或会议中心；应有独立的配套设施，如会议室、接待室、休息室、卫生间和茶水间等（图 6.3.7）	《建筑设计资料集 第四分册》 （第三版）
商业配套	根据不同展览情况，在公共交通廊两侧设置出租商铺。由于参观展览有着巨大的观众流量，设计中要考虑商铺的合理布置；为满足承租者的需要，设计中要预留水、电、气接口	
展商观众停车	停车位配比可参考《展览建筑设计规范》JGJ 218—2010 第 3.3.7 条文解释内容（0.6 停车位/100m² 建筑面积），或结合城市交通总量确定。停车库的位置需兼顾停车取车距离、展商观众安检路径等问题。对于附建式地下停车库形式，还需确保展厅首层地面荷载需求	《展览建筑设计规范》 JGJ 218—2010 第 3.3.7 条
安防设施	为确保安全及时处理突发性危机事件，根据展馆规模的不同，可根据需要设置派出所、综合指挥中心、屯兵用房、消防控制中心、安防控制中心、警务室及医疗急救室。这类设施通常设置在公共交通空间一侧，位置较醒目、容易寻找且可以直通室外 条件允许时，在临近展厅位置，可考虑规划预留治安哨位岗亭、安保警力休息室和安保库房的位置	
海关国检	大型会展应设置海关办公室，以方便海关派员进驻展览场所执行监管任务，在展馆内集中办理申报登记、查验放行等海关手续。海关办公室应具备网络、通信、取暖、降温、休息和卫生等条件，同时应设置海关仓库（图 6.3.8）	《建筑设计资料集 第四分册》 （第三版）
垃圾处理		

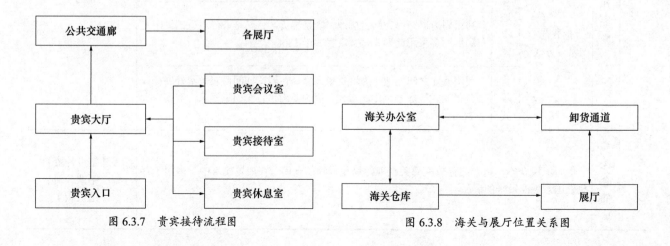

图 6.3.7 贵宾接待流程图   图 6.3.8 海关与展厅位置关系图

6.4 消防与疏散

<table>
<tr><th colspan="3">一般规定　　　　　　　　　　　　　　　表 6.4.1</th></tr>
<tr><th>类　　别</th><th>技　术　要　求</th><th>规范图集依据</th></tr>
<tr>
<td>一般规定</td>
<td>展览建筑的耐火等级应符合现行国家标准《建筑设计防火规范》GB 50016 的有关规定，并不应低于二级
建筑构件的燃烧性能和耐火极限应符合现行国家标准《建筑设计防火规范》GB 50016 的有关规定
展览建筑之间的防火间距、展览建筑与其他建筑的防火间距应符合现行国家标准《建筑设计防火规范》GB 50016 的有关规定
仓储空间应与展厅分开布置，公共服务空间和辅助空间宜与展厅分开布置。仓储空间、公共服务空间和辅助空间的防火设计应符合现行国家标准《建筑设计防火规范》GB 50016 的有关规定
展览建筑的内部装修设计应符合现行国家标准《建筑内部装修设计防火规范》GB 50222 的有关规定</td>
<td>《展览建筑设计规范》JGJ 2018—2010 第 5.1 条</td>
</tr>
<tr>
<td>防火分区和平面布置
（表 6.4.2）</td>
<td>设有展厅的建筑内不得储存甲类和乙类属性的物品。室内库房、维修及加工用房与展厅之间，应采用耐火极限不低于 2.00h 的隔墙和 1.00h 的楼板进行分隔，隔墙上的门应采用乙级防火门
供垂直运输物品的客货电梯宜设置独立的电梯厅，不应直接设置在展厅内
展览建筑内的燃油或燃气锅炉房、油浸电力变压器室、充有可燃油的高压电容器和多油开关室等不应布置于人员密集场所的上一层、下一层或贴邻，并应采用耐火极限不低于 2.00h 的隔墙和 1.50h 的楼板进行分隔，隔墙上的门应采用甲级防火门
使用燃油、燃气的厨房应靠展厅的外墙布置，并应采用耐火极限不低于 2.00h 的隔墙和乙级防火门窗与展厅分隔，展厅内临时设置的敞开式的食品加工区应采用电能加热设施
展位内可燃物品的存放量不应超过 1 天展览时间的供应量，展位后部不得作为可燃物品的储藏空间</td>
<td>《展览建筑设计规范》JGJ 218—2010 第 5.2 条</td>
</tr>
<tr>
<td>安全疏散
（表 6.4.4）</td>
<td>展览厅的疏散人数应根据展览厅的建筑面积和人员密度计算，展览厅内的人员密度不宜小于 0.75 人 /m²
安全疏散距离：展厅内任何一点至最近安全出口的直线距离不应大于 30m，当单层、多层建筑物内设置自动灭火系统时，其安全疏散距离可增大 25%
安全疏散宽度：展览厅的疏散门、安全出口、疏散走道及疏散楼梯的各自总净宽度，应根据疏散人数按每 100 人的最小疏散净宽度计算确定。疏散总净宽度应按该层及以上疏散人数最多的一层人数计算。设计疏散宽度应大于计算疏散宽度（表 6.4.3）</td>
<td>《建筑设计防火规范》GB 50016—2014（2018 年版）</td>
</tr>
</table>

类　别		技 术 要 求	规范图集依据
消防设计难点	解决防火分区过大、疏散距离超长的消防问题是大型会展建筑经常遇到的消防设计的问题，可考虑技术措施有	防火分隔水幕	
		滑动开启屋盖／屋面气动开启天窗	
		脉冲风机	

展厅防火分区面积的限定　　　　　　　　　　表 6.4.2

展厅类别	防火分区的最大面积（m²）	条　件
单层建筑内或多层建筑首层的展厅	10000	设置自动灭火系统、排烟设施和火灾自动报警系统
多层建筑内的地上展厅	5000	设置自动灭火系统
	2500	未设置自动灭火系统
高层建筑裙房的展厅	5000	裙房与高层建筑之间有防火分隔措施，设置自动灭火系统
	2500	有防火分隔措施，未设置自动灭火系统
高层建筑内的地上展厅	4000	设置自动灭火系统、防烟设施和火灾自动报警系统
多层或高层建筑内的地下展厅	2000	设置自动灭火系统、防烟设施和火灾自动报警系统

注：本表数据来自《建筑设计防火规范》GB 50016—2014（2018 年版）

每 100 人最小疏散宽度　　　　　　　　　　表 6.4.3

建 筑 层 数		耐火等级一、二（m/ 百人）
地上楼层	1～2 层	0.65
	3 层	0.75
	≥ 4 层	1.00
地下楼层	与地面出入口地面的高差 $\Delta H \leqslant 10m$	0.75
	与地面出入口地面的高差 $\Delta H \geqslant 10m$	1.00

注：人员密度、安全疏散距离及安全疏散宽度正文及表格数据来自《建筑设计防火规范》GB 50016—2014（2018 年版）

安全疏散方式及特点　　　　　　　　　　表 6.4.4

适用情况	疏散方式	实　例
单层展厅 1 万 m²/ 展厅	直接疏散至展览厅门外 展厅内最远点至展厅门外距离不超过 37.5m，方便快捷 右图填充部分为公共交通廊，准安全区域	

续表

适用情况	疏散方式	实例
超大型单层展厅 2万～3万 m²	由展厅内最远点至展厅门口的距离超出《展览厅建筑设计规范》要求的距离 通过增加地下安全通道疏散至室外安全区域 右图填充部分为地下安全通道	
大型的多层展厅 （有大型室外平台及坡道）	公共交通廊为高大空间，二层及以上的展厅设有大型的室外卸货平台 通过安全通道、室外坡道等准安全区域结合防烟楼梯进行疏散 右图填充部分为室外平台，准安全区域	
集中式的多层展厅	公共交通及卸货空间相对集约 通过防烟楼梯及室外楼梯进行疏散 因需要解决较大疏散宽度楼梯占用的空间较多 右图填充部分为室外平台，准安全区域	

注：本表格来自《建筑设计资料集 第四分册》（第三版）

多功能展览空间的防火分区与安全疏散 表 6.4.5

建筑功能	防火分区面积（多层建筑/单层建筑或多层建筑的首层）(m²)	防火分区面积（高层建筑）(m²)	人员密度（人/m²）	疏散距离（m）/时间（min）	备注
展厅	5000/10000	4000	0.75	37.5	有特殊情况可性能化
会议宴会	5000	3000	0.77～0.83 或固定座位数的1.1倍	37.5	
体育赛事			固定座位数的1.1倍	《建筑设计防火规范》GB 50016—2014（2018年版）第5.5.16条，第5.5.20条条文解释	体育馆的防火分区面积可适当扩大
演艺活动			固定座位数的1.1倍	《建筑设计防火规范》GB 50016—2014（2018年版）第5.5.16条，第5.5.20条条文解释，《剧场建筑设计规范》JGJ 57—2016第8.2条条文解释	观众厅的防火分区面积可适当扩大

6.5 运营技术要求

表 6.5.1

类　别	技　术　要　求		规范图集依据
楼地面荷载（表6.5.2）	单层展厅：一般地面荷载应满足 2.0～5.0t/m²		《建筑设计资料集　第四分册》（第三版）
	多层展厅：一般首层荷载应满足 2.0～5.0t/m²，二层及以上展厅地面荷载根据用途灵活设定，一般为 1.0～1.5t/m²		
	展厅地面面层构造多采用配筋或钢纤维耐磨混凝土整体浇筑		
吊挂荷载	展厅顶棚应设有悬挂展品的挂钩，展厅平顶吊挂荷载应根据展览要求确定，每个挂点不宜小于 0.3kN/m²，条件许可的情况下，建议按间距6m设置固定吊点。如需利用吊挂方式搭建展位，或展厅有演艺活动等多功能使用需求，吊挂荷载和间距应根据实际需求确定		《展览建筑设计规范》JGJ 218—2010 第4.2.8条
管沟与接驳点	接驳井式	在每个展位地面以下敷设一个综合展位箱，箱盖打开后可见各类设备的插口。该做法可节省结构高度	《建筑设计资料集　第四分册》（第三版）
	管沟式	大部分单层展厅均为管沟式。在展厅地面上平行铺设贯穿整个展厅的综合管沟，每条管沟的间距为6m或9m，管沟上方铺设可移动盖板，盖板移开后可见到各设备对应插口，管沟截面面积应满足要求，大约为 0.6m²。管沟式可分为水电共沟和水电分沟两种。盖板根据材质不同可分为钢盖板和树脂复合盖板	
	垂挂式	一般用于屋面为钢结构的展厅，在屋架空隙处设置马道，设备管线敷设于马道旁边，使用时即可吊挂至展位处。该做法不适合有排水需求的展览	
	管沟与接驳井结合式		
	某些特殊展览所需的通信设备、空气压缩机等可以临时设置在室外		
照度与采光	除特殊要求的展厅外，展览建筑应有自然采光。展厅的采光系数标准宜符合现行国家标准《建筑采光设计标准》GB/T 50033 的有关规定		《展览建筑设计规范》JGJ 218—2010 第6.2条
	展览建筑的展厅不宜采用大面积的透明幕墙或透明顶棚		
	除展品的局部照明外，展览建筑展厅及展览建筑其他功能房间一般照明的照度值（E）、统一眩光值（UGR）和一般显色指数（R_a），应符合现行国家标准《建筑照明设计标准》GB 50034—2013 的有关规定。展厅地面的照度标准值为 200～300lx，统一眩光值（UGR）为22，一般显色指数（R_a）为80，高于6m的展厅可降低到60		
	展览建筑展厅内的展览区域的照明均匀度不应小于0.7，展厅内其他区域的照明均匀度不应小于0.5		
	展览建筑照明应选用节能灯具		
声学	对产生较大噪声的建筑设备、展览设施及室外环境的噪声应采取隔声和减噪措施。展厅空场时背景噪声的允许噪声级（A声级）不宜大于55dB		《展览建筑设计规范》JGJ 218—2010 第6.5条
	展厅室内装修宜采取吸声措施		
	对室内声音质量有较高要求的多功能展厅，应进行相应的声学设计		

续表

类 别	技 术 要 求	规范图集依据
防撞设施	堆场常有货车穿行，位于此区域的室外设备、构筑物、建筑外墙以及室外结构柱应设置防撞设施 展厅内等货车、叉车通行的区域，也应考虑防撞、防剐蹭等构造做法	《建筑设计资料集 第四分册》（第三版）
展厅货运门	货物出入口要与卸货场地相连，允许大型货车直接驶进展厅；具备消防车驶入及平时人员疏散的功能，需要特殊构造设计；其构造设计一般有平开式、升降式、滑移式三种做法（参考图6.13）	

展厅不同地面荷载对应的展览种类统计表　　　　　　　表 6.5.2

荷载	5t（首层展厅或室外展场）	1～1.5t（二层及以上展厅）	0.5t（二层以上展厅）
货运方式	大型货车	中小型货车	叉车或大型货梯
展厅类型	机械展、汽车展	家具展、书展	服装展、食品展、化妆品

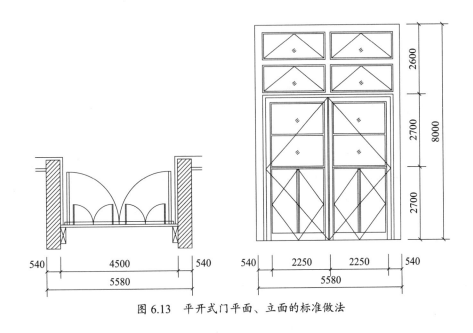

图 6.13　平开式门平面、立面的标准做法

7 地铁车辆基地上盖综合开发

7.1 总则

1）为节约集约利用城市建设用地、提升城市环境景观品质，充分发挥公共交通对城市开发的引导作用，进行地铁车辆基地上盖综合开发。

2）车辆基地与上盖综合开发应统一规划、一体化设计，统筹安排建设时序。

3）上盖综合开发不应影响车辆基地的建设运营安全。

7.2 术语

1）车辆基地，是地铁车辆段和停车场的统称。

2）上盖，是指车辆基地的结构顶板及以上空间。有时为了与上盖以下部分（即盖下）区分，又称盖上。

3）综合开发，是指利用车辆基地上盖规划建设其他城市功能的行为。如在上盖建设住宅及必要的公共配套设施、办公建筑、商业建筑、体育运动场馆、公园绿地等。

7.3 规划设计

7.3.1 项目特点

车辆基地上盖项目特点

表 7.3.1

类型	具 体 内 容
用地规模	地铁车辆基地上盖用地规模大（通常超过 20hm²）
区位特点	地铁车辆基地选址普遍处于城市较偏僻地段，具有周边建设发展不充分，基础设施、配套公共设施不完善等特点
规划设计条件	上盖综合开发往往缺乏既有规划设计条件，需要通过规划研究并报城市规划行政主管部门审批确定

7.3.2 总体要求

规划设计总体要求

表 7.3.2

类　型		技 术 要 求	规范依据
总体要求	规划理念	上盖综合开发应遵循公共交通支撑和引导城市发展的理念	《城市轨道沿线地区规划设计导则》

类　型		技　术　要　求	规范依据
总体要求	规划依据	上盖综合开发应以所在地区法定图则为依据，鼓励土地功能混合开发；涉及法定图则调整的，应开展规划研究，作为法定图则调整的技术支撑	
	前期策划	上盖综合开发规划研究宜同步引入前期商业策划，为上盖规划用地性质、功能配比、项目定位、产品设计、经济测算提供市场条件支撑	
	注重问题	上盖综合开发规划研究，应注重解决上盖道路交通、公共配套设施配置问题；当上盖综合开发为居住项目时，还应着重考虑教育设施配套、商业设施配套的规划设计	
	规划时机	上盖综合开发规划研究宜在地铁线路、车辆基地工程可行性阶段介入，力求地铁车站布点、车辆基地布局方案、柱网布置等与上盖综合开发功能定位、工程预留条件等要求相协调	

7.3.3　交通规划

1）研究意义及要点

地铁车辆基地上盖标高通常高于周边地面市政道路 9 ～ 13m，如何解决上盖与地面道路之间的车行交通、人行交通、消防车线路，以确保人流、物流畅顺和消防安全，是规划阶段必须研究解决的首要问题。

其次，为贯彻公共交通支撑和引导城市发展的理念，需统筹考虑地铁站设置、地铁站点与其他公共交通方式的便捷换乘等问题。

再次，为体现人文关怀，营造舒适步行环境，建立上盖与周边市政道路步行空间的无缝连接，宜在规划阶段明确上盖公共空间、竖向人行交通核布点，同时规划连接各公共空间、竖向人行交通核、商业配套、地铁站点、公交场站之间的风雨连廊路径，构建全天候步行条件。

2）重点研究内容

重点研究内容

表 7.3.3

类　型		技　术　要　求	规　范　依　据
道路交通	连接坡道	上盖道路与周边市政道路的连接坡道，应同时考虑消防车、施工器械及材料运输车、小汽车、自行车、人行的通行要求	《城市道路工程设计规范》《建筑设计防火规范》
	上盖道路	上盖道路设计宜遵循人车分离原则，为慢行交通创造条件	
	消防路线	结合上盖道路规划和建筑布局方案，考虑消防路线与市政道路的便捷联系	《建筑设计防火规范》
交通设施	地铁站点	地铁站点宜毗邻上盖综合开发地块设置（距离上盖综合开发用地几何中心 300 ～ 500m）	《城市轨道沿线地区规划设计导则》
	公交首末站（或综合车站）	公交首末站（或综合车站）应选址在上盖综合开发用地几何中心 300m 半径范围内的邻近地块上，且宜与地铁站点便捷连接。可采用附设形式	《深圳市城市规划标准与准则》第 6.1.7 条
	竖向人行交通核	为解决上盖人行交通与地铁站点及公交首末站（或综合车站）的便捷步行联系，需要在上盖外围适当位置，设置竖向人行交通核（楼梯、电扶梯、垂直电梯多种设施按需组合）。交通核的布点应在人流主要方向上，并应满足无障碍要求	《深圳市城市规划标准与准则》第 6.2.6 条

续表

类 型		技 术 要 求	规 范 依 据
交通设施	风雨连廊	上盖公共空间与竖向人行交通核之间、人行交通核与地铁站点或公交场站之间，宜设置风雨连廊；风雨连廊高度宜控制在 2.5～3.0m，顶棚宽度不宜小于 2.0m，顶棚材料应充分考虑遮阳和遮雨功能	《深圳市城市规划标准与准则》第 6.2.7 条 《深圳市人行天桥和连廊设计标准》

7.3.4 教育设施

1）研究意义

上盖规划用地性质为居住用地时，普遍引起车辆基地原地块开发强度的提高，除在用地内按标准配置幼儿园外，还应校核所在地区的中小学配套规模，提出相应的规划用地预留或规模调整建议。

供城市规划行政主管部门参考决策。

2）设置要求

设置要求 表 7.3.4

类型		技 术 要 求	规范依据	备注
学前教育	幼儿园	学校服务半径宜控制在 100～300m 范围内；可在上盖设置	《深圳市城市规划标准与准则》	
义务教育	小学	学校服务半径宜控制在 500～1000m 范围内；主体建筑应在上盖毗邻地块设置，配套运动场地可设置在上盖	《深圳市城市规划标准与准则》	宜合并设置为九年一贯制学校
	初中	学校服务半径宜控制在 1000m 范围内；主体建筑应在上盖毗邻地块设置，配套运动场地可设置在上盖	《深圳市城市规划标准与准则》	

7.3.5 商业设施研究意义及要点

上盖规划用地性质为居住用地时，为方便居民日常生活的社区型商业配套显得尤为重要，宜引入前期商业策划团队，开展片区商业需求分析，找准商业定位，确定商业设施规模、业态配比和布点要求。

7.4 工程设计

7.4.1 建筑专业

建筑专业设计要点 表 7.4.1

类型	技 术 要 求
一般规定	车辆段与上盖物业的设计使用年限原则上应一致 车辆段工艺宜兼顾上盖物业综合开发利用需求，对车辆段功能性用房在不影响车辆段功能、流程及作业条件的基础上，按照现有的工艺和技术条件对车辆段基地布局进行整合和优化，以提高上部结构布局的灵活性 上盖物业与车辆段应尽可能同步设计、建设。当分步实施时，除库外轨行区外，车辆基地的大库应做好屋面防水层、保温层，保证下部车库正常使用 上盖物业管线与车辆段工艺管线原则上应分开设置，系统独立，以利后期的计量、管理和维修

类型	技 术 要 求
一般规定	车辆段的轨行区应做到完全封闭，减小上盖物业对车辆段运营产生的影响 在满足车辆基地生产安全及综合开发利用功能需求的前提下，尽量为车辆基地空间提供自然采光和通风的条件，并考虑车辆排热措施 上盖建筑的下部如为机动车停车库，其设备用房宜结合机动车停车库设置，如无，则结合首层设置设备用房
竖向设计	1. 竖向设计应根据上盖物业的特殊性合理选择设计场地的形式，覆土厚度不应大于结构预留荷载。 （1）上盖物业 0.00 绝对标高应与车辆段一致； （2）建筑首层与室外地面高差应不小于0.15m。 2. 各类场地的适用坡度： （1）场地的地面坡度不应小于0.2%。 （2）室外足球场坡度0.3%～0.8%，天然草坪的坡度宜不大于0.5%，四周设置排水沟。 （3）室外篮球场坡度宜为0.6%～0.8%，四周设置排水沟。 （4）室外网球场坡度宜为0.5%～1%，单边设置排水沟。 （5）田径场地沿跑道内侧和全场外侧分别各设一道环形排水沟
防水设计	上盖物业建筑防水设计应以"排、疏、阻、挡"防水为主，材料防水为辅 屋面宜采用结构找坡，采用倒置式屋面构造做法，分格缝采用单组分聚氨酯建筑密封胶嵌缝 防水卷材宜采用1.2厚EPDM或PVC合成高分水防水卷材，不可采用聚乙烯丙纶（或涤纶）复合防水卷材 有防水要求的楼地面和屋面地砖结合层严禁采用1：4（3）干硬性水泥砂浆，应采用5～8mm聚合物水泥砂浆满浆粘贴、勾缝 变形缝两边柱子间距离不小于1m，反坎应不小于0.6m，上方不应做种植绿化，两侧做钢筋混凝土侧墙保护，具体做法详见下图： 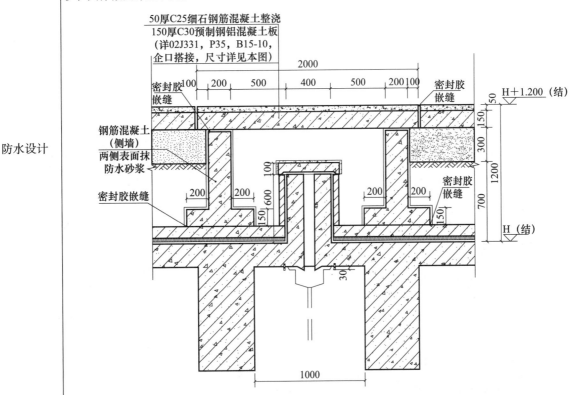 车辆段平台两侧需设置排水沟，排水沟挡土墙应采用钢筋混凝土，车辆段平台上敷设的盲沟、排水板的水应直接排放至排水沟内，具体做法详见下图：

续表

类型	技 术 要 求
防水设计	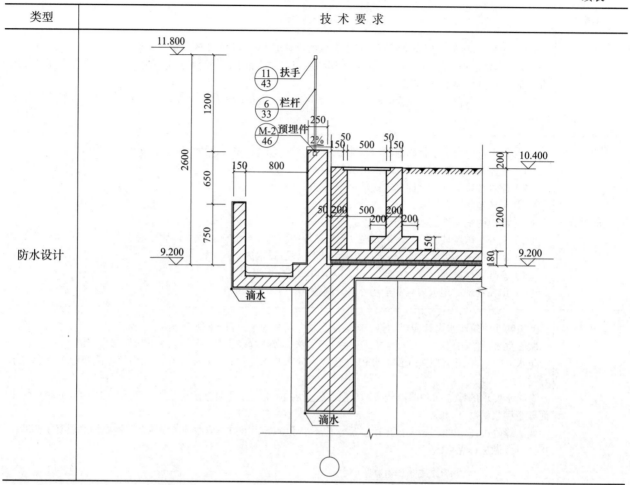

7.4.2 结构专业

1）一般规定

结构设计一般规定　　　　　　　　　　　　　　　　　　　　　表 7.4.2.1

类型	技 术 要 求
内容	包含地铁车辆段基地上盖平台和盖上建筑的裙房和塔楼建筑，不含白地建筑。由于盖下车辆段结构与盖上密不可分，所以本部分包含了盖上及盖下两部分内容
设计原则	平台建筑和盖上建筑是密不可分的整体，建议二者归为一家设计单位一次综合设计 平台建筑和盖上建筑均属于民用建筑。二者均按使用年限为 50 年，抗震设防为标准设防类，结构重要性系数取 1.0 平台建筑耐火等级为特一级。上部建筑按一般民用建筑设计
注意事项	平台及上盖建筑一般为大底盘多塔建筑，存在多项不规则项，一般属于超限高层结构，初步设计时应进行超限评审相关准备 车辆段平台结构，在考虑基地工艺要求的同时，应最大限度地为上部物业开发创造条件，保证柱网布置、结构刚度、高层结构合理受力需求，保证物业开发的强度和结构安全 基地平台设计包含两种使用工况： 1. 平台建成工况：（1）预留结构的保护，平台按屋面设计，做好防水、保温、面层保护等。（2）满足上部结构施工期间的车辆运行、材料堆放、吊车布置及施工荷载的作用。 2. 上部建筑建成工况：应满足使用期间的使用荷载要求，如作为车库、活动平台、绿化用地、消防车道、园林树木、园林小筑、水专业管线及其保护等。

类型	技 术 要 求
注意事项	下部的车辆检修平台、吊车设备等与主体结构连接时应一并考虑影响 应考虑地铁车辆运行对上部建筑的影响 上部物业开发较高时，原则上结构承台与车辆段道床连接在一起，道床应考虑减振措施

2）盖下结构

盖下结构设计要点　　　　　　　　　　　　　　　　　　　表7.4.2.2

类型	技 术 要 求
结构形式	下部结构一般为框架结构，上部建筑可以是框架、框剪或剪力墙结构 根据目前的研究及工程实践，结构的总高度可到120～150m 经试算，这种不落地全框支剪力墙结构可以满足抗震设防性能要求，材料准备充分的话可以通过超限审查
	柱网参考尺寸：12.4m×9.0m、12.4m×6.8m；90m以下高度可采用前者，90m以上可采用后者
	转换层可以是梁式或局部厚板转换，转换层位置安排在裙房顶部较好 建议塔楼采用正交布置，转换构件无较多的斜交构件，方便转换；否则建议采用局部厚板转换
	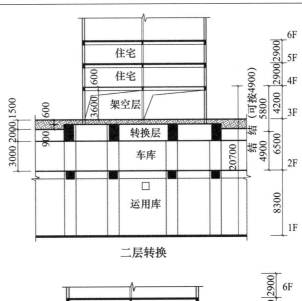 二层转换 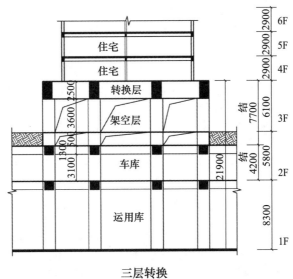 三层转换
	结构转换层根据建筑需要可安排在二层或三层，对于结构受力来讲二层转换优于三层转换

类型	技 术 要 求
结构形式	结构下部可参照下图布置，宜保证主梁下净空 7.0m。 下部关系
基础	上盖建筑一般无地下室，应按无地下室高层结构设计基础 一般采用灌注桩基础，基础埋深可取建筑物高度的 1/20，也可按 1/25 考虑，但应整体计算结构的抗倾覆及抗水平荷载作用 应设法减小底层结构柱的计算长度，在地面附近设置拉梁，拉梁可与整体道床连栽在一起 无拉梁基础可采取以下措施： （1）采用多桩承台。 （2）扩大承台面积 1.2 倍且每侧大于桩边 500mm。 （3）保证承台下落于老土层，承载力不小于 120kPa，承台周围应采用密实填土，密实度 0.94 以上。 （4）设法拉结地面拉梁。 （5）设置地面楼板层，板厚不小于 150，配筋 $p = 0.2\%$，与柱混凝土锚固
平台结构设计	平台板可采用单向板设计，板厚可取 150 ～ 200mm 可采用分离式配筋，但至少一半配筋拉通 平台上垂直风管的主梁上不宜布置次梁，次梁宜沿风管垂直方向布置。主梁截面参考尺寸 600×1300、次梁 300×600 主梁宜加腋，加腋高度取梁高 1/3 ～ 1/2，长度取梁跨 1/5 ～ 1/4 平台梁板应考虑转换层梁的施工荷载作用 平台伸缩缝区段划分为 150 ～ 200m 为宜。平台结构属于超长结构，应计算温度应力，板纵向配筋率可取 0.3% ～ 0.5%
平台柱设计	平台柱截面应尽量接近方形，柱截面以层刚比和楼层位移控制。参考截面尺寸 1.5×2.4、2.0×2.5 高层下的柱均应按转换柱考虑 为节约投资，尽量不要在内设置型钢 尽量不要满堂布置转换柱
预留荷载	平台荷载布置复杂多变，且荷载量大，对后续设计影响较大，平台上的恒荷载、活荷载要在图中标明，重要的荷载如吊车、施工设备、堆场、消防车等要注明位置和荷载。覆土厚度可按 1.5m 留设，活荷载按 4.0kPa 上部有转换梁时其荷载的留设应进行设计，如果转换梁较大可分两次浇筑。第一次浇筑下部 60% 梁，第二次浇筑余下上部梁及其楼板。预留荷载可按 25kPa，施工荷载按 10.0kPa。如转换梁：1.1×2.8，板厚 200，梁距 3m，则第一次浇筑荷载为 0.6×1.1×2.8×25/3 = 15.4kPa 考虑施工荷载作用。

3）盖上结构

盖上结构设计要点　　　　　　　　　　　　　　　　　　　表7.4.2.3

类型	技术要求
结构体系	盖上结构不再拘泥于框架结构形式，可根据建筑形式采用框架结构、框剪结构、框筒结构和纯剪力墙结构。结构的高度可突破50m高度限制，根据试算总高度控制在120m为宜 由于大盖的存在及上下受力体系的不同，结构存在至少三个不规则项，因此一般属于超限结构 塔楼结构平面应尽量规则简单，正交正放，塔楼不宜设置错层、连体、大悬挑等 塔楼结构布置要尽量照顾到下部柱网，宜使1/3的墙体（柱）直接传力到下部柱子 塔楼在平台上的位置宜对称，一般放置4栋塔楼为宜 转换层上一层也应设置为加强层
转换层设计	转换层的设置：转换层设置在大平台顶或车库顶为宜，也可设置在塔楼的底层 转换构件的选择，一般可采用钢筋混凝土梁式转换，也可采用桁架、组合梁、厚板、斜柱等。由于上下结构的复杂性，局部采用厚板也是可行的 9m柱网时，建议主梁和主要的转换梁采用型钢梁

4）结构计算

结构计算设计要点　　　　　　　　　　　　　　　　　　　表7.4.2.4

类型	技术要求
一般规定	上部塔楼结构应与下部平台一起计算 可能属于超限结构，应按超限结构准备相关计算 盖上建筑应按多塔楼结构分别进行整体模型和单塔模型的计算，塔楼之间的裙房按最不利的结果进行结构设计；单塔模型计算时，至少附带两跨的裙房结构 计算结构的周期、位移、位移角、层刚度比时，采用刚性楼板假定，如楼板开有大洞或楼板不连续，应再按弹性楼板计算结构内力 结构布置应减小扭转的影响，结构的第一自振周期不允许出现扭转周期。周期比尽可能满足《高层建筑混凝土结构技术规程》JGJ 3—2010的相关规定 结构层刚比很难满足规范要求，可适当放松此要求，但应补充其他的计算，如大震、极震计算等 如基础埋深不满足规范要求应补充倾覆、滑移计算
荷载	因盖上、盖下施工和使用不同步的特殊性，应同时考虑覆土荷载和施工荷载作用 盖板（裙房屋面）应根据实际情况考虑塔吊位置及荷载 特殊功能用房的活荷载需与业主沟通后确定 消防车荷载应考虑覆土的扩散作用，基础不计入消防车作用

7.4.3　给排水专业

给排水专业设计要点　　　　　　　　　　　　　　　　　　　表7.4.3

类型		技术要求	规范依据
室外给排水	给水	采用市政水源作为生活及消防用水 上盖物业建筑与车辆段各自设置市政水引入管，并应分别设置水表计量	《建筑给水排水设计标准》
	雨水	根据上盖物业室外地面的覆土厚度合理设置雨水排水措施 上盖物业室外地面雨水应按10年一遇暴雨强度进行计算，溢流设施的总排水能力不应小于50年暴雨重现期的雨水量，应设置雨水溢流口 覆土层内雨水排水设置鱼刺状盲管和盲沟排水系统，及时消除雨水漏水隐患	《建筑给水排水设计标准》《室外排水设计规范》
	污废水	车辆段应根据上盖物业建筑性质，优先为上盖物业建筑预留排水接驳条件 排水管道不宜穿越沉降缝设置 合理选择室外化粪池位置，宜在车辆段预留化粪池	《建筑给水排水设计标准》《室外排水设计规范》

续表

类　　型		技 术 要 求	规 范 依 据
室内给排水	给水	上盖物业建筑与车辆段的给水系统应分开独立设置 上盖物业建筑给水系统宜按上盖物业建筑不同地块、不同功能和不同开发周期合理设置给水加压泵房和给水分区	《建筑给水排水设计标准》
	雨水	上盖物业建筑屋面雨水应按 10 年一遇暴雨强度进行设计，溢流设施的总排水能力不应小于 50 年暴雨重现期的雨水量，应设置雨水溢流口	《建筑给水排水设计标准》
	污废水	上盖物业建筑污废水应以最短距离排至车辆段预留的排水口 如车辆段无条件预留室外化粪池，化粪池设置在上盖物业地面覆土层，则上盖物业建筑宜采取污废水分流制，尽量减小化粪池负荷	

7.4.4　电气专业

电气专业设计要点 　　　　　　　　　　　　　　表 7.4.4

类　　型		技 术 要 求
供配电系统	电源选择	电源独立引入，不与盖下车辆段电源合用
	变电所布置	受大盖厚度限制，为了尽量减少外线敷设，采用分散设置变电所方案 不受限于《粤建规函〔2018〕1752 号关于加强变电站、配电房防洪防涝风险管控的通知（3）配电房建首层》的"变电站原则上不采用全地下室式"的规定 由于可利用覆土高差，变电所高低压柜宜采用下进下出线方式
	电源进线路径	市政高压敷设路径，需要在项目边缘高差处设置竖向管道敷设路径，从而引至上盖项目配电房内 受大盖厚度限制，埋深不足，进线宜采用钢管保护 尽量避免与其他专业外线交叉
	设备运输路径上的荷载	变电所、发电机房设置在大盖上的，需要考虑变压器和发电机组设备运输路径上增加的荷载，需要给结构专业提条件
防雷及接地系统	防雷	由于上盖建筑地面标高较周边其他区域而言是局部抬高，所以计算防雷等级时高度需要以大盖高度加建筑高度之和计算
	接地	盖上建筑与盖下接地系统对接的问题：一般盖上除四周引下线可与盖下共用，其他位置用电设备并不可利用柱子做等电位及接地极，所以盖上建筑应利用地梁或接地扁钢设置自己的接地网，并在四周与盖下建筑预留的引下线连接
外线及景观	外线	室外综合管网：注意电缆检修井规格选取时，电缆井深度需小于地库顶板上方覆土深度，且如果室外管网（水、暖、电）较多时，尽量避免各专业之间管道出现交叉情况 注意盖板变形缝位置、高度，如有管线需穿变形缝，应考虑防水做法，减少管线穿变形缝数量
	景观	对于高杆灯及球场灯应充分考虑大盖预留的荷载条件是否满足要求 对于高杆灯及球场灯应充分考虑盖上工程施工的不利因素，是否可使用重型安装施工设备等 受大盖厚度所限，埋深不足，景观配电均采用钢管 景观照明接地应采用水平接地体

类 型		技 术 要 求
弱电系统	管线敷设	弱电进线管敷设路径，需要在项目边缘高差处设置竖向管道敷设路径，从而引至上盖项目机房内 受大盖厚度所限，埋深不足，进线宜采用钢管保护 尽量避免与其他专业外线交叉

7.4.5 暖通专业

暖通专业设计要点 表 7.4.5

类 型		技 术 要 求
通风与空调	系统	上盖物业与盖下车辆段（停车场等）的通风空调系统应完全独立 上盖建筑与盖下建筑通风空调系统的电源、水源独立计量
	设备房	上盖物业的通风空调机房不宜设置在盖下，若必须设置于盖下，应与盖下建筑统一设计，应有独立的安装检修通道及管井，安装检修时不应对盖下生产造成影响 设置在盖上建筑的设备房应考虑机房及设备运输路径上增加的荷载，需要给盖下建筑结构专业提条件
	环保	盖上建筑通风空调设备应设置必要的减震降噪等措施，不应对盖下生产产生影响 废气、废水的排放不应对盖下生产产生影响

7.4.6 燃气专业

燃气专业设计要点 表 7.4.6

类 型		技 术 要 求
燃气	系统	上盖建筑与盖下建筑燃气系统应完全分开，各自独立设置、独立计量 市政接口在与盖下建筑无法分开时可合并设置
	室外	燃气管不得穿越盖下车辆段（或停车场） 住宅燃气总管应采用最便捷的路由接至盖上，不宜在盖下红线范围内敷设过长 主要管道应避开敷设在隧道、地铁出入口等重要的设施 燃气总管宜沿盖上女儿墙敷设或直埋敷设，明装敷设的燃气总管应设计防碰撞设施 燃气管应尽量避免穿越大盖板沉降缝；必须穿越时，应采取必要措施防止不均匀沉降对燃气管道造成的影响 燃气管不得穿越大盖板上的密闭构件 敷设于覆土内的燃气管，覆土厚度应满足相关规范的要求，应尽量避免穿越车道，不满足覆土厚度要求的应设钢套管，但不应设置过长的钢套管 敷设于覆土内的燃气管，应避开假山、水景、树池及其他园林建筑

7.4.7 园林景观专业

园林景观专业设计要点 表 7.4.7

类 型	技 术 要 求
控制要求	消防车道设计作为景观园路的一部分，要求建筑布局规划时，留出足够的空间设计消防车道，避免设计过直过硬 上盖建筑电力管线宜布置在女儿墙边，减少与植物的交叉，以有利于植物生长 上盖板变形缝穿过绿地时，宜尽量降低高度，可有效增加绿化覆土厚度
总图设计	社区入口步行交通设计须与地铁出入口无缝对接，宜用风雨连廊连通 软、硬景比例7：3，应重点关注园林设计，注意软硬景比例搭配，硬景（包括硬质地面、风雨廊道、人行道路）比例不宜超过30%

续表

类 型	技 术 要 求
总图设计	在结构施工图设计前，宜同时完成园林绿化初步方案定位图（明确水景、泳池、构筑物、大乔木位置）、覆土厚度分区布置图 竖向设计：园林造坡结构楼板承重能力考虑内置空心板架空或泡沫塑料板填充，以免地下室顶板集中造成荷载过大，以免增加结构成本
园建设计	铺装材料应注重材料的生态性，透水材料透水铺设地面面积占上述铺地面积比率不应小于50%；透水性路面须有与之相配套的开放式透水性路基 透水性路基的构造、厚度根据使用要求进行设计，其构造由上至下为砂垫层、路基层和砂过滤层，设计厚度一般分别为30～60mm、50～200mm、50～100mm 住区中不少于50%的硬质地面有遮阴或铺设太阳辐射吸收率为0.3～0.7的浅色材料 地面停车场应铺设耐碾压、透气透水的植草砖，砖与砖之间的连接处由透水性填充材料拼接，地面可有40%的绿化面积 无遮阴的地面停车位占地面总停车位的比率不超过10% 上盖花园的构筑物尽量布置于梁柱位置上 控制大面积的水景设计，以小型化、分散式水景为主 围墙：围墙形式尽量简化，铁艺围墙应减少镂花，砌筑围墙饰面材料不宜选用石材，若需石材效果时，建议用真石漆替换 岗亭设计：合理设计出入口，尽量减少岗亭布置，岗亭设计时需征询物业管理意见，计算后期管理投入费用，综合考虑后确定方案（并入建筑设计）
绿化设计	住区的绿地率不应低于30% 上盖覆土绿化植物根系生长适宜的有效覆土厚度一览表： {TABLE1} 根据深圳地方相关绿地率计算标准：不同种植土厚度相应绿地率换算比例：覆土厚度1.5m，绿地率折算0.8；覆土厚度1.2m，绿地率折算0.6 上盖花园的大规格乔木（≥ϕ30）尽量结合柱网布置在柱顶，减小板面结构荷载 上盖建筑消防登高面与消防车道之间不得布置高大的大型乔木，考虑以灌木及小型乔木为准，以免消防验收通不过 上盖建筑东西面的植物宜为高大阔叶乔木。东西向室外栽植的大乔木、小乔木和灌木与建筑外墙的距离宜为5m、3m和1.5m 上盖建筑南面的植物宜喜光，栽植不宜过密，宜以落叶阔叶树为主；北面的植物宜耐荫，并宜利用植物对建筑周围的强风点进行控制 应有不少于1/3的绿地在标准的建筑日照阴影线范围之外 主入口植物配置的布局形式上宜集中简洁，视野通畅。植物配置应有强化标志性的作用 道路两侧应栽种枝冠水平伸展的乔木，人行道宜有连续遮阴。避免选用根系发达、易对路面造成破坏的树种与落果严重的树种 阳光草坪：充分日照的位置设置阳光草坪，面积不应小于700m²，建议结合微地形设计 露天车位间宜选用水平冠幅较大、抗污染、降噪的树种，避免选用枝条脆软、抗风性差、落果严重的植物 植物设计按绿建标准：形成乔、灌、草结合的多层植物群落，每100m²绿地上不少于3株乔木、灌木不少于10株；每100m²硬质铺地上乔木量不少于1株；按道路长度计道路遮阴率不低于80%（不少于80%的道路长度有行道树遮阴）；木本类植物种类不少于55种 植物配置比例。常绿：落叶乔木比例＝4∶1，乔木∶小乔比例＝2∶1，灌木∶草坪≤4∶6 场地内不少于70%树种和植物数量的产地距场地的运输距离在500km以内

Table (TABLE1):

植物种类	种植土最小厚度（cm）
乔木根系生长	150～300
小乔大灌根系生长	90～100
花坛灌木根系生长	30～50
地被植物根系生长	15～30

类　型	技　术　要　求
景观照明	园林灯具、泛光照明应按需设置，合理设置，避免浪费，非开盘区尽量不要采用照树灯以及泛光照明，需要采用的应该进行论证 上盖花园小区道路照明功率密度值需符合相关规定；道路照明灯具效率不得低于70%，气体放电灯灯具的线路功率因数不应低于0.85；深夜后可根据道路车流量选择降低光源功率或关闭部分灯具；选择合理的控制方式及设备 上盖花园夜景照明设计根据照明场所的功能、性质、环境区域亮度、表面装饰材料及城市规模等，确定合适的照度或亮度标准值；建筑立面夜景照明的照明功率密度值需符合相关规定；选用光源应符合相应光源能效标准，灯具配件采用功率损耗低、性能稳定的产品；气体放电灯灯具的线路功率因数不应低于0.9
绿化给水	绿化灌溉用水水质要求低，所以绿化景观用水优先采用雨水、再生水，不足时再采用市政供水 绿化灌溉宜采用湿度传感器或根据气候变化的调节控制器，宜选用兼具渗透和排放两种功能的渗透性排水管 景观给水平面图中标明灌溉出水点的位置、服务半径等内容 对于高层住宅阳台绿化，由于比较分散，宜以人工灌溉为主，可节省成本 利用结构顶板坡度进行雨水收集利用 采用再生水作为绿化用水时，应尽量避免采用易形成气溶胶的喷灌方式 绿化灌溉采用滴灌、微灌、渗灌、低压管灌等节水灌溉方式 对绿地来说，鼓励选用兼具渗透和排放两种

7.4.8　消防设计

消防设计要点　　　　　　　　　　　　　　　　　表 7.4.8

类　型		技　术　要　求	规　范　依　据
建筑消防	一般规定	车辆段与上盖物业的消防设计应完全独立 上盖物业建筑的消防车道及登高场地均应设置在上盖物业的平台范围内，建筑高度可从盖板室外地坪标高起算 车辆段与上盖物业建筑应由车辆段平台结构层进行完全分隔，车辆基地的采光井、风井、洞口确有困难需要设置在车辆段平台以上时，应符合以下要求： （1）采光井、风井井壁的耐火极限不应低于2.00h； （2）采光窗井与耐火等级不低于一、二级的多层民用建筑的防火间距不应小于6m；当相邻的上盖建筑外墙为防火墙时，其防火间距不限； （3）风井口部与上盖建筑的间距不应小于6m 上盖物业建筑的人员可疏散至上盖平台，上盖平台可视为室外相对安全区域，上盖平台还应设置连接市政及其他道路的竖向出口	《建筑设计防火规范》GB 50016—2014（2018年版）
	消防车道	上盖物业消防车道与市政道路接口不应少于2处 消防车道宽度不应小于4m，转变半径满足消防车转弯要求；供消防车停留操作的场地坡度不应大于3%；尽端式消防车道应设有回车场，回车场面积不应小于18m×18m 高层建筑应至少沿一个长边或周边长度的1/4且不小于一个长边长度的底边连续布置消防车登高操作场地。建筑高度不大于50m的建筑，连续布置消防车登高场地确有困难时，可间隔布置，但间隔距离不大于30m，且消防车登高操作场地的总长度仍应符合上述规定 消防登高操作场地的长度和宽度分别不应小于15m和10m。对于建筑高度大于50m的建筑，场地的长度跟宽度分别不应小于20m和10m 消防登高操作场地应与消防车道相连，场地靠建筑外墙一侧的边缘距离建筑外墙不宜小于5m（确有困难可减少，需要消防主管部门沟通）且不应大于10m 消防登高操作场地及消防车道下面的管道、暗沟、盲管、排水板、保温层应能承受重型消防车的压力 消防车道的道路纵坡极限值应不大于8%	

续表

类　　型		技 术 要 求	规 范 依 据
建筑消防	耐火等级	平台上下部建筑耐火等级均应为一级。平台承重柱、板和墙的耐火极限应按特一级	
	安全要求	平台上、下均不应设置甲、乙类火灾危险性的生产区域及存储甲、乙类物品的库房区域。车辆基地内建筑的火灾危险性类别按下列规定确定： 1．内燃调机库、工程车库，为丙类； 2．检修库及辅助房屋、空压机间、不落轮镟库、电瓶库、静调库，为丁类； 3．运用库、洗车机库、不燃材料库、材料棚、吹扫库、碱性蓄电池室，为戊类	
给排水消防	消防系统	上盖建筑与盖下消防给水系统应完全分开，各自独立设置	《建筑设计防火规范》GB 50016—2014（2018 年版）《消防给水及消火栓系统技术规范》
	室外消防系统	上盖与盖下均应结合道路设置室外消火栓，室外消火栓的供水压力不应小于 0.14MPa（以该消火栓所在地面算起）	《建筑设计防火规范》GB 50016—2014（2018 年版）《消防给水及消火栓系统技术规范》
	室内消防系统	盖上建筑按现行国家标准《建筑设计防火规范》GB 50016—2014（2018 年版）等相关现行规范进行防火设计	《建筑设计防火规范》GB 50016—2014（2018 年版）《消防给水及消火栓系统技术规范》
防排烟系统	系统	上盖物业与盖下车辆段（停车场等）的防排烟系统完全独立	
	设备房及风井	上盖物业的防排烟机房应在盖上布置 上盖物业的风井与盖下的风井百叶设置应满足相关规范的要求	

8 无障碍设计

8.1 总则

8.1.1 为规范大湾区无障碍设计，建设无障碍环境，提高人民生活质量，整理编制本章内容。

8.1.2 无障碍环境建设应与大湾区经济、社会发展水平相适应，遵循安全有效的原则，同时兼顾绿色美观。

8.1.3 大湾区无障碍设计应符合国家、行业及本区域省市有关技术标准的规定。

8.1.4 新建、改建、扩建无障碍设施应与周边无障碍设施有效衔接。

8.1.5 无障碍设施应保障各类人群安全、方便使用，需满足坚固、平整、防滑等基本要求。

8.1.6 无障碍设施及无障碍标识应保证足够的照明，照度均匀，避免眩光。

8.1.7 无障碍设施应注重人性化设计，各类设施设计应与遮阳、避雨、绿化等结合。

8.2 无障碍设计

8.2.1 人行设施

无障碍通道 表 8.2.1.1

类 别			技 术 要 求	规范依据
一般规定	材质		无障碍通道应连续，其地面应平整、防滑、反光小或无反光，并不宜设置厚地毯	《无障碍设计规范》GB 50763—2012 第3.5.2条
	障碍物		固定在无障碍通道的墙、立柱上的物体或标牌距地面的高度不应小于2.00m 如小于2.00m时，探出部分的宽度不应大于100mm；如突出部分大于100mm，则其距地面的高度应小于600mm	
	宽度		室内走道不应小于1.20m，人流较多或较集中的大型公共建筑的室内走道宽度不宜小于1.80m 室外通道不宜小于1.50m；检票口、结算口轮椅通道不应小于900mm	《无障碍设计规范》GB 50763—2012 第3.5.1条
设施	缘石坡道	一般规定	人行道与其他道路接驳并存在高差时应设置缘石坡道	《无障碍设计规范》GB 50763—2012 第4.2.1条
			缘石坡道的坡面应平整、防滑 缘石坡道的坡口与车行道之间应没有高差 宜优先选用全宽式单面坡缘石坡道	《无障碍设计规范》GB 50763—2012 第3.1.1条

类别			技术要求	规范依据
设施	缘石坡道	坡度	全宽式单面坡缘石坡道的坡度不应大于1:20 三面坡缘石坡道正面及侧面的坡度不应大于1:20,受场地条件限制时坡度不应大于1:12 其他形式的缘石坡道的坡度均不应大于1:20,受场地条件限制时坡度不应大于1:12	《无障碍设计规范》GB 50763—2012第3.1.2条、肢体残障人士使用反馈
		宽度	全宽式单面坡缘石坡道的宽度应与人行道宽度相同 三面坡缘石坡道的正面坡道宽度不应小于1.20m 其他形式的缘石坡道的坡口宽度均不应小于1.50m	《无障碍设计规范》GB 50763—2012第3.1.3条
	盲道	一般规定	城市主要商业街、步行街的人行道应设置盲道 道路周边场所、建筑等出入口设置的盲道应与道路盲道相衔接	《无障碍设计规范》GB 50763—2012第4.2.2条
			盲道的纹路应凸出路面4mm高 盲道铺设应连续,应避开树木(穴)、电线杆、拉线等障碍物,其他设施不得占用盲道 盲道的颜色宜与相邻的人行道铺面的颜色形成对比,并与周围景观相协调,宜采用中黄色 盲道型材表面应防滑	《无障碍设计规范》GB 50763—2012第3.2.1条
		行进盲道	行进盲道应与人行道的走向一致 行进盲道的宽度宜为250～500mm,当人行道宽度较窄时,宜取低值 行进盲道宜在距树池边缘250～500mm处设置;如无树池,行进盲道与路缘石上沿在同一水平面时,距路缘石不应小于500mm,行进盲道比路缘石上沿低时,距路缘石不应小于250mm;盲道应避开非机动车停放的位置	《无障碍设计规范》GB 50763—2012第3.2.2条
			行进盲道的触感条规格应符合图8.2.1.1的规定	《无障碍设计规范》GB 50763—2012第3.2.1条
		提示盲道	行进盲道在起点、终点、转弯处及其他有需要处,如楼梯、手扶电梯、坡道的顶部及底部、缘石坡道处应设提示盲道,当盲道的宽度不大于300mm时,提示盲道的宽度应大于行进盲道的宽度	《无障碍设计规范》GB 50763—2012第3.2.3条
			提示盲道的触感条规格应符合图8.2.1.2的规定	《无障碍设计规范》GB 50763—2012第3.2.1条
	轮椅坡道	一般规定	人行道设置台阶处,应同时设置轮椅坡道 轮椅坡道的设置应避免干扰行人通行及其他设施的使用	《无障碍设计规范》GB 50763—2012第4.2.3条
			轮椅坡道的坡面应平整、防滑、无反光	《无障碍设计规范》GB 50763—2012第3.4.5条
			轮椅坡道宜设计成直线形、直角形或折返形	《无障碍设计规范》GB 50763—2012第3.4.1条

续表

类　别			技　术　要　求	规范依据
设施	轮椅坡道	尺寸	轮椅坡道的净宽度应大于1.00m，无障碍出入口的轮椅坡道净宽度应大于1.20m。轮椅坡道的高度超过300mm且坡度大于1：20时，应在两侧设置扶手，坡道与休息平台的扶手应保持连贯。轮椅坡道起点、终点和中间休息平台的水平长度不应小于1.50m	《无障碍设计规范》GB 50763—2012第3.4.3条、第3.4.6条
		尺寸	轮椅坡道的最大高度和水平长度应符合表8.2.1.2的规定	《无障碍设计规范》GB 50763—2012第3.4.4条
		防护	轮椅坡道临空侧应设置安全阻挡措施	《无障碍设计规范》GB 50763—2012第3.4.7条
		标识	轮椅坡道应设置无障碍标识	《无障碍设计规范》GB 50763—2012第3.4.8条
	雨水算子		外通道上雨水算子的孔洞格缝宽度不应大于15mm，格缝的排列方向应与通行方向垂直	《无障碍设计规范》GB 50763—2012第3.5.2条与《澳门特区无障碍通用设计建筑指引》第2.2.1条

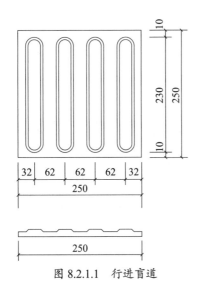

图8.2.1.1　行进盲道

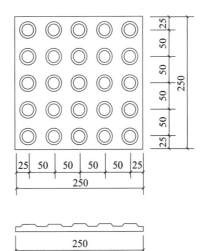

图8.2.1.2　提示盲道

轮椅坡道的最大高度和水平长度　　表8.2.1.2

坡度	1：20	1：16	1：12	1：10	1：8
最大高度（m）	1.20	0.90	0.75	0.60	0.30
水平长度（m）	24.00	14.40	9.00	6.00	2.40

人行横道		表 8.2.1.3
类 别	技 术 要 求	规范依据
形式	人行横道宽度应满足轮椅通行需求。安全岛的形式应方便乘轮椅者使用	《无障碍设计规范》GB 50763—2012 第 4.3.1 条
标识	城市中心区及视觉障碍者集中区域的人行横道，应配置过街音响提示器	

人行天桥及地道		表 8.2.1.4
类 别	技 术 要 求	规范依据
盲道	人行天桥及地道出入口处需设置提示盲道，同时当人行道中有行进盲道时，应将其与人行天桥及人行地道出入口处的提示盲道合理衔接 人行天桥桥下三角区净空高度小于 2.00m 时，应设置防护装置与提示盲道 距每段台阶与坡道的起点与终点 250～500mm 处应设提示盲道，其长度应与坡道、梯道相对应	《无障碍设计规范》GB 50763—2012 第 4.4.1 条
坡道与无障碍电梯	要求满足轮椅通行需求的人行天桥及地道处宜设置坡道；设置坡道有困难时，应设置无障碍电梯 坡道的净宽度不应小于 2.00m；坡道的坡度不应大于 1：12 弧线形坡道的坡度，应以弧线内缘的坡度进行计算 坡道的高度每升高 1.50m，应设深度不小于 2.00m 的中间平台	《无障碍设计规范》GB 50763—2012 第 4.4.2 条
扶手	人行天桥及地道的坡道应在两侧设扶手，扶手起点水平段宜安装盲文铭牌 在栏杆下方宜设置安全阻挡措施	《无障碍设计规范》GB 50763—2012 第 4.4.3 条

8.2.2 车行设施

公交站台		表 8.2.2.1
类 别	技 术 要 求	规范依据
宽度	站台有效通行宽度不应小于 1.50m	《无障碍设计规范》GB 50763—2012 第 4.5.1 条
盲道	站台距路缘石 250～500mm 处应设置提示盲道，其长度应与公交车站的长度相对应。当人行道中设有盲道系统时，应与公交车站的盲道相连接	《无障碍设计规范》GB 50763—2012 第 4.5.2 条
标识	宜设置盲文站牌或音响提示器，盲文站牌的位置、高度、形式与内容应方便视觉障碍者的使用	

上落客点		表 8.2.2.2
类 别	技 术 要 求	规范依据
形式	上落客空间宜与车行道没有高差，如有高差应设置缘石坡道及提示盲道	《澳门特区无障碍通用设计建筑指引》第 3.1.2 条
长度宽度	上落客点应提供长度不小于 4.50m、宽度不小于 1.20m，平行于车行道的上落客空间	
标识	上落客空间地面应涂有无障碍标识	
安全防护	地面应平整、防滑、不积水，地面坡度不大于 1：50	《无障碍设计规范》GB 50763—2012 第 3.14.2 条

无障碍停车位		表 8.2.2.3
类　别	技　术　要　求	规范依据
形式	无障碍机动车停车位应在通行方便、行走距离最短的停车位	《无障碍设计规范》GB 50763—2012 第 3.14.1 条
数量	停车数在 50 辆以下时，应设置不少于 1 个无障碍机动车停车位；停车数在 50～100 辆时，应设置不少于 2 个无障碍机动车停车位；停车数在 100 辆以上时，应设置不少于总停车数 2% 的无障碍机动车停车位	《无障碍设计规范》GB 50763—2012 第 5.2.1 条
坡度	地面应平整、防滑、不积水，地面坡度不大于 1：50	《无障碍设计规范》GB 50763—2012 第 3.14.2 条
通道	无障碍机动车停车位一侧应设宽度不小于 1.20m 的通道（图 8.2.2.1）。如空间允许，宜在无障碍停车位后方设置宽度不小于 1.20m 的通道，并连接场地无障碍通道（图 8.2.2.2）	《无障碍设计规范》GB 50763—2012 第 3.14.3 条
标识	无障碍停车位的地面应涂有停车线、轮椅通道线和无障碍标识	《无障碍设计规范》GB 50763—2012 第 3.14.4 条

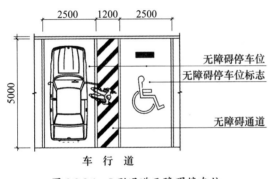

图 8.2.2.1　I 形通道无障碍停车位

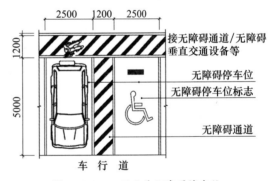

图 8.2.2.2　T 形通道无障碍停车位

8.2.3　建筑设施

无障碍出入口		表 8.2.3.1
类　别	技　术　要　求	规范依据
形式	无障碍出入口包括以下几种类别：平坡出入口、同时设置台阶和轮椅坡道的出入口、同时设置台阶和升降平台的出入口。同时设置台阶和升降平台的出入口，宜只应用于受场地限制无法改造坡道的工程 无障碍出入口的地面应平整、防滑	《无障碍设计规范》GB 50763—2012 第 3.3.1 条、第 3.3.2 条
设施	室外地面滤水箅子格缝宽度不应大于 15mm，格缝的排列方向应与通行方向垂直	《无障碍设计规范》GB 50763—2012 第 3.3.2 条《澳门特区无障碍通用设计建筑指引》第 2.2.1 条

续表

类　别	技　术　要　求	规范依据
设施	建筑物无障碍出入口的上方应设置雨棚，雨棚进深不小于1.50m	《无障碍设计规范》GB 50763—2012 第3.3.2条
	除平坡出入口外，在门完全开启的状态下，建筑物无障碍出入口的平台的净深度不应小于1.50m；建筑物无障碍出入口的门厅、过厅如设置两道门，门扇同时开启时两道门的间距不应小于1.50m	《无障碍设计规范》GB 50763—2012 第3.3.2条
坡度	无障碍出入口的平坡出入口的地面坡度不应大于1：20；场地条件比较好时，不宜大于1：30	《无障碍设计规范》GB 50763—2012 第3.3.3条

楼梯、台阶与扶手　　　　　　　　　　表 8.2.3.2

类　别		技　术　要　求	规范依据
楼梯	形式	宜采用直线形楼梯	《无障碍设计规范》GB 50763—2012 第3.6.1条
	宽度	公共建筑楼梯的踏步宽度不应小于280mm，踏步高度不应大于160mm。距踏步起点和终点250～300mm宜设提示盲道	
	安全防护	如采用栏杆式楼梯，在栏杆下方宜设置安全阻挡措施。不应采用无踢面和直角形突缘的踏步；踏面和踢面的颜色宜有区分和对比；踏面应平整防滑。楼梯上行及下行的第一阶宜在颜色或材质上与平台有明显区别	
台阶	宽度	公共建筑的室内外台阶踏步宽度不宜小于300mm，踏步高度不宜大于150mm，并不应小于100mm	《无障碍设计规范》GB 50763—2012 第3.6.2条
	安全防护	不应采用无踢面和直角形突缘的踏步；踏面和踢面的颜色宜有区分和对比；踏面应平整防滑。台阶上行及下行的第一阶宜在颜色或材质上与其他阶有明显区别	
扶手	材质	扶手的材质宜选用防滑、热惰性指标好的材料	《无障碍设计规范》GB 50763—2012 第3.8.6条
	高度	无障碍单层扶手的高度应为850～900mm，无障碍双层扶手的上层扶手高度应为850～900mm，下层扶手高度应为650～700mm	《无障碍设计规范》GB 50763—2012 第3.8.1条
	尺寸	扶手应保持连贯，靠墙面的扶手的起点和终点处应水平延伸不小于300mm的长度	《无障碍设计规范》GB 50763—2012 第3.8.2条
		扶手末端应向内拐到墙面或向下延伸不小于100mm，栏杆式扶手应向下成弧形或延伸到地面上固定	《无障碍设计规范》GB 50763—2012 第3.8.3条
		扶手内侧与墙面的距离不应小于40mm	《无障碍设计规范》GB 50763—2012 第3.8.4条
		扶手应安装坚固，形状易于抓握。圆形扶手的直径应为35～50mm，矩形扶手的截面尺寸应为35～50mm	《无障碍设计规范》GB 50763—2012 第3.8.6条

无障碍电梯与升降平台　　　　　　　　　　　　　　　　　　表 8.2.3.3

类　别		技　术　要　求	规范依据
电梯	候梯厅	候梯厅深度不宜小于 1.50m，公共建筑及设置病床梯的候梯厅深度不宜小于 1.80m 呼叫按钮高度为 0.90～1.10m 电梯门洞的净宽度不宜小于 900mm 电梯出入口处宜设提示盲道 候梯厅应设电梯运行显示装置和抵达音响 电梯位置应设无障碍标识	《无障碍设计规范》GB 50763—2012 第 3.7.1 条
	轿厢	轿厢门开启的净宽度不应小于 800mm 在轿厢的侧壁上应设高 0.90～1.10m、带盲文的选层按钮，盲文宜设置于按钮旁 轿厢的三面壁上应设高 850～900mm 扶手 轿厢内应设电梯运行显示装置和报层音响 轿厢正面高 900mm 处至顶部应安装镜子或采用有镜面效果的材料 轿厢的规格应依据建筑性质和使用要求选用。最小规格深度不应小于 1.40m，宽度不应小于 1.10m；中型规格深度不应小于 1.60m，宽度不应小于 1.40m；医疗建筑与老人建筑宜选用病床专用电梯	《无障碍设计规范》GB 50763—2012 第 3.7.2 条
升降平台	适用	升降平台只适用于场地有限的改造工程	《无障碍设计规范》GB 50763—2012 第 3.7.3 条
	尺寸	垂直升降平台的深度不应小于 1.20m，宽度不应小于 900mm，应设扶手、挡板及呼叫控制按钮 斜向升降平台宽度不应小于 900mm，深度不应小于 1.00m，应设扶手和挡板	
	安全防护	垂直升降平台的基坑应采用防止误入的安全防护措施 垂直升降平台的传送装置应有可靠的安全防护装置	

扶梯与传送带　　　　　　　　　　　　　　　　　　表 8.2.3.4

类　别	技　术　要　求	规范依据
标识	扶梯与传送带出入口应设提示盲道。扶手电梯与传送带旁需清晰导识运行方向 扶梯与传送带入口处应设语音提示器，适当位置应设置呼叫控制按钮。梯级边缘及移动扶手应设有明显的颜色对比	《澳门特区无障碍通用设计建筑指引》第 2.2.8 条
安全防护	扶梯与传送带出入口应留有足够空间，让乘客安全步入或离开 扶梯与传送带的传送装置应有可靠的安全防护装置	

母　婴　室　　　　　　　　　　　　　　　　　　表 8.2.3.5

类　别		技　术　要　求	规范依据
布局		哺乳区与护理区、休憩区之间应隔开，哺乳区入口宜安装封闭门；空间受限情况下，可采用拉帘；拉帘轨道设置应牢固，拉帘两边需有固定装置	《深圳市公共场所母婴室设计规程》SJG 54—2019 第 3.0.2 条
设施配置	门	门下不应设门槛，不宜采用旋转门、弹簧门或手动推拉门	
	护理台	母婴室护理区应设置婴儿护理台。护理台台面尺寸（长×宽）宜为 0.90m×0.6m，台面距地面高度宜为 0.85～0.95m	
	洗手池	大、中型母婴室护理区应设置成人洗手池，大型母婴室尚应设置儿童洗手池。成人洗手池台面距地面高度宜为 0.80～0.85m；儿童洗手池台面距地面高度宜为 0.50～0.55m，宽度宜为 0.40～0.45m	

续表

类 别		技 术 要 求			规范依据
	洗手池	大型 使用面积（S）≥20m²	中型 20m²＞使用面积（S）≥10m²	小型 10m²＞使用面积（S）≥6m²	《深圳市公共场所母婴室设计规程》SJG 54—2019 第3.0.5条
设施配置	公共服务场所	应设哺乳区，≥3个哺乳位 应设护理区，≥3个护理台 应设休憩区	应设哺乳区，≥2个哺乳位 应设护理区，≥2个护理台 可设休憩区	应设哺乳区，≥1个哺乳位 应设护理区，≥1个护理台 不设休憩区	《深圳市公共场所母婴室设计规程》SJG 54—2019 第4.3.4条
	公共交通场所		应设哺乳区，≥2个哺乳位 应设护理区，≥2个护理台 应设休憩区		
	商业服务场所	应设哺乳区，≥2个哺乳位 应设护理区，≥2个护理台 应设休憩区	应设哺乳区，≥1个哺乳位 应设护理区，≥1个护理台 应设休憩区		
	休憩活动场所		应设哺乳区，≥2个哺乳位 应设护理区，≥2个护理台 应设休憩区		
	商务办公场所	应设哺乳区，≥3个哺乳位 应设护理区，≥1个护理台 可设休憩区	应设哺乳区，≥3个哺乳位 应设护理区，0或1个护理台 可设休憩区	应设哺乳区，1或2个哺乳位 应设护理区，0或1个护理台 不设休憩区	
实施范围		所有母婴经常逗留的公共场所，宜设置使用面积不小于6m²的母婴室			《深圳市公共场所母婴室设计规程》SJG 54—2019 第3.0.2条
		门诊部、一类社康中心等基础医疗卫生场所，应设置1处使用面积不小于6m²的母婴			
		用地面积不小于2万m²的公园（公园绿地）等公共开敞空间，应设置1处使用面积不小于6m²的独立母婴室，且沿步行主路径服务半径每1～2km宜设置1处			
		新建、改建、扩建项目中，建筑面积每超过5000m²，或日客流量每超过1万人次的公共场所，应设置至少1个使用面积不少于10m²的独立母婴室，可根据人流量和使用情况，分批增设			

无障碍卫生间及厕位　　　　　　　　　　　　　　　　　　　　　表 8.2.3.6

类 别			技 术 要 求	规范依据
无障碍卫生间	一般规定	位置	宜靠近公共卫生间设置无障碍卫生间。地面应坚固、平整、防滑、不积水	《无障碍设计规范》GB 50763—2012 第3.9.3条《澳门特区无障碍通用设计建筑指引》第2.3.3条
		面积	内部尺寸不得小于4m²无障碍净空间不得小于1.50m×1.50m（于地面水平线上350mm处度量）的回转半径	
	设施	门	平开门扇宜向外开启，两侧均应设置高900mm的横扶把手自动门的开关按钮应踞地面450～1200mm通行净宽度不应小于800mm在门扇里侧应采用门外可紧急开启的门锁门外应设置无障碍导识标志	
		内部设施	内部应设坐便器、洗手盆、多功能台、挂衣钩和呼叫按钮	《无障碍设计规范》GB 50763—2012 第3.9.3条、第3.9.4条
		洗手盆	无障碍洗手盆的水嘴中心距侧墙应大于550mm。其底部应留出宽750mm、高650mm、深450mm供乘轮椅者膝部和足尖部的移动空间。出水龙头宜采用杠杆式水龙头或感应式自动出水方式。应在洗手盆上方安装向前倾斜的镜子	
		取纸器	取纸器应设在坐便器的侧前方距地面400～500mm处	
		抓杆	内部设施两侧均应设置安全抓杆安全抓杆应安装牢固，直径应为30～40mm，内侧距墙不应小于40mm	
无障碍厕位	一般规定		男、女公共厕所宜至少各设置一个无障碍厕位、一个无障碍洗手盆男厕所还应至少设置一个无障碍小便器	《无障碍设计规范》GB 50763—2012 第3.9.1条
	面积		内部尺寸宜做2.00m×1.50m，不应小于1.80m×1.00m	《无障碍设计规范》GB 50763—2012 第3.9.2条
	设施	门	门扇宜向外开启；如向内开启，需在开启后留有轮椅回转空间，回转直径不小于1.50m平开门外侧应设高900mm的横扶把手，在关闭的门扇里侧设高900mm的关门拉手，并应采用门外可紧急开启的插销门外应设置无障碍导识标识	
		坐便器	厕位内应设坐便器，厕位两侧距地面700mm处应设长度不小于700mm的水平安全抓杆，另一侧应设高1.40m的垂直安全抓杆	《无障碍设计规范》GB 50763—2012 第3.9.2、第3.9.4条
		小便器	无障碍小便器下口距地面高度不应大于400mm，并在两侧设置安全抓杆	
		洗手盆	无障碍洗手盆的水嘴中心距侧墙应大于550mm。其底部应留出宽750mm、高650mm、深450mm供乘轮椅者膝部和足尖部的移动空间。出水龙头宜采用杠杆式水龙头或感应式自动出水方式。两侧及外侧宜设置安全抓杆	《无障碍设计规范》GB 50763—2012 第3.9.4条

公共卫生间无障碍设施数量　　　　　　　　　　　　　　　　　　表 8.2.3.7

类 别	无障碍厕位	无障碍洗手盆	无障碍小便器	无障碍标识	规范依据
男卫生间	≥1个	≥1个	≥1个	应设置	《无障碍设计规范》GB 50763—2012 第3.9.1条
女卫生间	≥1个	≥1个	无	应设置	

		无障碍客房	表 8.2.3.8
类 别		技 术 要 求	规范依据
位置		无障碍客房应设在便于到达、进出和疏散的位置	《无障碍设计规范》GB 50763—2012 第 3.11.1 条
尺寸		房间内应有空间保证轮椅能进行回转,回转直径不小于 1.50m	《无障碍设计规范》GB 50763—2012 第 3.11.2 条
设施	门	无障碍客房的门开启净宽不宜小于 900mm	《无障碍设计规范》GB 50763—2012 第 3.5.3 条
	卫生间	无障碍客房卫生间内应保证轮椅进行回转,回转直径不小于 1.50m;卫生器具应设置安全抓杆并应符合安全抓杆的有关规定	《无障碍设计规范》GB 50763—2012 第 3.11.4 条
	家具	床间距离不应小于 1.20m;家具和电器控制开关的位置和高度应方便乘轮椅者靠近和使用;床的使用高度为 450mm	《无障碍设计规范》GB 50763—2012 第 3.11.5 条
	防护标识	客房及卫生间应设高 400～500mm 的救助呼叫按钮 客房应设置为听力障碍者服务的闪光提示门铃	

	无障碍住宅与宿舍	表 8.2.3.9
类 别	技 术 要 求	规范依据
门	户门开启后的净宽不宜小于 900mm 户内门开启后的净宽不宜小于 800mm	《无障碍设计规范》GB 50763—2012 第 3.5.3 条
通道	通往卧室、起居室(厅)、厨房、卫生间、储藏室及阳台的通道应为无障碍通道,并在一侧或两侧设置扶手	《无障碍设计规范》GB 50763—2012 第 3.12.2 条
卫生间	浴盆、淋浴、坐便器、洗手盆及安全抓杆等应符合无障碍卫生间及厕位有关规定	《无障碍设计规范》GB 50763—2012 第 3.12.3 条
厨房	供乘轮椅者使用的厨房,操作台下方净宽和高度都不应小于 650mm,深度不应小于 250mm	
家具电器	家具和电器控制开关的位置和高度应方便乘轮椅者靠近和使用	《无障碍设计规范》GB 50763—2012 第 3.12.4 条
防护标识	居室和卫生间内应设求助呼叫按钮。供听力障碍者使用的住宅和公寓应安装闪光提示门铃	

8.2.4 辅助设施

安全抓杆		表 8.2.4.1
类　别	技　术　要　求	规范依据
材质	安全抓杆的材料应防滑及防水	《澳门特区无障碍通用设计建筑指引》第 2.2.5 条
尺寸	安全抓杆外径应为 30～40mm，应固定在墙壁上，内侧留出不小于 40mm 的抓握空间	《无障碍设计规范》GB 50763—2012 第 3.9.4 条
荷载	安全抓杆应坚固耐用，并能承受 150kg 净荷载	《澳门特区无障碍通用设计建筑指引》第 2.3.1 条
构造	安全抓杆不得在其固定配件内旋转	
实施范围	无障碍卫生间、无障碍厕位、无障碍客房、无障碍住房及宿舍、低位服务设施等	《无障碍设计规范》GB 50763—2012 第 3.9 条、第 3.11 条、第 3.12 条、第 3.15 条

低位服务设施		表 8.2.4.2
类　别	技　术　要　求	规范依据
尺寸	上表面距离地面高度宜为 700～850mm，其下部宜至少留出宽 750mm、高 650mm、深 450mm 的回转空间 低位服务设施前应有回转直径不小于 1.50m 的轮椅回转空间	《无障碍设计规范》GB 50763—2012 第 3.15.2 条、第 3.15.3 条
实施范围	问询台、服务窗口、安全检验台、行李托运台、借阅台、各种业务台、饮水机等	《无障碍设计规范》GB 50763—2012 第 3.15.1 条

导识及应急报警设施		表 8.2.4.3
类　别	技　术　要　求	规范依据
	运用系统的、统一的静态视觉符号，对无障碍环境、设施进行导向及标识。无障碍标识应醒目，避免遮挡，清楚指明无障碍设施的走向及位置	《无障碍设计规范》GB 50763—2012 第 3.16.1 条
视觉导识	视觉导识分为贴壁式、横越式、地牌式、悬挂式、地面式和阅读板式。视觉导识的空间位置应设置在视线范围内，并便于施工及维护 视觉导识牌宜采用国际标准规格 100mm×100mm 与 400mm×400mm 两种导识尺寸，分别匹配近、远两种观看距离。导识底色与环境背景色、导识底色与图形色的色彩关系均应采用高对比度，色彩亮度比应大于 0.5 无障碍视觉导识应尽可能优先使用图形，当配置文字时宜使用黑体、魏碑、幼圆类字体，涉及外籍人士环境，配置文字时应同时配置英文。字符大小、间距应依据视距要求进行尺寸控制	王小荣，董雅，贾巍杨.天津市无障碍标识调查研究及设计策略分析［J］.天津美术学院学报，2013（01）：94-96.

类　别	技　术　要　求	规范依据
触觉导识	触觉导识包括可触摸图形和盲文两大部分，通过触摸可以完整、持续地提供空间信息导引。具体包含触觉地图、盲文铭牌、盲文门牌、楼梯扶手部位盲文标牌、通道扶手部位盲文标牌、电梯盲文按钮等	《公共建筑标识系统技术规范》GB/T 51223—2017 第6.1.1条、第6.1.2条
	在公共建筑空间中所有无障碍设施均应设有触觉导识，并宜与听觉导识整合设置	《公共建筑标识系统技术规范》GB/T 51223—2017 第6.1.5条
	触觉导识宜与室内盲道或扶手设施相结合，并应形成完整的视觉残障人群行走流线	《公共建筑标识系统技术规范》GB/T 51223—2017 第6.1.4条
	触觉导识可触摸内容的边缘应光滑，触摸内容高出底面或低于底面不小于0.8mm	《公共建筑标识系统技术规范》GB/T 51223—2017 第6.1.7条
听觉导识	听觉导识通过声音提供建筑信息、通行导航等信息，其设施包括语音提示器、音响、报警器等	参考《无障碍设计规范》GB 50763—2012 第3.16.1条编制
	听觉导识宜与视觉导识及感应导识组合使用	《公共建筑标识系统技术规范》GB/T 51223—2017 第6.2.1条
	听觉导识设置应考虑发信声音方向、大小和各个声源发出声音的时间等，应避免不同听觉导识之间的发信声音对使用者形成干扰	《公共建筑标识系统技术规范》GB/T 51223—2017 第6.2.2条
	听觉导识的设置在一定语言干涉声级或噪声干扰声级下言语清晰度不应小于75%，强度不应小于背景环境噪声15dB	《公共建筑标识系统技术规范》GB/T 51223—2017 第6.2.3条
	听觉导识应使用间歇或者可变的声音信号	《公共建筑标识系统技术规范》GB/T 51223—2017 第6.2.4条
感应导识	感应导识是结合互联网技术，通过终端为残障人士完整、持续地提供空间信息，并起到提醒、警示、识别等作用的设施	《公共建筑标识系统技术规范》GB/T 51223—2017 第6.3.1条
	感应导识应与视觉、触觉、听觉导识整合，共同发挥导向功能	《公共建筑标识系统技术规范》GB/T 51223—2017 第6.3.2条

类　别	技　术　要　求	规范依据
交互导识	交互导识是结合互联网、信息技术等，通过固定或移动终端为残障人士提供建筑信息、通行导航和应急救援等的设施。建筑面积在 2 万 m² 以上的公共建筑及人员易于聚集的大型临时活动场所宜设置交互导识系统	《公共建筑标识系统技术规范》GB/T 51223—2017 第 6.4.1 条
	交互导识设置不应干扰一般导向导识的正常功能，并应避免其对主要空间流线的影响	《公共建筑标识系统技术规范》GB/T 51223—2017 第 6.4.2 条
	交互导识的固定端显示界面在无有效操作的情况下，宜在 60s 内自动返回初始页面	《公共建筑标识系统技术规范》GB/T 51223—2017 第 6.4.3 条
应急报警设施	公共场所及建筑内的应急报警设施应结合互联网技术达到信息无障碍标准，有效引导残障人士及老年人采取行动脱离险境 应急报警设施应同时具备视觉、听觉提示功能，宜与听觉导识结合设置 提供文字显示的预警信息导识，同时应提供声音预警信息及逃生指示信息等 应急报警对讲设施应同时支持语音及文本对讲功能，保障对视觉残障者、听觉残障者的有效救援	参考《公共建筑标识系统技术规范》GB/T 51223—2017

8.3　无障碍工程配建

居住建筑　　　　　　　　　　　　　　　　　　　　　　　　　　　　表 8.3.1

类　别		技　术　要　求	规范依据
一般规定	无障碍出入口	建筑内设电梯时，应至少设置 1 处无障碍出入口，且应通过无障碍通道直达电梯厅；建筑内无电梯且设有无障碍住房或宿舍时，应设无障碍出入口	《无障碍设计规范》GB 50763—2012 第 7.4.2 条
	无障碍电梯	建筑内设电梯时，每居住单元至少应设置 1 部能直达户门层的无障碍电梯。单元式居住建筑至少设置一部无障碍电梯；通廊式居住建筑在解决无障碍通道的情况下，可以有选择地设置一部或多部无障碍电梯	
	无障碍标识	主要出入口、建筑出入口、无障碍通道、停车位和电梯等无障碍设施应设符合我国国家标准的无障碍标志，主要出入口、建筑主入口和楼梯前室宜设置盲文地图和楼面示意图，重要信息提示处宜设电子显示屏	参考《无障碍设计规范》GB 50763—2012 第 3.16 节编制
	建筑	无障碍住宅及宿舍宜建于底层；无障碍住房及宿舍的设置，可根据规划方案和居住需要集中设置，或分别设置于不同的建筑中	《无障碍设计规范》GB 50763—2012 第 7.4.4 条
住宅	无障碍停车位	居住区停车场和车库的总停车位应设置不少于 2% 的无障碍机动车停车位；若设有多个停车场和车库，每处均宜设置不少于 1 个无障碍机动车停车位	《无障碍设计规范》GB 50763—2012 第 7.3.3 条、第 8.10.1 条

续表

类　别		技 术 要 求	规范依据
住宅	无障碍出入口	居委会、卫生站、健身房、物业管理、会所、社区中心、商业等为居民服务的建筑应设置无障碍出入口	《无障碍设计规范》GB 50763—2012第 7.3.1 条
	无障碍住房	每 100 套住房宜设置不少于 2 套无障碍住房	《无障碍设计规范》GB 50763—2012第 7.4.3 条
宿舍	无障碍宿舍	男女宿舍应分别设置无障碍宿舍,每 100 套宿舍各应设置不少于 1 套无障碍宿舍	《无障碍设计规范》GB 50763—2012第 7.4.5 条
	无障碍卫生间	无障碍宿舍内未设置卫生间时,其所在楼层的公共卫生间至少有 1 处应满足无障碍要求或设置无障碍卫生间,并宜靠近无障碍宿舍设置	《无障碍设计规范》GB 50763—2012第 7.4.6 条

公共建筑　　　　　　　　表 8.3.2

类　别		技 术 要 求	规范依据
一般规定	出入口	建筑出入口数量不大于 2 个,所有出入口应设置为无障碍出入口;出入口数量为 2 个或 2 个以上,应至少设置 2 个无障碍出入口	《无障碍设计规范》GB 50763—2012第 8.2.2 条、第 8.6.2条、第 8.7.2 条
	室内通道	公共区域室内通道应设置为无障碍通道,走道长度大于 50.00m 宜设置休息区,休息区应避开行走路线	《无障碍设计规范》GB 50763—2012第 8.2.2 条、第 8.6.2条、第 8.7.2 条《Building for Everyone:A Universal Design Approach》Ireland,2002 第 1.5.4 条
	楼梯与电梯	供公众使用的主要通行楼梯应为无障碍楼梯建筑内设有电梯时,每组电梯应至少设置 1 部无障碍电梯	《无障碍设计规范》GB 50763—2012第 8.1.4 条、第 8.2.2条、第 8.6.5 条、第8.7.5、第 8.8.2 条、第 8.9.2 条
	公共卫生间	建筑内应至少设置一处无障碍卫生间各楼层至少有 1 处无障碍卫生间或公共卫生间设有无障碍厕位	《无障碍设计规范》GB 50763—2012第 8.2.2 条、第 8.3.3条、第 8.6.2 条、第 8.7.2条、第 8.8.2 条、第8.9.2 条

类 别		技 术 要 求	规范依据
一般规定	低位设施	公共建筑内查询处、饮水机和自助售货处等应设置低位服务设施	《无障碍设计规范》GB 50763—2012 第8.1.5条
	导识系统	主要出入口、建筑出入口、无障碍通道、停车位和电梯等无障碍设施应设符合我国国家标准的无障碍标志。主要出入口、建筑主入口和楼梯前室宜设置盲文地图和楼面示意图，重要信息提示处宜设电子显示屏	《无障碍设计规范》GB 50763—2012 第8.1.6条
办公建筑	无障碍厕位	为办公门厅及大会议室服务的公共厕所应至少各设一个男、女无障碍厕位	《办公建筑设计标准》JGJ/T 67—2019 第4.3.5条
	母婴室	行政服务大厅、公共事业营业厅等公共服务建筑应至少设置1处面积不小于6m²的母婴室	《深圳市公共场所母婴室设计规程》SJG 54—2019 第3.0.1条、第3.0.2条
	轮椅席位	多功能厅、报告厅等至少应设置1个轮椅席位 会议室及报告厅等的公众座席座位数为300座及以下时应至少设置1个轮椅席位；300座以上时不应少于0.2%且不少于2个轮椅席位	《无障碍设计规范》GB 50763—2012 第8.2.2条
教育建筑	轮椅席位	报告厅、演艺中心等应设置不少于2个轮椅席位。接收残疾生源的教育建筑的合班教室应设置不少于2个轮椅席位	《无障碍设计规范》GB 50763—2012 第8.3.3条
	轮椅空间	有固定座位的教室、阅览室、实验教室等教学用房，应在靠近出入口处预留轮椅回转空间	
医疗建筑	出入口	办公、科研、餐厅、食堂、太平间用房的主要出入口应为无障碍出入口	《无障碍设计规范》GB 50763—2012 第8.4.7条
	室内通道	应设置无障碍通道，净宽不应小于1.80m	《无障碍设计规范》GB 50763—2012 第8.4.2条
	楼电梯	医疗建筑内应至少设置1部无障碍楼梯	
	公共卫生间	首层应至少设置1处无障碍卫生间。病房内的卫生间应设置安全抓杆	
	母婴室	儿童医院的门、急诊部和医技部，每层宜设置至少1处母婴室，并靠近公共卫生间	
	导识系统	在康复建筑院区主要出入口处宜设置盲文地图或供视觉障碍者使用的语音导医系统和提示系统、供听力障碍者需要的手语服务及文字提示导医系统	《无障碍设计规范》GB 50763—2012 第8.4.3条、第8.4.4条
		门、急诊部的挂号、收费、取药处应设置文字显示器以及语言广播装置和低位服务台或窗口；医技部取报告处宜设文字显示器和语音提示装置	
	更衣室	医技部病人更衣室内应留有直径不小于1.50m的轮椅回转空间，部分更衣箱高度应小于1.40m。等候区应留有轮椅停留空间	《无障碍设计规范》GB 50763—2012 第8.4.4条
	候诊区	医技部候诊应设轮椅停留空间	
	活动室	住院部病人活动室墙面四周应设扶手	《无障碍设计规范》GB 50763—2012 第8.4.5条

续表

类	别	技 术 要 求	规范依据
医疗建筑	理疗室	理疗用房应根据治疗要求设置扶手	《无障碍设计规范》GB 50763—2012 第8.4.6条
福利建筑	室外走道	室外的连通走道应选用平整、坚固、耐磨、不光滑的材料并宜设防风避雨设施	《无障碍设计规范》GB 50763—2012 第8.5.2条
	台阶	主要出入口设置台阶时,台阶两侧宜设置扶手	
	无障碍休息区	建筑出入口大厅、休息厅等人员聚集场所宜提供休息座椅和可以放置轮椅的无障碍休息区	
	楼梯	所有楼梯应做无障碍处理	
	电梯	所有电梯应为无障碍电梯	
	建筑室内	居室户门净宽不应小于900mm;居室内走道净宽不应小于1.20m;卧室、厨房、卫生间门净宽不应小于800mm	
		居室内宜留有直径不小于1.5m的轮椅回转空间	
		居室内的卫生间应设置安全抓杆,居室外的公共卫生间应满足国标有关规定或设置无障碍卫生间	
		居室宜设置语音提示装置	
体育建筑	停车位	基地内应设置不少于2个无障碍机动车停车位,且特级、甲级场馆应设置不少于停车数量的2%的无障碍机动车停车位	《无障碍设计规范》GB 50763—2012 第8.6.2条
	出入口	建筑物的观众、运动员及贵宾出入口应至少各设1处无障碍出入口,其他功能分区的出入口可根据需要设置无障碍出入口	
	无障碍休息区	建筑的检票口及无障碍出入口到各种无障碍设施的室内走道应为无障碍通道;大厅、休息厅、贵宾休息室、疏散大厅等主要人员聚集场宜设放置轮椅的无障碍休息区	
	电梯	特级、甲级场馆内各类观众看台区、主席台、贵宾区内如设置电梯应至少各设置1部无障碍电梯,乙级、丙级场馆内座席区设有电梯时,至少应设置1部无障碍电梯,并应满足赛事和观众的需要	
	公共卫生间	特级、甲级场馆每处观众区和运动员区使用的公共卫生间均应设有无障碍厕位或在每处公共卫生间附近设置1个无障碍卫生间,主席台休息区、贵宾休息区应至少设置1个无障碍卫生间;乙级、丙级场馆的观众区和运动员区各至少有1处男、女公共卫生间符合无障碍要求或设置至少1处无障碍卫生间	
	座席区	场馆内各类观众看台的座席区都应设置轮椅席位,并在轮椅席位旁或邻近的座席处,设置1:1的陪护席位,轮椅席位数不应少于观众席位总数的0.2%	
文化建筑	轮椅空间	建筑出入口大厅、休息厅(贵宾休息厅)、疏散大厅等人员聚集场所有高差或台阶时应设轮椅坡道,宜设置休息座椅和可以停放轮椅的休息区	《无障碍设计规范》GB 50763—2012 第8.7.2条~第8.7.4条 《深圳市公共场所母婴室设计规程》SJG 54—2019 第3.0.1条、第3.0.2条
	出入口	供公众通行的检票口应为无障碍通道。图书馆、文化馆等安有探测仪的出入口应便于乘轮椅者进入;应设置低位目录检索台	
	室内盲道	县、市级及以上图书馆应设盲人专用图书室(角),在无障碍入口、服务台、楼梯间和电梯间入口、盲人图书室前应设行进盲道和提示盲道	

续表

类别		技术要求	规范依据
文化建筑	公共卫生间	演员活动区域至少有1处公共卫生间设有无障碍厕位，贵宾室宜设1个无障碍卫生间	《无障碍设计规范》GB 50763—2012 第8.7.2条~第8.7.4条 《深圳市公共场所母婴室设计规程》SJG 54—2019 第3.0.1条、第3.0.2条
	母婴室	文化建筑内应于公共区域设置至少1处母婴室	
	导识系统	建筑内应提供语音导览机、助听器等信息服务	
	座席区	公共餐厅应提供总用餐数2%的活动座椅 座席区应至少设1个轮椅席位 观众厅内座位数为300座及以下时应至少设置1个轮椅席位，300座以上时不应少于0.2%且不少于2个轮椅席位	
商业建筑	公共卫生间	大型商业建筑均应在男、女公共卫生间附近设置1个无障碍卫生间	《无障碍设计规范》GB 50763—2012 第8.4.4条
	母婴室	商业服务建筑内应于公共区域设置至少1处母婴室	《深圳市公共场所母婴室设计规程》SJG 54—2019 第3.0.1条、第3.0.2条
	无障碍客房	旅馆等商业服务建筑应设置无障碍客房，当客房数量在100间以下时，应设1~2间无障碍客房；100~400间时，应设2~4间无障碍客房；400间以上时，应至少设4间无障碍客房	《无障碍设计规范》GB 50763—2012 第8.8.3条
	其他	设有无障碍客房的旅馆建筑，宜配备方便导盲犬休息的设施	《无障碍设计规范》GB 50763—2012 第8.8.4条
交通建筑	站前广场	站前广场人行通道的地面应坚固、平整、防滑、不积水，有高差时应设置轮椅坡道	《无障碍设计规范》GB 50763—2012 第8.9.2条
	出入口	主要出入口宜设置为平坡出入口	
	室内通道	交通建筑内的安检口、门厅、售票厅、候车厅、检票口、乘车通道等旅客通行的室内走道应为连贯的无障碍通道	
	低位设施	售票处、行李托运处、寄存处、咨询处等各类服务台均应设置低位服务设施或窗口	
	母婴室	应设置至少1处母婴室	《深圳市公共场所母婴室设计规程》SJG 54—2019 第3.0.1条、第3.0.2条

工业建筑 表8.3.3

类别	技术要求	规范依据
出入口	主要出入口、建筑出入口、无障碍通道、停车位和电梯等无障碍设施应设无障碍标志，主要出入口、建筑主入口和楼梯前室宜设置盲文地图和楼面示意图，重要信息提示处宜设电子显示屏 应至少设置1处无障碍出入口，且宜位于主要出入口处	参考《无障碍设计规范》GB 50763—2012 第7章

续表

类　别	技　术　要　求	规范依据
楼梯	建筑物内主要通行楼梯应为无障碍楼梯	参考 《无障碍设计规范》 GB 50763—2012 第 7 章
电梯	当建筑物内设置有电梯时，每组电梯至少设置一部无障碍电梯	
卫生间	宜在男、女公共卫生间附近设置 1 个无障碍卫生间，且建筑内至少应设置 1 个无障碍卫生间	
停车场	工业厂区停车场车库的总停车位应设置不少于 0.5% 的无障碍机动车停车位；若设有多个停车场和车库，每处均宜设置不少于 1 个无障碍机动车停车位；设置在非首层的车库应设无障碍通道与无障碍电梯或无障碍楼梯连通，直达首层	
低位设施	工业建筑内饮水器和售卖机等应设置低位服务设施 接待和办公处应设置低位台面，厂房内应设置低位工作台，厂房生产区应设置无障碍呼叫系统、视觉导识、听觉导识和无障碍升降工作台	
无障碍住房	工业厂区内宿舍建筑应按每 100 套住房设置不少于 1 套无障碍住房	

其他建筑及工程 表 8.3.4

类　别		技　术　要　求	规范依据
城中村	出入口	城中村配套的公共设施中，改造的村委会、卫生站、健身房、物业管理、会所、社区中心、商业等为村民服务的建筑应设置无障碍出入口	参考 《无障碍设计规范》 GB 50763—2012 第 7 章
	电梯	设有电梯的建筑至少应设置 1 部无障碍电梯；未设电梯的多层建筑，应将楼梯作无障碍处理	
	停车位	城中村停车场和车库的总停车位应设置不少于 0.5% 的无障碍机动车停车位；地面停车场的无障碍机动车停车位宜靠近停车场的出入口设置	
	车库	车库的人行出入口应为无障碍出入口。设置在非首层的车库应设无障碍通道与无障碍电梯或无障碍楼梯连通，直达首层	
	住房	城中村建筑改造中，无障碍住房数量应依据现居住人群需求而定，无障碍住房及宿舍宜建于底层；当无障碍住房及宿舍设在二层及以上且未设置电梯时，其公共楼梯作无障碍处理	
历史文物保护建筑	出入口	无障碍游览路线上对游客开放参观的文物建筑对外的出入口、展厅、陈列室、视听室等至少应设 1 处无障碍出入口，其设置标准应以保护文物为前提，坡道、平台等为可拆卸的活动设施 开放的文物保护单位的对外接待用房的出入口宜为无障碍出入口。供公众使用的服务性用房的出入口至少应有 1 处为无障碍出入口，且宜位于主要出入口处	《无障碍设计规范》 GB 50763—2012 第 9.3.1 条～第 9.3.3 条、第 9.5.2 条
	通道	无障碍游览路线上的游览通道的路面应平整、防滑，其纵坡不宜大于 1：50，有台阶处应同时设置轮椅坡道，坡道、平台等可为可拆卸的活动设施	《无障碍设计规范》 GB 50763—2012 第 9.4.1 条
	低位设施	纪念品商店如有开放式柜台、收银台，应配备低位柜台	《无障碍设计规范》 GB 50763—2012 第 9.5.4 条～ 第 9.5.6 条
	轮椅席位	设有演播电视等服务设施的，其观众区应至少设置 1 个轮椅席位	
	停车位	建筑基地内设有停车场的，应设置不少于 1 个无障碍机动车停车位	

类 别		技 术 要 求	规范依据
公共停车场（库）	数量	Ⅰ类公共停车场（库）应设置不少于停车数量 2% 的无障碍机动车停车位 Ⅱ类及Ⅲ类公共停车场（库）应设置不少于停车数量 2%，且不少于 2 个无障碍机动车停车位 Ⅳ类公共停车场（库）应设置不少于 1 个无障碍机动车停车位	《无障碍设计规范》GB 50763—2012 第 8.10.1 条
公路服务区	出入口	建筑物至少应有 1 处为无障碍出入口，且宜位于主要出入口处	《无障碍设计规范》GB 50763—2012 第 8.12.1 条
	休息区	供公众使用的休息座椅旁应设置无障碍休息区	参考《无障碍设计规范》GB 50763—2012 第 8.5.2 条
城市公共卫生间	出入口	出入口应为无障碍出入口	《无障碍设计规范》GB 50763—2012 第 8.13.2 条
	位置	在两层公共卫生间中，无障碍厕位应设在地面层	
	数量	应在公共卫生间旁另设 1 处无障碍卫生间，公共卫生间应设置无障碍厕位	
	设施	女卫生间的无障碍设施包括至少 1 个无障碍厕位和 1 个无障碍洗手盆；男卫生间的无障碍设施包括至少 1 个无障碍厕位、1 个无障碍小便器和 1 个无障碍洗手盆	
	通道	卫生间内的通道应方便乘轮椅者进出和回转，回转直径不小于 1.50m	
	门	应方便开启，通行净宽度不应小于 800mm	
	地面	地面应防滑、不积水	

参 考 文 献

［1］办公建筑设计标准 JGJ/T 67—2019.

［2］无障碍设计规范 GB 50763—2012.

［3］公共建筑标识系统技术规范 GB/T 51223—2017.

［4］深圳市公共场所母婴室设计规程 SJG 54—2019.

［5］澳门特区无障碍通用设计建筑指引.

［6］Building for Everyone: A Universal Design Approach，Ireland，2002.

［7］王小荣，董雅，贾巍杨.天津市无障碍标识调查研究及设计策略分析［J］.天津美术学院学报，2013（01）.

9 园林景观

9.1 前期准备

基础资料收集内容   表 9.1.1

类　别	资料及文件名称
前置条件资料	设计委托书、任务书、招标或中标文件 已经批准的城市总体规划、详细规划、专项规划等相关上位规划成果 项建、可研、策划报告 建设用地规划许可证
现状资料	基地现状地形图（含红线范围、竖向标高），比例不小于1：500 现状及保留建筑物资料（定位、造型等） 植被现状及动物调研资料 道路现状及水文资料 地下物探资料
建筑条件资料	规划总平面图（竖向、定位） 建筑方案资料（包括动画、模型等） 建筑、结构、给排水、电气、暖通、智能化专业施工图
结构条件资料	屋顶花园顶板覆土深度资料 顶板承重资料 地质勘察报告
市政条件资料	市政综合工程管线（市政源点、现状管网、路网等）现状资料及相关规划、竣工资料 道路、桥梁、交通专业竣工资料

场地评价内容及因子   表 9.1.2

类　别	评价内容	评价因子	备注
地质条件	场地	稳定性，如有无滑坡或大幅度沉降现象 变化性，如水位变化对场地的影响	不稳定山体边坡应采取相应加固措施
	土质、地基	土质条件 承载力	建（构）筑物基础结构应根据地勘报告作出相应设计
	地下水	地下水位高程	建（构）筑物基础结构与种植设计应根据地下水位高程作出合理安排
土壤条件	原地表层土壤	肥力 pH值	不适宜栽植土壤采取改良或客土更换措施

142

类 别	评价内容	评价因子	备注
土壤条件	原地表层土壤	孔隙度 有无污染	不适宜栽植土壤采取改良或客土更换措施
环境条件	场地外部及内部环境	交通、水系、地形、建筑、植被等 市政设施、地上/地下受保护文物 风、光照、温度、边坡安全等自然条件 噪声、空气污染等污染源 借景视线	因地制宜，充分利用场地各环境因素

9.2 竖向地形

竖向地形设计要求   表 9.2

类 别		技 术 要 求	规范依据
地形塑造		绿化用地宜结合海绵城市建设，因地就势做微地形起伏，利于雨水收集、滞蓄和渗透 地形应按照土壤自然安息角设计坡度，当超过自然安息角时，应采取护坡、固土或防冲刷的措施 人工堆土改造地形应保证山体稳定和周边设施安全 地形营造应考虑园林景观和地表水排放，地表坡度宜符合相关规定 地形填充土不应含有对环境、人和动植物安全有害的污染物或放射性物质 地形表层 1.5m 深度的种植土不应含有砖、石、建筑垃圾	《公园设计规范》GB 51192—2016 第5.1.2条～第5.1.4条、第5.2.2条、第5.2.4条
景石布置		景石布置与造型应综合考虑与周边环境、空间视线的关系 景石所用的石料应与整体园林风格协调，并根据所处的山形、山势、欣赏角度、范围选择合适的砌筑方式，常用景石有黄蜡石、英石、山石、湖石等	《公园设计规范》GB 51192—2016 第8.4.1条、第8.4.2条
土方平衡		地形塑造应因地就势，合理设计地形，不宜产生过大土方工程量，实现挖方与填方在合理范围内的平衡	
海绵型绿地		1. 下沉式绿地的设置，应符合下列要求： （1）下沉式绿地的下凹深度，应结合植物耐淹性能和土壤渗透性能等因素确定，宜为 100mm，且不超过 200mm； （2）下沉式绿地内宜设置溢流口（如雨水口），溢流口顶部标高高于绿地 50～100mm 2. 草沟的设置，应符合下列要求： （1）浅式植草沟断面宜采用倒抛物线、三角形、梯形； （2）植草沟边坡坡度（垂直：水平）不宜大于 1:3，纵坡不应大于 4%。纵坡较大时，宜设置为阶梯形植草沟或在中途设置消能台坎； （3）草沟沟底宽度不宜小于 300mm	《海绵城市建设技术指南》第4.7.2条
水岸处理	石笼驳岸	宾格网装填石块，使工程结构与生态环境有机结合；超出正常水位 0.5m 的石笼应填充土壤种植物	《ASTMA 975—97》
	抛石驳岸	以结构安全为前提进行总体布置，石块大小疏密搭配，整体美观，结构牢固耐久。抛石面应缓坡入水	
	挡墙驳岸	形式按实际功能需求确定，兼顾防护与景观两方面的功效，挡墙顶与常水位的垂直距离不应大于 0.5m	
	自然驳岸	缓坡入水，水与岸边相接处坡度大于 45° 时可以用木桩等固岸	

9.3 硬质饰面

<table>
<tr><td colspan="7" align="center">常用面材选择说明</td><td align="right">表 9.3</td></tr>
<tr><td colspan="2">特性
类别</td><td>适用范围
及特点</td><td>面层处理
及质感</td><td>构造做法</td><td>备注</td><td>规范依据</td></tr>
<tr><td rowspan="7">天然材料</td><td rowspan="2">花岗石、砂石、青石板</td><td>人行地面</td><td rowspan="2">花岗石：光面、自然面、荔枝面、火烧面、剁斧面、拉丝面

砂石：文化石面、自然面

青石板：自然面</td><td>花岗石面层
30 厚 1:3 干硬性水泥砂浆
100 厚 C15 混凝土
150 厚 6% 水泥石粉渣
素土夯实，密实度 ≥ 95%</td><td>户外场地铺装石材应做好防滑及防返碱措施</td><td rowspan="5"></td></tr>
<tr><td>墙面</td><td>面层材料（背涂 5 厚胶粘剂）
10 厚 1:2.5 水泥砂浆结合层，内掺水重 5% 建筑胶
聚合物水泥基防水涂料一道 1mm
5 厚 1:3 水泥砂浆将墙体基层找平扫毛
非黏土砖墙或混凝土结构</td><td rowspan="2">景观工程的砂浆可采用再生骨料砂浆（《深圳市建筑废弃物再生产品应用工程技术规程》）</td></tr>
<tr><td>花岗石</td><td>车行地面</td><td>花岗石面层
30 厚 1:3 干硬性水泥砂浆
180 厚 C25 混凝土（4～6m 分仓跳格浇筑）
250 厚 6% 水泥石粉渣
素土夯实，密实度 ≥ 95%</td></tr>
<tr><td>卵石</td><td>人行地面</td><td>光面、哑光</td><td>50 厚细石混凝土嵌卵石
100 厚 C15 混凝土
150 厚 6% 水泥石粉渣
素土夯实，密实度 ≥ 95%</td><td></td></tr>
<tr><td>天然木材（防腐木）</td><td>人行地面</td><td>防腐、防虫处理后面刷清漆两道</td><td>木材面层，钢钉固定
□ 50×3 方通龙骨 @450，L35×3 角钢，M8 螺栓固定
100 厚 C15 混凝土
150 厚 6% 水泥石粉渣
素土夯实，密实度 ≥ 95%</td><td></td></tr>
<tr><td rowspan="2">人工材料</td><td rowspan="2">水泥砖、烧结砖</td><td>人行地面</td><td>工厂预制</td><td>水泥砖/烧结砖面层
30 厚 1:3 干硬性水泥砂浆
100 厚 C15 混凝土
150 厚 6% 水泥石粉渣
素土夯实，密实度 ≥ 95%</td><td rowspan="2">景观工程的砂浆可采用再生骨料砂浆（《深圳市建筑废弃物再生产品应用工程技术规程》）</td><td rowspan="2"></td></tr>
<tr><td>车行地面</td><td>工厂预制</td><td>水泥砖/烧结砖面层
30 厚 1:3 干硬性水泥砂浆
180 厚 C25 混凝土（4～6m 分仓跳格浇筑）
250 厚 6% 水泥石粉渣
素土夯实，密实度 ≥ 95%</td></tr>
</table>

类别	特性	适用范围及特点	面层处理及质感	构造做法	备注	规范依据
人工材料	植草砖	停车场地面	工厂预制	80 厚嵌草砖，孔内填种植土拌草种子 30 厚 1：1 黄土粗砂 100 厚 1：6 水泥豆石（无砂）大孔 C25 混凝土 250 厚 6% 水泥石粉渣 素土夯实，密实度≥95%		《环境景观－室外工程细部构造》15J012-1 D24 路 80
	陶瓷锦砖	泳池、水景	工厂预制	陶瓷锦砖面层 5 厚环氧胶泥结合层 15 厚 1：2.5 水泥砂浆保护层 2 厚水泥基渗透型防水涂膜 20 厚 1：2.5 水泥砂浆找平层 抗渗钢筋混凝土池底／池壁	景观工程的砂浆可采用再生骨料砂浆（《深圳市建筑废弃物再生产品应用工程技术规程》）	
	环保人工合成木	人行地面	工厂预制	木材面层，成品构件固定 □ 50×3 方通龙骨 @450，∟35×3 角钢，M8 螺栓固定 100 厚 C15 混凝土 150 厚 6% 水泥石粉渣 素土夯实，密实度≥95%	高分子(HDPE)木纤维复合板、户外（高耐）瓷态竹木等	
	透水砖	人行地面	工厂预制	透水砖面层 30 厚 1：6 干硬性水泥砂浆 100 厚 C15（无砂）大孔混凝土 150 厚 6% 水泥石粉渣 素土夯实，密实度≥95%	景观工程的砂浆可采用再生骨料砂浆（《深圳市建筑废弃物再生产品应用工程技术规程》）	《环境景观－室外工程细部构造》15J012-1 D19 路 59
		车行地面	工厂预制	透水砖面层 30 厚 1：6 干硬性水泥砂浆 180 厚 C25（无砂）大孔混凝土 250 厚 6% 水泥石粉渣 素土夯实，密实度≥95%	地基较差、车流量较大路面不建议使用全透水路基	《环境景观－室外工程细部构造》15J012-1 D19 路 59
塑性材料	透水沥青混凝土	人行路面	现场施工	40 厚 PAC-13 型细粒式彩色改性透水沥青混凝土 乳化改性沥青粘层（0.5L/m²） 洒布透层油后铺自黏性玻纤土工格栅一层 120 厚 C30 无砂大孔透水混凝土，天然骨料粒径 ϕ12～20 沥青下封层 1cm 150 厚 6% 水泥石粉渣稳定层 路基机械碾压实≥95%		《透水沥青路面技术规程》CJJ/T 190—2012
		车行路面	现场施工	PAC-13 型细粒式彩色改性透水沥青混凝土 40 厚	公园内部行车道路一般定性为轻交通道路等级	

续表

类别	特性 适用范围及特点	面层处理及质感	构造做法	备注	规范依据
塑性材料	透水沥青混凝土 / 车行路面	现场施工	PAC-20型中粒式沥青透水混凝土60厚 乳化改性沥青粘层（0.5L/m²） 洒布透层油后铺自黏性玻纤土工格栅一层 150厚C35无砂大孔透水混凝土，天然骨料粒径 φ12～20 沥青下封层1cm 150厚6%水泥石粉渣稳定层 200厚级配碎石层 路基机械碾压实≥95%	地基较差、车流量较大路面不建议使用全透水路基	《城市道路—沥青路面》15MR201 《透水沥青路面技术规程》CJJ/T 190—2012
	透水混凝土 / 人行路面		双丙聚氨酯密封处理 30厚6～8mm粒径C25彩色强固透水混凝土 50厚10～18mm粒径C25透水混凝土 30厚粗砂 150厚级配砂石（压实） 素土夯实，密实度≥95%		《环境景观—室外工程细部构造》15J012-1 D4 路 14
	透水混凝土 / 车行路面		双丙聚氨酯密封处理 40厚6～8mm粒径C30彩色强固透水混凝土 80厚10～18mm粒径C30素色透水混凝土 30厚粗砂 300厚6%水泥石粉渣 素土夯实，密实度≥95%	公园内部车行道路一般按2～3t的荷载考虑	《透水混凝土路面技术规程》CJJ/T 135—2009 《环境景观—室外工程细部构造》15J012-1 D4 路 12
	石米 / 小路、局部铺装	压实	20厚1:2水泥豆石抹面，用湿刷刷去水泥砂浆，微露小豆石 100厚C15混凝土 150厚6%水泥石粉渣 素土夯实，密实度≥95%		
	塑胶（EPDM） / 运动场、活动场地	现浇	以30厚全塑型自结纹塑胶地面为例（需由专业公司施工）： 3厚自结纹面层为双组，分特殊聚氨酯材料甲／乙组，比例为1:2 加自结纹专用辅料石英砂和胶粉（石英砂80%，胶粉20%） 9厚加强垫层 9＋9厚缓冲垫层 钢筋混凝土路面刷水泥基一道，及塑胶地面专用乳液胶水刷一道（增加塑胶层和混凝土之间结合强度，由专业公司提供），以全塑型为例	塑胶地面类型通常有透气型、混合型、复合型、全塑型	

续表

类别	特性	适用范围及特点	面层处理及质感	构造做法	备注	规范依据
涂料	涂料	外墙（从外到内）	抹平、有肌理	高级外墙漆两遍 填补缝隙，腻子磨平 6厚1:2.5水泥砂浆抹平 12厚1:3水泥砂浆打底扫毛 非黏土砖墙或混凝土结构	景观工程的砂浆可采用再生骨料砂浆（《深圳市建筑废弃物再生产品应用工程技术规程》）	《环境景观—室外工程细部构造》15J012-1 J4景墙17
金属饰面板	耐候钢板、铝合金板、不锈钢板等	外表装饰、景观小品	定制或现场加工	4～10厚金属板材固定，板材预留接缝5宽，用相同颜色耐候密封胶填缝（耐候钢板及不锈钢板也可焊接） 按金属板规格安装配套水平及竖向不锈钢或镀锌钢托架 钢骨架或混凝土结构	工艺：电镀、压花、冲孔等	

9.4 设施小品

园林景观小品设计要点　　　　　　　　　　　　　　表 9.4.1

设施类别	技术要求
建筑设施	亭、廊、花架等建筑设施应和环境协调，其位置、规模、造型、材料、色彩应符合总体园林景观设计要求 亭、廊、花架周围需排水良好。地坪应平整、美观、防滑，并便于清扫 亭、廊、敞厅的吊顶应采用防潮材料 亭、廊、花架等供居民坐憩之处，不应采用粗糙饰面材料，也不应采用易刮伤肌肤和衣物的构造 亭、廊、花架等室内净高不应小于2.4m，楣子高度应考虑游人通过或赏景的要求
雕塑/公共艺术装置	雕塑小品与周围环境共同塑造完整视觉形象和主题，以小巧的格局、精美的造型来点缀空间，通过其造型、体量，形成视觉走廊焦点，成为游览路线引导
花盆/钵	花盆的尺寸应适合所栽种植物的生长特性，有利于根茎的发育，花草类盆深20cm以上，灌木类盆深40cm以上，中木类盆深45cm以上；3～4m的高大树木则可选择50cm以上的花盆，盆中需安置支柱

儿童游乐设施设计要点　　　　　　　　　　　　　　表 9.4.2

设施名称	技术要求	年龄组（岁）	规范依据
砂坑	居住区砂坑一般规模为10～20m²，砂坑中安置游乐器具的要适当加大，以确保基本活动空间 砂坑深40～45cm，砂子必须以细砂为主，并经过冲洗。砂坑四周应竖10～15cm的围沿，防止砂土流失或雨水灌入。围沿一般采用混凝土、塑料和木制，上可铺橡胶软垫 砂坑内应敷设暗沟排水	3～6	《建筑师技术手册》
滑梯	滑梯由攀登段、平台段和下滑段组成，一般采用木材、不锈钢、人造水磨石、玻璃纤维、增强塑料制作，保证滑板表面光滑	3～6	

续表

设施名称	技术要求	年龄组（岁）	规范依据
滑梯	滑梯攀登梯架倾角为70°左右，宽40cm，梯板高6cm双侧设扶手栏杆。滑板倾角30°～35°，宽40cm，两侧直缘为18cm，便于儿童双脚制动 成品滑板和自制滑梯都应在梯下部铺厚度不小于3cm的胶垫，或40cm以上的砂土，防止儿童坠落受伤	3～6	《建筑师技术手册》
秋千	秋千分板式、座椅式、轮胎式几种，其场地尺寸根据秋千摆动幅度及与周围娱乐设施间距确定。 秋千一般高2.5m，长3.5～6.7m（分单座、双座、多座），周边安全护栏高60cm，踏板距地35～45cm。幼儿用距地为25cm 地面设施需设排水系统和铺设柔性材料	6～15	
攀登架	攀登架标准尺寸为2.5m×2.5m（高×宽），格架宽为50cm，架杆选用钢骨和木制；多组格架可组成攀登式迷宫；架下必须铺装柔性材料	8～12	
跷跷板	普通双连式跷跷板为3.6m×0.50m（长×宽），中心轴高45cm 跷跷板端部应放置旧轮胎等设备作缓冲垫	8～12	
游戏墙	墙体高控制在1.2m以下，供儿童跨越或骑乘，厚度为15～35cm 墙上可适当开孔洞，供儿童穿越和窥视产生游戏乐趣 墙体顶部边沿应做成圆角，墙下埔软垫 墙上绘制图案不易褪色	6～10	
滑板场	滑板场为专用场地，要利用绿化种植、栏杆等与其他休闲区分隔开 场地用硬质材料铺装，表面平整，并具有较好的摩擦力 设置固定的滑板联系器具，铁管滑架、曲面滑道和台阶总高度不宜超过60cm，并留出足够的滑跑安全距离	10～15	
迷宫	迷宫由灌木丛林或实墙组成，墙高一般为0.9～1.5m，以能遮挡儿童视线为准，通道宽为1.2m 灌木丛墙须进行修剪以免划伤儿童 地面以碎石、卵石、水刷石等材料铺砌	6～12	

9.5 种植设计

粤港澳大湾区城市市花／市树植物　　　　　　　　　　表9.5.1

城市名称	市花	市树
广州	木棉	木棉
深圳	簕杜鹃	荔枝和红树
香港	洋紫荆（红花羊蹄甲）	—
澳门	荷花	—
珠海	簕杜鹃	红花紫荆（红花羊蹄甲）
佛山	白兰	白兰
惠州	簕杜鹃	红花紫荆（红花羊蹄甲）
东莞	白兰	荔枝

城市名称	市 花	市 树
中山	菊花	凤凰木
江门	簕杜鹃	蒲葵
肇庆	荷花和鸡蛋花	白兰

粤港澳大湾区主要植物种类　　　　　　　　　　　　　　　　　　　　表 9.5.2

植物分类	植 物 名 录
常绿乔木	南洋杉、罗汉松、竹柏、长叶竹柏、小叶榕、高山榕、印度橡胶榕、菩提树、垂叶榕、铁刀木、秋枫、人面子、香樟、阴香、白兰、广玉兰、苹婆、桂花、铁冬青、五味子（五月茶）、南洋楹、尖叶杜英、火焰木、中国无忧花、仪花、红花羊蹄甲、大花第伦桃、桃花心木、非洲桃花心木、麻楝、幌伞枫、红花玉蕊、红花天料木、树菠萝、桂木、蝴蝶果、盆架子、海南红豆、吊瓜树、黄槐、人心果、红花荷、木荷、猫尾木、芒果、扁桃、金蒲桃、水翁、水蒲桃、海南蒲桃、水石榕、串钱柳、黄槿、银叶树、黄金香柳等
落叶乔木	落羽杉、池杉、水松、朴树、大叶榕、小叶榄仁、大叶榄仁、中叶榄仁、木棉、大腹木棉、美丽异木棉、凤凰木、腊肠树、海红豆、粉花山扁豆、宫粉紫荆、大花紫薇、鱼木、蓝花楹、黄花风铃木、洋红风铃木、台湾栾树、复羽叶栾树、柚木、鸡冠刺桐、鸡蛋花、岭南酸枣、苦楝、枫香、乌桕、火烧花、余甘子
常绿灌木	苏铁、含笑、米仔兰、栀子花、狗牙花、花叶狗牙花、马茶花（珍珠狗牙花）、九里香、鹰爪花、夜合花、角茎野牡丹、小叶野牡丹、巴西野牡丹、银毛野牡丹、毛稔、红果仔、华南珊瑚树、金蝉、软枝黄蝉、硬枝黄蝉、紫蝉、双荚决明、嘉氏羊蹄甲、杜鹃红山茶、山茶、金花茶、茶梅、龙船花、桃金娘、车轮梅、希茉莉、粉花朱槿、泰国大红花、红花玉芙蓉、花叶拟美花、硬枝老鸦嘴、金脉爵床、烟火树、赤苞花、琴叶珊瑚、双色茉莉、黄钟花、紫云藤、红车、黄金叶、银姬小蜡、银叶金合欢、红花檵木、金边瑞香、芙蓉菊、福建茶、海桐、尖叶木樨榄、黄金榕、驳骨丹、红背桂、鹅掌柴、铺地木蓝、红绒球、美叶红千层、多花红千层、夹竹桃、双色木番茄、变叶木、紫金牛、南天竹、铺地木蓝、紫花马缨丹、狗尾红、千手兰、黄纹万年麻、七彩马尾铁、金边百合竹、朱蕉、梦幻朱蕉、虎刺梅、红桑、紫云藤、紫花翠芦莉、金苞花、虾衣花、可爱花、雨虹花等
落叶灌木	花石榴、紫薇、嘉宝果、冬红、金凤花、醉鱼草、木槿、木芙蓉、牡荆、粉扑花、香水合欢（细叶粉扑花）、山指甲、蝴蝶荚蒾等
藤本植物	禾雀花、炮仗花、使君子、大花老鸦嘴、美丽桢桐、蒜香藤、簕杜鹃、凌霄、金银花、红龙吐珠、首冠藤、蓝花藤、扁担藤、红叶藤、西番莲、云南黄馨、多花紫藤、洋常春藤、薜荔、异叶爬山虎、花叶络石、马鞍藤、麒麟尾、龟背竹、白蝴蝶、绿萝、珊瑚藤等
草本植物	葱兰、韭兰、射干、紫娇花、蜘蛛兰、巴西鸢尾、朱顶红、文殊兰、花叶美人蕉、白鹤芋、姜花、紫露草、海芋、红鸟蕉、黄鸟蕉、鹤望兰、闭鞘姜、小春羽、一叶兰、广东万年青、大叶仙茅、石菖蒲、吊竹梅、蚌兰、沿阶草、柠檬草、细叶芒、紫叶狼尾草、兔子狼尾草、大叶油草、马尼拉草、狗牙根、细叶结缕草、中华结缕草等
竹类	青皮竹、刚竹、粉单竹、黄金间碧玉竹、佛肚竹、琴丝竹、紫竹、唐竹、龟甲竹、方竹、孝顺竹、凤尾竹、鹅毛竹、菲白竹等
棕榈类	蒲葵、老人葵、银海枣、加拿利海枣、扇叶糖棕、狐尾椰子、三角椰子、酒瓶椰子、国王椰子、大王椰子、布迪椰、砂糖椰子、假槟榔、金山葵、董棕、三药槟榔、鱼尾葵、散尾葵、鱼骨葵、美丽针葵、棕竹等

粤港澳大湾区抗风树木推荐　　　　表 9.5.3

设 计 要 点	慎用易倒伏、易断枝树种	抗风推荐树种
创造适合树木生长强壮的条件，尤其根系生长的条件 选择合适抗风树种、采用抗风种植形式或形成抗风绿地结构 在满足植物景观及其他各方面功能情况下，做以下"5不"： （1）行道树能以带状绿化形式出现，就不以单个树池形式出现； （2）能多行种植就不以单行出现； （3）孤植大树周边，不用不透水铺装； （4）不在历年城市风场中多发强风点位和地段种植不抗风植物； （5）能成群落层次则尽量不以单层次出现	印度紫檀、黄槐、南洋楹、红花羊蹄甲、垂榕、黄槿、白花洋紫荆、非洲桃花心木、大叶榕、小叶榕、盆架子、白兰、尾叶桉、刺桐、马占相思等树种。 如上述树种为现状树，则在台风来临前加强修剪，使之成为过风形态，加强其抗风性，尽量消除安全隐患	异叶南洋杉、落羽杉、水松、池杉、竹柏、罗汉松、小叶榄仁、锦叶榄仁、大叶榄仁、莫氏榄仁、阿江榄仁、木麻黄、福木、竹节树、朴树、红花玉蕊、第伦桃、大花第伦桃、尖叶杜英、澳槁树、香樟、阴香、银叶树、翻白叶、假苹婆、苹婆、白楸、秋枫、血桐、海红豆、阔荚合欢、水黄皮、海南红豆、白千层、水翁、水蒲桃、海南蒲桃、人面子、扁桃、鱼木、水石榕、山杜英、乐昌含笑、广玉兰、红花荷、枫香、布渣叶、红花天料木、华南珊瑚树、木棉、美丽异木棉、银桦、红花银桦、铁冬青、海南菜豆树、※高山榕、笔管榕、※小叶榕、※橡胶榕、青果榕、菩提榕、琴叶榕、树菠萝、白桂木、红桂木、※亚里垂榕、麻楝、红花决明、粉花山扁豆、双翼豆、铁刀木、凤凰木、※黄槿、杨叶肖槿、盆架子、蓝花楹、猫尾木、串钱柳、海芒果、大王椰、假槟榔、红颈椰子、狐尾椰子、棍棒椰子、单干鱼尾葵、金山葵、霸王棕、丝葵、油棕、蒲葵、海南椰子、银海枣、加拿利海枣、三角椰、布迪椰子、红刺露兜、野菠萝等

注明：研究表明，树种的抗风形态修剪比选取抗风树种还重要；植物名前带 ※ 树种种植后应注意树冠定期疏剪，保持良好透风性，减少风阻，增强抗风性

粤港澳大湾区耐盐碱滨海植物推荐　　　　表 9.5.4

乔 木	灌 木	草 本
黄槿、杨叶肖槿、大叶榄仁、小叶榄仁、中叶榄仁、水黄皮、琼崖海棠、银叶树、海红豆、朴树、构树、小叶榕、垂柳红千层、白千层、雀榕、鹊肾树、人心果、海葡萄、莲叶桐、湿地松、黑松、异叶南洋杉、木麻黄、玉蕊、滨玉蕊、苦楝、水果楝、澳槁木姜子、酸豆、黄连木、福木、乌桕、龙血树、海芒果、海滨木巴戟、白水木、刺桐、血桐、红刺露兜、露兜树、金道露兜、椰子、加拿利海枣、蒲葵、水椰、华盛顿棕、布迪椰子、刺葵、银海枣等	☆苦郎树（假茉莉）、☆日本黄槿、莲海桐、双荚槐、☆翼叶九里香、☆刺裸实、☆刺茉莉、☆车桑子、☆鸦胆子、☆马甲子、海滨木槿、海南草海桐、单叶蔓荆、枸杞、迷迭香、☆坡柳、柽柳、海桐、台湾海桐、车轮梅、花石榴、琴叶珊瑚、夹竹桃、福建茶、☆光叶蔷薇、☆刺果苏木、☆华南云实、☆麻风树、蓖麻、酒饼簕、紫花马缨丹、露兜草、龙舌兰、☆悉尼火百合、凤尾兰、剑麻、☆卤菊、金银花、☆海滩牵牛、☆马鞍藤、☆白花马鞍藤、☆海刀豆、辟荔、☆海岛藤、☆匙羹藤、龙珠果、☆虎掌藤、☆滨豇豆、☆蔓荆子、☆坡柳、☆茵陈蒿、绿玉树、☆磨盆草、☆蔓茎栓果菊、弓果藤、紫花翠芦莉、鼠麦菊草、☆海马齿、苦槛蓝、芙蓉菊、老鼠簕、小花老鼠簕等	☆田菁、天门冬、山菅兰、花叶芦竹、红花文殊兰、文殊兰、☆华南狗花、☆钻叶紫菀、☆沙苦荬菜、☆海滨大戟、☆羊蹄、☆盐角草、☆南方碱蓬、☆海滨藜、☆狭叶尖头叶藜、地肤、☆秀鳞飘拂草、☆细叶飘拂草、长春花、☆海边月见草、☆珊瑚菜、☆土丁桂、芦苇、☆滨箬草、☆短叶茳芏、☆铺地黍、☆盐地鼠尾粟、狗牙根、☆龙爪茅、☆白茅等

注：植物名前带"☆"号为园林苗圃苗源困难植物，需提前育苗，用于滨海生态修复

粤港澳大湾区人工植物群落配置模式推荐表　　　　表 9.5.5

序号	群落类型	群落配置模式举例	
1	观花型（乔木）	完整模式	腊肠树＋仪花＋中国无忧花—宫粉紫荆＋粉花风铃木＋黄花风铃木—黄钟花＋烟火树—花叶假连翘＋紫花马缨丹—蜘蛛兰＋肾蕨

序号	群落类型	群落配置模式举例	
1	观花型（乔木）	简化模式	仪花—黄花风铃木—烟火树—花叶假连翘—蜘蛛兰
		最简模式	仪花—蜘蛛兰
2	观花型（灌木）	完整模式	香樟+朴树—杜鹃红山茶+银叶金合欢—小叶紫薇+红花玉芙蓉+狗牙花+山茶+朱槿—龙船花+黄虾花—天堂鸟+射干+紫竹梅
		简化模式	香樟—杜鹃红山茶—红花玉芙蓉—黄虾花—紫竹梅
		最简模式	香樟—射干
3	观叶型（大叶）	完整模式	面包树+苹婆+树菠萝—琴叶榕—鸡蛋花—澳洲鸭脚木—烟火树+金脉爵床+仙戟变叶木—亮叶朱蕉+花叶良姜+海芋+一叶兰—马尼拉草
		简化模式	苹婆—鸡蛋花—金脉爵床——一叶兰—马尼拉草
		最简模式	苹婆—马尼拉草
4	观叶型（细叶）	完整模式	南洋楹+凤凰木+锦叶榄仁—黄槐+花叶垂榕—肖黄栌+尖叶木樨榄+金凤花—胡椒木+雪花木+雪茄花—银边草+天门冬+葱兰
		简化模式	凤凰木—花叶垂榕—金凤花—雪花木—葱兰
		最简模式	凤凰木—葱兰
5	观果型	完整模式	苹婆+洋蒲桃+铁冬青+树菠萝+桂木—阳桃+人心果—红果仔+石榴—南天竹+紫金牛+朱砂根—肾蕨—百香果（藤本）
		简化模式	洋蒲桃—阳桃—红果仔—肾蕨
		最简模式	洋蒲桃—肾蕨
6	棕榈类	完整模式	大丝葵+蒲葵—狐尾椰+霸王棕+银海枣+金山葵—三角椰+散尾葵+鱼骨葵+美丽针葵—红刺露兜+旅人蕉—鹤望兰—黄纹万年麻+丝兰+露兜草+小蚌兰+银边草+沿阶草
		简化模式	大丝葵—霸王棕—红刺露兜—金边万年麻—小蚌兰
		最简模式	大丝葵—沿阶草
7	竹类	完整模式	青皮竹+黄金间碧竹+佛肚竹+紫竹—多花红千层+夹竹桃+香水合欢+红绒球—菲白竹+小叶春羽+苣蕨+沿阶草+风雨兰
		简化模式	青皮竹—香水合欢—菲白竹+风雨兰
		最简模式	青皮竹—风雨兰
8	康体型群落	完整模式	香樟+尖叶杜英+白兰—柚子树+黄金香柳+桂花+鸡蛋花—车轮梅+红绒球+散尾葵+金边百合竹—九里香+鸳鸯茉莉+胡椒木+米兰+花叶狗牙花+紫苏+柠檬草—大叶油草
		简化模式	白兰—桂花+鸡蛋花—花叶狗牙花+紫苏+柠檬草—大叶油草
		最简模式	白兰—大叶油草

续表

序号	群落类型	群落配置模式举例	
9	浓荫型群落	完整模式	桃花心木＋小叶榕＋大叶榕＋橡胶榕＋菩提树—澳洲鸭脚木＋亚里垂榕＋桂花—非洲茉莉＋花叶狗牙花＋金脉爵床＋叉花草＋鸭脚木——叶兰＋白蝴蝶＋龟背竹＋肾蕨＋矮麦冬
		简化模式	橡胶榕—澳洲鸭脚木＋非洲茉莉＋金脉爵床—叉花草——叶兰＋肾蕨＋矮麦冬
		最简模式	橡胶榕—矮麦冬
10	耐水湿型（针叶）群落	完整模式	落羽杉＋池杉＋水松—千屈菜＋旱伞草＋再力花＋梭鱼草—狐尾藻＋菹草
		简化模式	落羽杉—千屈菜＋旱伞草—狐尾藻
		最简模式	落羽杉—狐尾藻
11	耐水湿型（阔叶）群落	完整模式	水翁＋水蒲桃＋串钱柳＋番石榴＋水石榕—木芙蓉＋翅荚决明—姜花＋紫花翠芦莉—狗牙根—花叶芦竹＋再力花＋水生鸢尾＋水生美人蕉—荷花＋睡莲
		简化模式	水翁—木芙蓉—姜花—狗牙根—水生鸢尾—睡莲
		最简模式	水翁—狗牙根—睡莲
12	抗风型群落	完整模式	异叶南洋杉＋红花天料木＋人面子—海南红豆＋鱼木—福木＋红刺露兜＋鱼骨葵—鸭脚木＋巴西野牡丹—银边山菅兰＋风雨兰
		简化模式	异叶南洋杉—鱼骨葵—巴西野牡丹—银边山菅兰
		最简模式	异叶南洋杉—风雨兰
13	耐盐碱型群落	完整模式	银叶树＋大叶榄仁＋黄槿＋水黄皮—血桐＋海芒果＋海巴戟—草海桐＋海滨木槿—海边月见草—马鞍藤—老鼠簕—卤蕨—秋茄＋红海榄＋桐花树＋木榄
		简化模式	大叶榄仁—血桐—草海桐—海边月见草—老鼠簕—秋茄
		最简模式	银叶树—马鞍藤—秋茄

粤港澳大湾区花境设计   表 9.5.6

设 计 要 点	植物品种选择
花境的特点在于模仿花卉植物的自然生长方式，常有众多品种汇聚于有限的空间内。 　1. 花境的定义：模拟自然界林地边缘地带多种野生花卉交错生长的状态，运用艺术设计的手法，将花卉植物按照色彩、高度、花期、质感等搭配在一起的种植形式。效果上，花境表现植物本身所特有的自然美，以及植物自然组合的群体美，高低错落，自然野趣，意境深远	1. 最上层植物 以花灌木及大型宿根花卉为主：香水合欢、赤苞花、红鸟蕉、黄鸟蕉、彩虹鸟蕉等 配衬植物：花叶拟美花、红花玉芙蓉、花叶狗牙花、蝶花荚蒾、钻石野牡丹、梦幻朱蕉、鹤望兰、花叶美人蕉等

设 计 要 点	植物品种选择
2. 花境的位置：即花境在总平面上的规划区域 3. 花境主题或风格：自然野趣、温馨浪漫、热带风情、色系主题等 4. 空间与游线 （1）分析场所特性 （2）把控主要视线来源 （3）根据人的活动特征组织游览路线；塑造花境的空间形态 5. 视觉感受：色系、色彩、色块、层次、材质、株型、季相等 6. 植物材料 （1）花色、花期、花序、叶型、叶色、质地、株型等主要观赏对象各不相同的各种植物 （2）应选择环境友好型植物，如蜜源植物、鸟饲植物、改善土壤肥力的植物等 （3）在选择植物时，要避免选择入侵性植物、自播能力强的植物 （4）控制时花与其他持久观赏植物的比例 （5）观赏草是让花境增添野趣、回归自然的好材料，同时也是与其他植物形成对比的元素	2. 骨架植物 佩兰、超级鼠尾草、非洲凌霄、紫花翠芦莉等 配衬植物：蓝金花、墨西哥鼠尾草、特丽莎香茶菜、飞燕草、金鱼草、醉蝶花、绣球花等 3. 中下层植物 紫罗兰、金鱼草、山桃草、穗花婆婆纳等 4. 收边（镶边）植物 六倍利、南非万寿菊、藿香、满天星、舞春花、五星花等、四色梼竹芋、矾根、花叶络石、天竺葵、禾叶大戟、丹麦风铃草、猫尾红等 5. 竖向线条点缀植物 双色野鸢尾、坡地毛冠草、七彩马尾铁、五彩马尾铁、朱顶红、狐尾天门冬等 6. 亮色植物 花叶拟美花、花叶狗牙花、红花玉芙蓉、芙蓉菊、梦幻朱蕉、花叶美人蕉、花叶鹅掌柴、金鱼草（亮黄色）、金叶木薯、金叶番薯、彩叶草（亮黄色）、南非万寿菊（白花）等

10 城市生态与水土保持

10.1 边坡生态防护

10.1.1 边坡分类

边坡分类表　　　　　　　　　　　　　　　　表 10.1.1

分类依据	边坡坡度	边坡高度	边坡岩土物质组成	边坡植物群落修复类型
类别	缓坡（≤30°）	低边坡（＜10m）	岩质	乔灌草型
	斜坡（30°～45°）	中边坡（10～20m）	土质	灌草型
	陡坡（45°～75°）	高边坡（＞20m）	岩土混合质	草本型
	特陡坡（＞75°）			灌藤型

10.1.2 边坡生态防护的一般规定

1）工程开挖或填筑形成的边坡，应在保证安全稳定的前提下，采取生态防护措施。

2）边坡生态防护设计应遵循以下原则：安全长效、因地制宜、乔灌草相结合、固氮与非固氮植物品种相结合、深根性与浅根性植物品种相结合、观花和观果植物品种相结合。

3）边坡生态防护类型应根据边坡高度、坡率及土壤理化性质选择，边坡生态防护技术的类型及适用范围可参考表 10.1.3.1-1。坡面情况复杂的，应针对边坡特性，采用边坡生态防护技术组合模型，可参考表 10.1.3.1-2。

10.1.3 边坡生态防护技术

10.1.3.1 边坡生态防护技术及适用范围

边坡生态防护技术及适用范围　　　　　　　　　　表 10.1.3.1-1

边坡生态防护技术名称	适用坡度	适用边坡类型
种子喷播技术	＜30°	土壤肥沃、湿润、侵蚀轻微的缓坡
客土种子喷播技术	＜45°	岩土质的缓坡或斜坡
栅栏栽植	＜45°	土砂堆积较厚的斜坡或缓坡
骨架植草技术	＜45°	土质、强风化岩石边坡
植生网、植生毯垫	＜45°	土壤贫瘠的岩质缓坡、斜坡
蜂巢格室护坡	＜60°	每级高度小于10m的边坡
挂网喷混植生	45°～70°	岩质陡坡

续表

边坡生态防护技术名称	适用坡度	适用边坡类型
生态袋	45°～70°	土壤贫瘠的岩质陡坡
植生盆	45°～70°	坚硬、不平整、裂隙和微地形丰富的岩质陡坡
栽植穴植苗	＜60°	岩质、混凝土陡坡
台阶式金属笼栽植	＞60°	岩质、混凝土陡坡或特陡坡
台阶栽植	＞60°	稳定陡坡或特陡坡
飘台种植槽	＞60°	中风化和微风化的岩质陡坡或特陡坡

边坡生态防护技术组合模型　　　　表 10.1.3.1-2

边坡类型	边坡特性				技术组合模型
	岩性	坡度	高度	风化程度	
硬质岩边坡	花岗岩、闪长岩、玄武岩、片麻岩、石英岩等	＜70°	＜30m	微风化、中风化	喷混植生＋植生盆
硬质高陡边坡		≥70°	≥30m	微风化	飘台种植槽＋喷混植生＋种植槽＋滴灌
软岩边坡	砂岩、红砂岩、泥岩等	＜70°	＜30m	中风化、强风化	客土喷播
软岩高陡边坡		≥70°	≥30m	微风化	喷混植生＋滴灌
土石混合边坡	夹砂石、块石等	＜70°	＜30m	—	喷混植生＋植苗
土石混合高边坡		≥70°	≥30m	—	喷混植生＋滴灌

10.1.3.2　边坡生态防护基础工程技术

坡面挂网工程技术　　　　表 10.1.3.2

类别		技术要求	规范依据
三维网	适用范围	适用于坡度≤30°的土质边坡	《边坡生态防护技术指南》SZDB/Z 31—2010第6.2.1条
	三维网规格	单位面积质量≥420g/m²，厚度≥14mm，最大抗拉力（纵横）≥3.2kN/m	
	坡面修整	铺三维网前，需人工整平坡面，清除石块、碎泥块、植物地上部分和其他可能引起网层在地面被顶起的障碍物	
	铺设三维网	在坡顶及坡底沿边坡走向开挖矩形沟槽，沟宽30cm，沟深不少于20cm，坡面顶沟离坡面30cm，用以固定三维网 铺设三维土工网时应力求平整，不打皱褶，顺坡铺设。网之间要重叠搭接，搭接宽度10cm 应采用U型钉或聚乙烯塑料钉，也可用钢钉固定三维网。钉长为20～45cm，松土用长钉，钉的间距一般为90～150cm（包括搭接处）	
镀锌铁丝网	适用范围	适合于坡度在30°～45°的土质平滑边坡	《边坡生态防护技术指南》SZDB/Z 31—2010第6.2.2条
	镀锌铁丝网规格	可采用镀锌或过塑铁丝网，φ2.0～3.0mm，网孔50mm×50mm	
	坡面修整	铺设之前，应清除坡面凸起的石块及其他杂物，保证坡面平整	
	铺设镀锌铁丝网	在坡顶处，铁丝网伸出坡顶500～800mm，用锚杆成品字形固定埋于土下，主锚杆φ14，L=1000mm～2000mm，助锚杆φ12，L=500mm～2000mm，主副锚杆间距1000mm间隔布置。铁丝网搭接处不少于150mm，并用镀锌铁丝扎牢，镀锌铁丝规格为φ2，接头拧紧，以连成整体网片结构。锚杆和铁丝网之间使用镀锌铁丝扎牢	

类　别		技 术 要 求	规范依据
土工格室	适用范围	适合于坡度＜60°的边坡	《边坡生态防护技术指南》SZDB/Z 31—2010第6.2.3条
	土工格室规格	采用强化的HDPE片材料，经高强力焊接而形成三维网状格室结构，抗拉强度≥150MPa，延伸率≤15%，网格尺寸250mm×250mm，格室高度150mm	
	坡面修整	铺设前，应平整坡面，清除坡面浮石、危石	
	铺设土工格室	根据边坡坡率的不同应采用不同单元组合形式。连接时，将未展开的土工格室组件并齐，对准相应的连接塑件，插入特制圆销，然后展开 应在坡面上按设计的锚杆位置放样，采用φ38—42钻杆进行钻孔，按要求进行冲孔，并在钻孔内灌注30号砂浆 锚杆应按设计要求定制，并除锈、涂防锈油漆，悬在坡面外的锚杆应套内径为φ25的聚乙烯软塑料管，管内所有的空间应用油脂充填，但不应密封 铺设时，应先在坡顶用固定钉或锚杆进行固定，然后用同样方法固定坡脚	
格梁工程	适用范围	浆砌石格梁适合于坡度＜45°的边坡，钢筋混凝土格梁适合于坡度＞45°的边坡	
	格梁形式	格梁形状可分为方格形、拱形、人字形三种	
	坡面修整	施工前，应按设计要求平整坡面，清除坡面危石、松土，填补坑凹	
	格梁砌筑	浆砌石格梁之前，应按设计要求在每条骨架的起点放控制桩，挂线放样，然后开挖骨架沟槽，其尺寸根据骨架尺寸而定 砌筑骨架时，应先砌筑骨架衔接处，再砌筑其他部分骨架，两骨架衔接处应处在同一高度 骨架的断面形式应为L形，骨架与边坡水平线成45°，左右相互垂直铺设，方格间距3～5m 在骨架底部及顶部和两侧范围内，应用水泥砂浆砌片镶边加固 施工时应自上而下逐条砌筑骨架，骨架应与边坡密贴，骨架流水面应与草皮表面平顺 格梁工程整体应使用长60～200cm的锚杆进行加固，以防工程崩塌变形	
石笼工程	适用范围	适用于缓坡、坡体渗水或涌水出现较多的坡面，常用台阶状石笼稳定坡脚，防止坡体崩塌或滑坡	《边坡生态防护技术指南》SZDB/Z 31—2010第6.2.4条
	坡面修整	施工前，应清除地表杂草、松软土体	
	镀锌铁丝规格	石笼网应使用镀锌铁丝线，外层包裹PVC防护材料 镀锌铁丝线的直径应不小于2.7mm，外层应包裹厚度不小于0.5mm的PVC防护材料，外径尺寸不小于3.7mm 骨架框线筋应使用内径不小于3.0mm，外皮包裹0.5mm厚度PVC防护材料的铁丝线 捆绑各石笼的铁丝连接线的要求和石笼网线一致 石笼网网孔线和捆绑线均应具有372～470MPa的抗拉强度，石笼网线应具有较好的延伸率，其延伸率不小于12‰；PVC保护层厚度在0.5mm以上，抗拉强度至少达到20MPa，延伸率不小于180%	
	填充石块规格	所有作为石笼内填筑材料的石材必须质地坚硬，其抗压强度应不小于30MPa，且表面洁净，有圆角，耐久且抗风化性强，直径应在150～250mm之间，但根据需要可以允许5%左右超过或小于规定尺寸的石料	
	组装要求	施工时，应按设计图进行组装定形，在整理好的土坡上或开挖好的基坑上铺设，铺成护坡或砌垒成箱笼挡土墙，灌进填充石块和少量土壤，最后加上盖网	

10.1.3.3 植被培育技术

喷播类植被培育技术   表 10.1.3.3-1

类 别		技 术 要 求	规范依据
种子喷播技术	适用范围	适用于坡度≤30°且土壤肥沃、湿润、侵蚀轻微的低缓边坡	《边坡生态防护技术指南》SZDB/Z 31—2010 第 6.3.1 条
	坡面修整	施工前，应清除坡面上的垃圾、碎石，平整坡面，在坡面上等高开挖宽度为 20cm 的横沟，以方便草种的扎深生长	
	种子准备	喷播前，应将适生的灌木和草本种子、纸纤维、土壤改良剂、复合肥、水等按比例进行搅拌，应根据测试的土壤肥力状况，配以草坪植物种子萌发和幼苗前期生长所需要的营养元素，可采用多元复合肥调节	
	喷播种子	采用高压泵或喷草机加压喷射混合浆料。均匀地喷射到土壤表面，形成一层约 1cm 厚的膜状结构	
	灌溉	应将种子喷播技术与节水微灌技术相结合，以保证植物对水分的需求	
客土种子喷播	适用范围	适合于坡度≤45°的土石混合或风化岩边坡	《边坡生态防护技术指南》SZDB/Z 31—2010 第 6.3.2 条
	坡面修整	施工前，应使坡面尽量平整，倾斜一致 应清除坡面杂物，包括突出坡面的石块（挖方边坡大块突石可视具体情况妥善处理），以确保坡面平整 较疏松的土石质边坡，应压实坡面，确保坡面稳定 比较光滑的边坡，应在坡面上打小穴或横向开槽，增加其粗糙程度，以使三维网和泥浆附着坡面，防止泥浆层下滑	
	种子准备	土壤采用过筛细土，且含有在 1～2 年间抗蚀性强的材料 喷播混合物主要含：壤土、草炭、纤维材料、堆肥、复合肥、合成树脂、先锋乔灌木和草本的种子	
	铺设三维网	参见表 10.1.3.2 中"铺设三维网"内容	
	锚钉	在坡顶及三维网搭接处用主锚钉（ϕ6mm 的 U 形钢钉）固定，其中坡顶布置一行，锚钉纵向间距约为 50cm；坡面三维网搭接处布置一行，锚钉间距约 100cm；在坡其余位置按约 100cm×100cm 布置铺锚钉；对个别不平顺的坡面应增设锚钉，以保证三维网紧贴坡面。在锚杆固定时，应使网贴紧坡面，避免出现空网包	
	喷播种子	喷播时，应将灌木与草本种子和促使其生长的附着剂、纸纤维、复合肥、保湿剂及水按一定比例混合搅拌，形成均匀混合浆，并应符合下列要求： （1）喷播灌草须采用专门的液压喷播机械进行施工 （2）边坡的草籽配方应以喷播植草设计为准，并根据不同气候特点和土壤性质对灌木与草本种子比例作相应调整 三维网喷播灌草施工完成之后，应在边坡表面覆盖无纺布，并进行定期养护管理。养护内容包括浇水、施肥、补种、除杂草、防治病虫害	
	灌溉	应将客土喷播技术与节水微灌技术相结合，以保证植物对水分的需求	
挂网喷混植生	适用范围	适用于坡度 45°～70°，土石混合或岩质边坡	《边坡生态防护技术指南》SZDB/Z 31—2010 第 6.3.3 条
	坡面修整	施工前，应清理边坡上的碎石杂物，特别是浮石、浮土，同时对边坡作简易修整，只对特别凸的地方进行修整，保证边坡的稳定性和挂网的可操作性 应在坡面每 8～10m 设置一条横向排水沟，在边坡四周、马道及边坡的纵向每 30～50m 设置跌水沟	

类　别		技 术 要 求	规范依据
挂网喷混植生	镀锌铁丝网规格	参见表 10.1.3.2 中"镀锌铁丝网规格"内容	《边坡生态防护技术指南》SZDB/Z 31—2010 第 6.3.3 条
	客土喷播	对坡面进行客土喷播，喷播厚度 80 ～ 120mm，平均厚度 100mm。喷播基材要求：泥土总比率 75%，复合肥、过磷酸钙、有机肥总比率 9%，有机质（谷壳、木糠、玉米芯等）、纤维（木纤维或者草纤维）总比率为 10%，黏结剂（42.5 水泥）总比率为 5%，添加剂（植被混凝土、生物菌、调节基质 pH 值）总比率 1%	
	种子喷播	基质材料喷射完毕后，加入种子进行基质面层喷射，厚度 3 ～ 4cm，种子选用草种、灌木种混播	
	坡面覆盖	施工后坡面覆盖无纺布进行养护，从上至下进行铺盖。用竹签或 U 形钉固定，注意保持搭界。无纺布的覆盖起到保水保温的作用并防止发芽期雨水对坡面的冲刷。无纺布的覆盖待苗出齐后方可揭除，无纺布规格 15g/m²	
	灌溉	应将挂网喷混植生技术与节水微灌技术相结合，以保证植物对水分的需求	

工程类植被培育技术　　　　　　　　　　　　　　　　　　表 10.1.3.3-2

类　别		技 术 要 求	规范依据
植生袋	适用范围	适用于堤岸边坡、防护墙和土壤贫瘠的硬岩的生态恢复	《边坡生态防护技术指南》SZDB/Z 31—2010 第 6.3.5 条
	坡面修整	施工前应进行边坡清理：应清理坡面上的杂物，对于坡面出现凹陷区域的采取填植生袋进行处理，保证坡面沿断面方向平顺	
	植生袋规格	植生袋采用针刺无纺布，经单面点状烧结和表面起绒工艺制成，且满足以下条件：单位质量 140g/m²，断裂强度（即拉伸强度）＞ 4.5kN/m，CBR 顶破强力＞ 800N；检测其抗 UV 紫外线及力学参数应达到如下要求：使用灰标等级 4 ～ 5 级的强光照射 500 小时后，拉力强度仍然在 90% 以上（根据 ISO 105-A02，灰标等级评定是在标准光源 D65 下评定，5 级最好，1 级最差）；垂直渗透系数：1.82×10⁻¹；等效孔径 095 ＞ 0.16mm 植生袋规格为 400mm×810mm；填充压实后尺寸：380mm（宽）×550mm（长）×100mm 厚	
	填充营养土	植生袋填充营养土，采用当地土壤、生物有机肥按体积比 8：2 配比，每立方土添加尿素 0.158 ～ 0.2kg，过磷酸钙 0.20 ～ 0.25kg，充分搅拌均匀；当地土壤，要求土壤酸碱适中，排水良好，疏松肥沃，不含建筑和生活垃圾，且无毒害物质。其中生物有机肥为农业废弃物有机肥或者畜禽粪便或者两者混合物	
	植生袋堆叠	植生袋堆叠摆放时，上下层的竖缝要错开，植生袋与植生袋间使用标准扣进行连接，每摆放一层植生袋均使用机械夯实或人工压板踩踏压实，保证结构稳定性；扎口带和线缝结合处靠内摆放或尽量隐蔽，以达到整齐美观的效果	
	种子喷播	参见表 10.1.3.3-1 中"种子喷播技术"内容	
	坡面覆盖	参见表 10.1.3.3-2 中内容	
	灌溉	应将植生袋技术与节水微灌技术相结合，以保证植物对水分的需求	

类　别		技术要求	规范依据
植生盆	适用范围	适用于岩石坚硬、岩面不平整、裂隙和微地形充分发育的岩质边坡，最适宜坡度为50°左右	《边坡生态防护技术指南》SZDB/Z 31—2010 第6.3.7条
	坡面修整	施工前，应修整边坡，清理松石，当坡面具有残存植物时，在不妨碍施工的情况下应尽量保留	
	坡面设置	人工植生盆的设置应依坡面地形的起伏来确定，选在微地形坡面凹处构建	
	植生盆构造	利用微凹地形建造植生盆时，应在微凹口外侧人工开拓平台，用浆砌块石砌筑或砖砌植生盆，一般要求直径大于50cm，深度大于50cm，挡土墙厚度15～30cm；植生盆密度应为100m² 建6～40个	
	种植土	在每一植生盆内填上占3/4体积的种植土。种植土成分为种植壤土、复合肥、保水剂、泥炭土相结合	
	植物配置	植生盆技术需与其他技术相结合以构建乔灌草完整的群落结构。在选择乔灌木的种类时，应注意深根和浅根植物相结合，尽量选择不同的物种	
	灌溉	应将植生盆技术与节水微灌技术相结合，以保证植物对水分的需求	
飘台种植槽	适用范围	适用于坡度≥60°的中风化和微风化的石质边坡	《边坡生态防护技术指南》SZDB/Z 31—2010 第6.3.9条
	坡面修整	施工前，应修整边坡，清理松石，当坡面具有残存植物时，在不妨碍施工的情况下应尽量保留	
	飘台种植槽构造	现浇飘台种植槽板时，沿水平方向按一定密度锚入锚杆，锚杆与水平方向成45°的角度，并加横筋，形成种植槽的钢筋骨架。在钢筋骨架下安装模板，用C20混凝土现浇种植槽，要求种植槽与岩面完全密封，按上下间距每隔2～2.5m拉一条水平线，每隔40cm，用1：2水泥砂浆进行锚固。然后，用φ6钢材加横筋，用铁丝扎牢。用C20混凝土现浇种植槽，种植槽的规格为宽450mm、厚50mm，质量要求横平竖直	
	种植土	将营养土填入槽内，应含有较多的有机质，保水、保肥、透气，有良好的团粒结构	
	植物配置	按一定株距栽种选定的苗木并在表层撒种，采用灌木、藤本植物组合。靠石壁内种植爬藤类，种植间距为20cm，外侧每隔50cm栽植一株灌木袋苗	
	灌溉	应将飘台种植槽技术与节水微灌技术相结合，以保证植物对水分的需求	

10.1.3.4 播种技术的种子选择与用量

1）植物应选择适应边坡所在地气候的品种，尤其要选择抗旱性、抗逆性强的物种。

2）岩质边坡进行喷混植生时应以草本和灌木植物为主，若边坡位于景观性要求较高的市区、交通要道，应加入一定比例的花草种子，并人工补植开花的乔灌木，提高景观效果。

3）植物种子的播种量应根据公式 A.1 进行计算：

$$W = G（1 + Q）\times S/（1000P \times B） \quad \cdots\cdots\cdots\cdots\cdots\text{A.1}$$

式中：

W——每平方米经发芽修正后的播种量，g/m^2；

P——种子纯度，%；

G——期望成活株数，株/m^2；

B——种子发芽率，%；

S——种子的千粒重，g；

Q——发芽障凝修正系数，%。

4）喷混植生的常用植物种子用量配比可参考表 10.1.3.4。

喷混植生的植物品种及其种子用量配比   表 10.1.3.4

植物种类	使用量（g/m^2）	占种子用量百分比（%）
百喜草（*Paspalum notatum*）	21	70
狗牙根（*Cynodon dactylon*）	6	20
假俭草（*Eremochloa ophiuroides*）	1.5	5
山毛豆（*Tephrosia candida*）	1.5	5
合　计	30	100

10.2　排水沟

10.2.1　排水沟设计的一般规定

1）生产建设项目水土保持工程设计排水标准不应小于 10 年一遇短历时暴雨。

2）排水沟的数量、尺寸及布设位置应满足收集、排出场地汇水的客观要求。

3）排水路径宜根据项目区的地形和周边排水排洪能力，就近接驳周边原有排水通道。

4）排水沟设计流速偏大时，应在排水沟底部设置消力设施或挡埝降低流速。

5）排水设施应及时进行清淤和维护。排水设施应在泥沙淤积深度达到总深度的 50% 前清疏，并在每次暴雨前后及时清疏。

10.2.2　排水布局

1）根据汇流方向、汇流面积，合理设计干沟、支沟排水布局。

2）生产建设项目排水布局宜设置多个汇流出口，分散排水，除基坑外场地最大排水单元面积应小于 0.5hm²，场地坡度大于 25° 时最大排水单元面积应小于 0.4hm²。

3）多个排水单元设置一个排水出口时，每个单元宜从上游至下游分别设计排水沟，下游单元的排水沟汇流面积为本单元的汇流面积与上游各汇流单元汇流面积之和。

4）排水沟过路时应采用涵管形式。

5）当排水路径存在高差无法连通时，高处排向低处可使用跌水沟、管道连接，低处排向高处可使用抽排方式。

10.2.3 排水沟分类及适用范围

排水沟分类表   表 10.2.3

类型	推荐材质	适用范围				备注
		干沟/支沟	流速	承接汇流面积	施工扰动程度	
硬质排水沟	混凝土排水沟	—	≤6.0m/s	—	—	边坡截排水，场地排水干沟
	浆砌石排水沟	—	≤4.0m/s	—	—	
	灰砂砖排水沟	—	≤2.5m/s	—	—	
生态排水沟	植草砖排水沟	—	≤1.8m/s	≤1.5hm²	小	道路、园区排水边沟，需要蓄滞地面雨水的排水设施
	植生袋排水沟	—	≤1.8m/s	≤1.5hm²	小	
	生态草沟	—	≤1.5m/s	≤1hm²	小	
简易排水沟	喷混凝土或抹浆简易排水沟	支沟	≤2.0m/s	≤0.5hm²	小	生产建设项目施工期临时排水
	土工布简易排水沟	支沟	≤1.5m/s	≤0.5hm²	小	

注：（1）"—"表示无限制；
    （2）本表引自《深圳市生产建设项目水土保持技术规范》DB 4403/T 34—2019 附录 A

10.2.4 排水沟技术措施

排水沟技术措施   表 10.2.4

类 别		技 术 要 求	规范依据
浆砌石排水沟	断面尺寸	可采用梯形、弧形或矩形断面	《水土保持工程设计规范》GB 51018—2014 第 11.4 条
	弯道曲率半径	弯道曲率半径应大于该弯道段水面宽度的 2.5 倍	
	砌筑材料	块石强度为 MU30，块石最小厚度大于 150mm，用 M7.5 水泥砂浆砌筑，用 1:2 水泥砂浆抹面	
混凝土排水沟	断面尺寸	可采用梯形或矩形断面	《水土保持工程设计规范》GB 51018—2014 第 11.4.7 条
	弯道曲率半径	弯道曲率半径应大于该弯道段水面宽度的 2.5 倍	
	混凝土要求	采用 C30 混凝土现场浇筑，钢筋混凝土的配筋按《混凝土结构设计规范》GB 50010—2010 执行	
砖砌排水沟	断面尺寸	一般采用矩形断面	《水土保持工程设计规范》GB 51018—2014 第 11.4 条
	弯道曲率半径	弯道曲率半径应大于该弯道段水面宽度的 2.5 倍	
	砌筑材料	灰砂砖强度为 MU10，用 M7.5 水泥砂浆砌筑，用 1:2 水泥砂浆抹面	
植草砖及植生袋排水沟	断面尺寸	可采用梯形、弧形断面	《深圳市生产建设项目水土保持技术规范》DB 4403/T 34—2019 附录 A
	弯道曲率半径	弯道曲率半径应大于该弯道段水面宽度的 3 倍	
	砌筑材料	植草砖是具有一定厚度和强度、内部中空的混凝土砌体，按排水沟的断面形式填筑。草的种子和土壤填充在混凝土砌体内萌发，形成草沟。植生袋材料参照表 10.1.3.3-2 中植生袋规格，将植生袋按排水沟的断面形式填筑，草的种子和土壤填充在植生袋内萌发，形成草沟	

续表

类	别	技 术 要 求	规范依据
生态草沟	断面尺寸	可采用梯形或弧形断面，最小内坡比可按简易排水沟的最小内坡比取值	《深圳市生产建设项目水土保持技术规范》DB 4403/T 34—2019 附录 A
	弯道曲率半径	弯道曲率半径应大于该弯道段水面宽度的 5 倍	
	砌筑材料	在沟底及沟壁采用铺草皮或撒播草籽，形成草沟	
简易排水沟	断面尺寸	宜采用梯形断面，内坡比根据开挖深度、沟槽土质及地下水情况，经稳定分析后确定	
	弯道曲率半径	弯道曲率半径应大于该弯道段水面宽度的 5 倍	
	降流速措施	排水沟内可用碎石袋、沙袋间段布置拦截泥沙并降低流速	
	砌筑材料	排水沟使用期大于 1 年的，表面应做喷混凝土或混凝土抹面处理；使用期在 1 年以内的，表面应铺防水土工布、沙袋压边处理	
跌水沟	弯道曲率半径	采用矩形断面，跌水沟宽度不宜小于 0.5m	《水土保持工程设计规范》GB 51018—2014 第 11.4.5 条
	消能防冲措施	沟内设置台阶消能，每层高度宜取 0.2～0.5m，跌水沟末端宜做消能池	
	砌筑材料	浆砌石、混凝土、灰砂砖等，参照排水沟砌筑材料相应要求	

10.2.5 排水沟水文计算

1）设计洪峰流量计算

（1）当生产建设项目施工期涉及山体汇水或汇水排入河道、沟渠等自然水系时，采用水利经验公式计算洪峰流量。

① 汇水面积小于 0.1km² 的集水区，洪峰流量计算采用公式 A.2 计算。

$$Q_m = 0.278K \times I \times F \qquad\qquad \text{………………A.2}$$

式中：

Q_m——洪峰流量，单位为立方米每秒（m³/s）；

K——与频率 P 有关的洪峰径流系数，$P = 5\%$ 时，取 0.75；$P = 2\%$ 时，取 0.80；

I——1 小时设计雨量，单位为毫米（mm）；

F——集水面积，单位为平方千米（km²）。

② 汇水面积大于 0.1km²、小于 10km²，洪峰流量计算采用广东省洪峰流量经验公式，计算公式如下：

$$Q_m = C_2 \times H_{24P} \times F^{0.84} \qquad\qquad \text{………………A.3}$$

式中：

C_2——与频率 P 有关的流量系数，$P = 5\%$ 时，取 0.046；$P = 2\%$ 时，取 0.050；

H_{24P}——24 小时设计雨量，单位为毫米（mm）。

③ 汇水面积大于 10km²，洪峰流量计算参照《广东省暴雨径流查算图表使用手册》中的综合单位线法。

（2）当生产建设项目施工期排水出口为市政雨水管网时，采用市政经验公式计算洪峰流量。

$$Q_m = \frac{1}{1000} \phi \times q \times F \qquad\qquad \text{………………A.4}$$

式中：

　　q——设计暴雨强度，单位为升每秒公顷（L/s·hm²）；

　　ϕ——径流系数，其值参考表 10.2.5-1 选取；

　　F——汇水面积，单位为公顷（hm²）。

　　2）排水沟断面设计

　　（1）排水沟断面 A 根据设计频率、洪峰流量，按公式 A.5 计算：

$$A = \frac{Q_m}{C\sqrt{Ri}}$$ ·················A.5

式中：

　　A——排水沟断面面积，单位为平方米（m²）；

　　Q_m——设计洪峰流量，单位为立方米每秒（m³/s）；

　　C——谢才系数；

　　R——水力半径，单位为米（m）；

　　i——沟底比降

　　（2）R 值按公式 A.6 计算：

$$R = A/\chi$$ ·················A.6

式中：

　　R——水力半径，单位为米（m）；

　　A——排水沟断面面积，单位为平方米（m²）；

　　χ——湿周，即过水断面上水流所湿润的边界长度，单位为米（m）。

　　（3）C 值按公式 A.7 计算：

$$C = (1/n) \times R^{(1/6)}$$ ·················A.7

式中：

　　n——排水沟壁粗糙系数，其值按照表 10.2.5-2 选取。

径流系数 ϕ 参考值　　　　　　　　　　　　　　　　表 10.2.5-1

地表种类	径流系数	地表种类	径流系数
沥青混凝土路面	0.95	起伏的山地	0.60～0.80
水泥混凝土路面	0.90	细粒土坡面	0.40～0.65
粒料路面	0.40～0.60	平原草地	0.40～0.65
粗粒土路面	0.10～0.30	一般耕地	0.40～0.60
陡峻的山地	0.75～0.90	落叶林地	0.35～0.60
硬质岩石坡面	0.70～0.85	粗砂土坡地	0.10～0.30
软质岩石坡面	0.50～0.75	卵石、块石坡地	0.08～0.15

注：本表引自《水土保持工程设计规范》GB 51018—2014 中的 A.4.1-1

排水沟（管）壁的粗糙系数（n 值）　　　　　　　　表 10.2.5-2

排水沟（管）类别	粗糙系数	排水沟（管）类别	粗糙系数
塑料管（聚氯乙烯）	0.010	植草皮明沟（$v = 1.8$m/s）	0.050～0.090

续表

排水沟（管）类别	粗糙系数	排水沟（管）类别	粗糙系数
石棉水泥管	0.012	浆砌石明沟	0.025
铸铁管	0.015	浆砌片石明沟	0.032
波纹管	0.027	水泥混凝土明沟（抹面）	0.015
岩石质明沟	0.035	水泥混凝土明沟（预制）	0.012
植草皮明沟（$v = 0.6$m/s）	$0.035 \sim 0.050$		

注：本表引自《水土保持工程设计规范》GB 51018—2014 中的附录 A.4.2-2

10.3 沉沙池

10.3.1 沉沙池布设原则

1）沉沙池的位置选择应根据地形有利、岩性良好（无裂缝、沙砾层等）、工程量小、施工方便等条件确定。沉沙池应布设在水流速度小的场地。

2）沉沙池宜布设在排水沟末端或拐角处。排水出口处应布设多级沉沙池，不应使用简易沉沙池。排水沟沿线沉沙池的分布与数量应根据项目区径流泥沙控制目标、蓄排关系等原则，因地制宜具体确定。

3）沉沙池宜根据项目区地形，优先选择现状或者设计池塘、人工湖、低洼地作为自然沉沙池使用。

4）生产建设项目汛期施工时，征占地单位面积内沉沙池的容量之和不应小于 100m³/hm²；非汛期施工时，征占地单位面积内沉沙池的容量之和不应小于 50m³/hm²。

5）沉沙池宜采用灰砂砖、浆砌石、（钢筋）混凝土结构，场地平缓、汇流面积小的场地可采用土池铺设防水土工布构筑或沙袋衬护构筑的简易沉沙池。

10.3.2 沉沙池分类

沉沙池分类表 表 10.3.2

类 型	推荐材质	使用时长	承接汇流面积
硬质沉沙池	（钢筋）混凝土沉沙池	—	—
	浆砌石沉沙池	—	—
	灰砂砖沉沙池	—	—
简易沉沙池	沙袋衬护简易沉沙池	≤ 0.5a	≤ 0.5hm²
	土工布简易沉沙池	≤ 0.5a	≤ 0.5hm²
自然沉沙池	—	—	—

注：（1）"—"表示无限制；
（2）本表引自《深圳市生产建设项目水土保持技术规范》DB 4403/T 34—2019 附录 B

10.3.3 沉沙池设计

1）沉沙池深度宜取 $1.0 \sim 2.0$m，简易沉沙池深度不宜超过 1.5m；沉沙池长度不宜小于 2m、宽度不宜小于 1m。有场地条件的项目可适当加大加宽沉沙池尺寸。

2）沉沙池尺寸大小可通过泥沙量、沉沙池容量、设计流量等进行推算。

（1）沉沙池泥沙量采用公式 A.8 估算：

$$W_s = \lambda \times M_s \times \frac{F}{\gamma_c}　　　　\cdots\cdots\cdots\cdots\cdots\text{A.8}$$

式中：

W_s——进入沉沙池的总泥沙量，单位为 m^3；

λ——输移比，单位 1/a，取 0.45；

M_s——场地平均土壤侵蚀模数，单位为 $t/（km^2 \cdot a）$；

F——为各沉沙池的控制集雨面积，单位为 km^2；

γ_c——为泥沙的密度，单位为 t/m^3，一般取 $1.2t/m^3$。

（2）沉沙容积采用公式 A.9 估算：

$$V_S = \varphi \times \frac{W_s}{N}　　　　\cdots\cdots\cdots\cdots\cdots\text{A.9}$$

式中：

φ——沉沙效率，单位为 %；

N——每年的清淤次数；

V_S——沉沙池有效沉沙容积，单位为 m^3。

（3）沉沙池长宽比（L/B）宜取 1.3～3.5，沉沙池长度和宽度可根据沉沙池面积大小确定。沉沙池面积大小采用公式 A.10 计算：

$$S = K_1 \times \frac{Q_m}{\omega_D}　　　　\cdots\cdots\cdots\cdots\cdots\text{A.10}$$

式中：

S——沉沙池面积，单位为 m^2；

K_1——水流的紊动、水质等因素的影响系数；

Q_m——设计洪峰流量，单位为 m^3/s；

ω_D——某一粒径的泥沙在静水中沉降速度，单位为 m/s，取值参考 GB 50288—1999 中的附录 D。

（4）沉沙池深度计算如公式 A.11：

$$H = \frac{V_S}{S} + H_p + H_0　　　　\cdots\cdots\cdots\cdots\cdots\text{A.11}$$

式中：

H——沉沙池深度，单位为 m；

H_p——泥沙有效沉降设计净水深，单位为 m；其中 $H_p = H_1 + H_b$，H_1 是沉沙池出口连接段排水沟水深，H_b 是指沉沙池连接段排水沟沟底以下沉沙池净水深，一般要求 $H_b \geqslant 0.25m$；

H_0——设计水位线以上超高，单位为 m，一般取 0.3～0.4m。

10.3.4　沉沙池的清疏

1）沉沙池应在有效沉沙空间不足 50% 时清疏。

2）沉沙池应每个月定期清疏一次，每次暴雨前后应及时进行清疏。

11 海绵城市与低影响开发

11.1 总则

海绵城市是指城市像海绵具有"弹性",下雨时吸水、渗水、净水,需要时将水适时"释放",实现雨水在城市区域的渗透、积存、净化和利用,有利于城市生态与环境修复。通过加强城市规划建设管理,充分发挥建筑、道路和绿地、水系等生态系统对雨水的吸纳、蓄渗和缓释作用,有效控制雨水径流,实现自然积存、自然渗透、自然净化的城市发展方式。

11.2 术语

海绵城市相关术语

表 11.2

概　念	内　容	依　据
低影响开发	低影响开发(Low Impact Development, LID)是指在场地开发过程中采用源头、分散式措施维持场地开发前的水文特征。其核心是维持场地开发前后水文特征不变,包括径流总量、峰值流量、峰值时间等。广义的低影响开发是指城市开发建设过程中采用源头消减、中途传输、末端调蓄等多种手段,通过渗、滞、蓄、净、用、排等多种技术,实现城市良性循环,提高对径流雨水的渗透、调蓄、净化、利用和排放能力,维持或恢复城市的"海绵"功能	《海绵城市建设技术指南(201410)》第2.2节
雨水回收利用	雨水回收利用(rain utilization)是利用一定的集雨面作为水源,经过适宜的处理并达到一定的水质标准后,再通过管道输送或现场使用方式予以利用的全过程	《低影响开发雨水综合利用技术规范》SZDB/Z 145—2015 第3.2节
年径流总量控制率	雨水通过自然和人工强化的渗透、储存、蒸发(腾)等方式,场地内累计全年得到控制(不外排)的雨量占全年总降雨量的百分比	《海绵城市建设技术指南(201410)》附录A
面源污染总消减率	雨水经过预处理措施和低影响开发设施物理沉淀、生物净化等作用,场地内累计一年得到控制的雨水径流污染物总量占全年雨水径流污染物总量的比例	《深圳市房屋建筑工程海绵设计规程》SJG 38—2017 第2.0.3条
非工程性低影响开发技术	在其他专业设计中融入低影响开发理念,使其既有助于实现低影响开发设计目标,又不影响其他专业的设计功能的技术措施,包括下沉式绿地、减少不透水面设计等	《低影响开发雨水综合利用技术规范》SZDB/Z 145—2015 第3.10条
工程性低影响开发设施	为实现低影响开发设计目标而专门设计建造的人工设施的总称,包括雨水花园、入渗设施、过滤设施、绿色屋顶等	《低影响开发雨水综合利用技术规范》SZDB/Z 145—2015 第3.11条

11.3　低影响开发设计目标及过程

11.3.1　低影响开发设计目标

通过海绵城市建设，综合采取"渗、滞、蓄、净、用、排"等措施，最大限度地减少城市开发建设对生态环境的影响，将 70% 的降雨就地消纳和利用，条件较好的地区力争不低于 75%。到 2020 年，除特殊污染源、地质灾害易发区外，城市建成区 20% 以上的面积达到目标要求；到 2030 年，城市建成区 80% 以上的面积达到目标要求。（注：摘自《深圳市海绵城市规划要点和审查细则》）

11.3.2　低影响开发设计过程

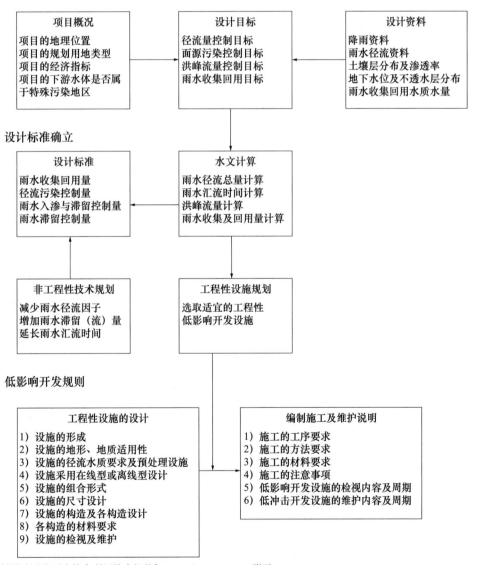

注：摘自《低影响开发雨水综合利用技术规范》SZDB/Z 145—2015 附录 A

11.3.3　低影响开发雨水系统的设计

低影响开发雨水系统的设计

表 11.3.3

类　别	技 术 要 求	出处
建筑与居住区	雨水下渗应符合下列规定： （1）存在特殊污染风险的工业厂区、加油站等处不宜建设雨水入渗设施，以避免地下水污染风险 （2）雨水入渗不应引发地质灾害及损害建筑物安全	《深圳市房屋建筑工程海绵设计规程》SJG 38—2017 第 5.1.3 条
	道路径流雨水进入绿地内的低影响开发设施前，应利用沉淀池、前置塘等对进入绿地内的径流雨水进行预处理，防止径流雨水对绿地环境造成破坏。有降雪的城市还应采取措施对含融雪剂的融雪水进行弃流，弃流的融雪水宜经处理（如沉淀等）后排入市政污水管网	《海绵城市建设技术指南（201410）》第 4.3 节
	具渗透、滞留性能的海绵设施不应对邻近的建（构）筑物、道路或管道等基础及建筑（含地下空间）外墙等产生不利影响。雨水入渗设施水平距离建筑物基础不宜小于 3m（采取有效防护措施的除外）	《深圳市房屋建筑工程海绵设计规程》SJG 38—2017 第 5.3.10 条
市政道路与广场	城市道路绿化带内低影响开发设施应采取必要的防渗措施，防止径流雨水下渗对道路路面及路基的强度和稳定性造成破坏	《海绵城市建设技术指南（201410）》第 4.4 4.5 节
城市绿地	周边区域雨水径流进入城市绿地内的生物滞留设施、雨水湿地前，应利用沉淀池、前置塘、植草沟和植被过滤带等设施对雨水径流进行预处理	
河流水系	城市建设过程中应保护河流、湖泊、湿地、坑塘、沟渠等水生态敏感区，并结合这些区域及周边条件（如坡地、洼地、水体、绿地等）进行低影响开发雨水系统规划设计	《海绵城市建设技术指南（201410）》第 3.3.1 节、第 3.3.3 节
	优先通过分散、生态的低影响开发设施实现径流总量控制、径流峰值控制、径流污染控制、雨水资源化利用等目标，防止城镇化区域的河道侵蚀、水土流失、水体污染等	
	城市开发建设过程中应落实城市总体规划明确的水生态敏感区保护要求，划定水生态敏感区范围并加强保护，确保开发建设后的水域面积不小于开发前，已破坏的水系应逐步恢复	

11.4　技术指标

技术指标

表 11.4

规划层级	控制目标与指标	赋值方法	出处
城市总体规划、专项（专业）规划	控制目标 年径流总量控制及其对应的设计降水量	年径流总量控制率目标选择，可通过统计分析计算得到年径流控制率及其对应的设计降水量	《海绵城市建设技术指南（201410）》第 3.4.2 节
详细规划	综合指标 单位面积控制容积	根据总体规划阶段提出的年径流总量控制率目标，结合各块绿地率等控制指标，计算各地块的综合指标、单位面积控制容积	

规划层级	控制目标与指标	赋值方法	出处
专项规划	单项指标 （1）下沉式绿地率及其下沉深度 （2）透水铺装率 （3）绿色屋顶率 （4）其他	根据各地块的具体条件，通过技术经济分析，合理选择单项或组合控制指标，并对指标进行合理分配。指标分解办法： 方法1：根据控制目标和综合指标进行试算分解； 方法2：模型模拟	《海绵城市建设技术指南（201410）》第3.4.2节

注：1. 下沉式绿地率＝广义的下沉式绿地面积／绿地总面积。广义的下沉式绿地泛指具有一定调蓄容积（在以径流总量控制为目标进行目标分解或设计计算时，不包括调节容积）的可用于调蓄径流雨水的绿地，包括生物滞留设施、渗透塘、湿塘、雨水湿地等；下沉深度指下沉式绿地低于周边铺装地面或道路的平均深度，下沉深度小于100mm的下沉式绿地面积不参与计算（受当地土壤渗透性能等条件制约，下沉深度有限的渗透设施除外），对于湿塘、雨水湿地等水面设施系指调蓄深度；
2. 透水铺装率＝透水铺装面积／硬化地面总面积；
3. 绿色屋顶率＝绿色屋顶面积／建筑屋顶总面积；
4. 本表摘自《海绵城市建设技术指南（201410）》3.4.2

11.5 低影响开发规划

11.5.1 非工程性技术规划

非工程性技术规划　　　　表 11.5.1

技术类别	技术要求	规范依据
非工程性低影响开发技术规划要求	建设项目区域范围内综合径流因子最小 在满足防洪排涝条件下汇流时间最长 雨水滞留（流）量最大 面源污染负荷产生量最小	《低影响开发雨水综合利用技术规范》SZDB/Z 145—2015第8.1节
宜采用的非工程性低影响技术	减少不透水面面积 隔断不透水面 改良土壤 绿化提升	
地下建筑覆土层	宜利用地下建筑顶面覆土层实现雨水渗透	
延长雨水汇流时间技术	减缓透水面坡度 采用草沟排水	
下沉式绿地	宜采用下沉式绿地滞留和入渗雨水，路面宜高于下沉式绿地100～150mm，并应确保雨水顺畅流入下沉式绿地 雨水口宜设在下沉式绿地内，其顶面标高宜低于路面30～50mm 雨水在进入下沉式绿地或水体前，应采用工程性设施处理初期雨水径流	
水体	宜利用建设项目区域内的水体滞留（流）雨水。水体应设计常水位和溢流水位	

11.5.2 工程性设施规划

低影响开发工程性设施可从下列类型中选择：雨水回收利用、雨水花园、透水铺装、绿色屋顶、植被草沟、入渗设施、过滤设施、滞留（流）设施、雨水湿地、附属设备及设施。

低影响开发设施设计　　　　　　　　表 11.5.2

设施	概念构造	适用性	优缺点	典型构造	出处
透水铺装	透水砖铺装、透水水泥混凝土铺地和透水沥青混凝土铺装、嵌草砖、鹅卵石、碎石铺装等	广场、停车场、人行道以及车流量和荷载较小的道路	适用广、施工方便，补充地下水，具有峰值流量消减和雨水净化作用，易堵塞，易冻融破坏	透水面60~80mm；透水找平层20~30mm；透水基层100~150mm；透水底基层150~200mm；土基；PVC排水管DN50	《海绵城市建设技术指南（201410）》第4.7.2节
绿色屋顶	种植面、屋顶绿化基质深度根据植物需求及屋顶荷载确定	符合屋顶荷载、防水等条件的平屋顶建筑和坡度不大于15°的坡屋顶建筑	减少屋面径流总量、径流污染负荷、节能减排作用，严格要求屋顶荷载、防水、坡度、空间条件等	排水口；植物；基质层；过滤层；排水层；保护层；防水层；排水管；建筑屋顶	
下沉式绿地	具有一定的调蓄容积，用于调蓄和净化径流雨水的绿地	城市建筑与小区、道路、绿地和广场	适用广，建设和维护费用低，大面积应用易受地形等条件影响	溢流口；蓄水层100~200mm；种植土250mm；原土；接雨水管渠	
生物滞留池	在地势较低区域，通过植物、土壤和微生物系统蓄渗、净化径流雨水的设施	建筑与小区内建筑、道路停车场的周边绿地、城市道路绿化带	形式多、适用广、易与景观结合，径流控制效果好，建设维护费用较低	溢流口；蓄水层200~300mm；覆盖层50~100mm；原土；接雨水管渠；溢流口；蓄水层200~300mm；树皮覆盖层50~100mm；换土层250~1200mm；透水土工布或100mm砂层；穿孔排水管DN100~150；砾石层250~300mm；防渗膜（可选）；接雨水管渠	

设施	概念构造	适用性	优缺点	典型构造	出处
渗透塘	雨水下渗补充地下水的洼地	汇水面积大且具有一定空间条件的区域	补充地下水、消减峰值流量，建设费用较低，对场地条件和后期维护管理要求较高		
渗井	通过井壁和井底进行雨水下渗的设施	建筑与居住区内建筑、道路及停车场的周边绿地	占地面积小，建设和维护费用低，水质和水量控制作用有限		
湿塘	具有雨水调蓄和净化功能的景观水体	建筑与小区、城市绿地、广场等具有空间条件的场地	有效消减径流总量、径流污染和峰值流量，对场地条件和建设维护费用要求较高		《海绵城市建设技术指南（201410）》第4.7.2节
雨水湿地	利用物理、水生植物及微生物等作用净化雨水	建筑与小区、城市道路、城市绿地、滨水带等区域	有效削减污染物，有径流总量和峰值流量控制效果，建设维护费用高		
蓄水池	具有雨水储蓄功能的集蓄利用设施	有雨水回用需求的建筑和小区、城市绿地等	节省占地、雨水灌渠易接入、防止蚊蝇滋生、储存水量大，建设费用及后期维护管理要求高	典型构造参照国家建筑标准设计图集《雨水综合利用》（10SS705）	

设施	概念构造	适用性	优缺点	典 型 构 造	出处
雨水罐	地上或地下封闭式的简易雨水集蓄利用设施	适用于单体建筑屋面雨水的收集利用	多为成形产品，施工安装方便，便于维护，但其储存容积较小，雨水净化能力有限		
调节塘	由进水口、调节区、出口设施、护坡及堤岸构成，也可通过合理设计使其具有渗透功能	建筑与居住区、城市绿地等	有效削减峰值流量，建设及维护费用低，功能单一		
调节池	地上敞口式调节池或地下封闭式调节池	用于城市雨水管渠系统中，削减管渠峰值流量	有效削减峰值流量，建设及维护费用低，功能单一		《海绵城市建设技术指南（201410）》第4.7.2节
植草沟	种有植被的地表沟渠，可收集、输送和排放径流雨水，具有一定的雨水净化作用	建筑与居住区内道路、广场、停车场等不透水面的周边，城市道路及城市绿地等区域	建设维护费用低，易与景观结合，易受场地条件制约	注： 1.植草沟的造型要求应符合以下要求： （1）抛物线形植草沟适用于用地受限较小的地段 （2）梯形植草沟适用于用地紧张地段 （3）三角形植草沟适用于低填方路基且占地面积充裕的地段 2.植草沟断面边坡坡度是控制断面尺寸的参数，通常取值范围为1/4～1/3 3.植草沟的深度h应大于最大有效水深，一般最大不宜大于600mm 4.植草沟的宽度应根据汇水面积确定，宜为150～2000mm 5.植草沟的长度L应根据具体的平面布置情况取值，此参数可按照设计流量及具体生态草沟的断面形式而定，主要原则是防止沟底冲刷破坏 6.植草沟不宜作为行洪通道	
渗管/渠	具有渗透功能的雨水管/渠	建筑与居住区及公共绿地内传输流量较小的区域	对场地空间要求小，但建设费用较高，易堵塞，维护较困难		

续表

设施	概念构造	适用性	优缺点	典型构造	出处
植被缓冲带	经植被拦截及土壤下渗作用减缓地表径流流速,并去除径流中的部分污染物	于道路等不透水面周边,作为生物滞留设施等低影响开发设施的预处理设施	建设维护费用低,对场地空间大小、坡度等条件要求较高		《海绵城市建设技术指南(201410)》第4.7.2节
初期雨水弃流设施	通过一定方法或装置将存在初期冲刷效应、污染物浓度较高的降雨初期径流予以弃除	用于屋面雨水的雨落管、径流雨水的集中入口等低影响开发设施的前端	占地面积小,建设费用低,可降低雨水储存及雨水净化设施的维护管理费用		
人工土壤渗滤	主要作为蓄水池等雨水存储设施的配套雨水设施,以达到回用水水质指标	用于有一定场地空间的建筑与居住区及城市绿地	净化效果好,易与景观结合,建设费用高		

参 考 文 献

[1] 海绵城市建设技术指南(201410).
[2] 低影响开发雨水综合利用技术规范 SZDB/Z 145—2015.
[3] 深圳市房屋建筑工程海绵设计规程 SJG 38—2017.

12 建设项目全过程工程咨询操作指引

12.1 全过程工程咨询的定义

12.1.1 术语

1）全过程工程咨询

工程咨询方综合运用多学科知识、工程实践经验、现代科学技术和经济管理方法，采用多种服务方式组合，为委托方在项目投资决策、建设实施乃至运营维护阶段持续提供局部或整体解决方案的智力性服务活动。

2）投资决策综合性咨询

工程咨询方接受投资方委托，就投资项目的市场、技术、经济、生态环境、能源、资源、安全等影响可行性的要素，结合国家、地区、行业发展规划及相关重大专项建设规划、产业政策、技术标准及相关审批要求进行分析研究和论证，为投资方提供决策依据和建议的活动。

3）工程建设全过程咨询

工程咨询方接受建设单位委托，提供招标代理、勘察、设计、监理、造价、项目管理等全过程一体化咨询服务的活动。

12.1.2 全过程工程咨询服务组合

《关于推进全过程工程咨询服务发展的指导意见》（发改投资规〔2019〕515号）提出，要遵循项目周期规律和建设程序的客观要求，在项目决策和建设实施两个阶段，着力破除制度性障碍，重点培育发展投资决策综合性咨询和工程建设全过程咨询。除投资决策综合性咨询和工程建设全过程咨询外，咨询单位可根据市场需求，从投资决策、工程建设、运营等项目全生命周期角度，开展跨阶段咨询服务组合或同一阶段内不同类型咨询服务组合。

《房屋建筑和市政基础设施建设项目全过程工程咨询服务技术标准（征求意见稿）》提出，考虑到工程咨询类企业有可能接受委托在项目投资决策、建设实施乃至运营维护阶段提供某些专项咨询服务，因而进一步明确专项咨询业务。

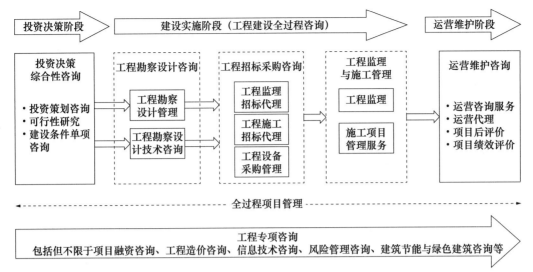

说明：本图依据发改投资规〔2019〕515号文和《房屋建筑和市政基础设施建设项目全过程工程咨询服务技术标准（征求意见稿）》整理

图 12.1.2　全过程工程咨询服务组合示意图

全过程工程咨询服务不同组合模式的服务内涵与目标　　　　　　表 12.1.2

服务内容	项目所处阶段	服务内涵	服务目标
投资决策综合咨询	投资决策阶段	包括投资策划咨询、可行性研究和建设条件单项咨询服务（如建设项目选址论证、环境影响评价、节能评估、水土保持、社会稳定风险评估等）	1. 为投资者提供综合决策依据和建议 2. 提高并联审批、联合审批的操作性
工程建设全过程咨询	工程建设阶段	包括工程勘察设计咨询、工程招标采购咨询、工程监理与施工项目管理服务三个部分	满足建设单位一体化服务需求，增强工程建设过程的协同性
工程专项咨询	项目全生命周期	包括项目融资、工程造价、信息技术、风险管理、后评价、建筑节能与绿色建筑专项咨询服务	满足投资者或建设单位的多样化、个性化服务需求，提升投资效益、工程建设质量或运营效率
任意全过程咨询服务组合	项目全生命周期	提供菜单式服务，即"1＋N"模式： "1"——全过程各阶段的策划管理、报批报建、投资控制、合同、进度及质量管理等协调管理工作。 "N"——投资咨询、勘察、设计、监理、造价咨询等	

　说明：本表依据发改投资规〔2019〕515号文、《房屋建筑和市政基础设施建设项目全过程工程咨询服务技术标准（征求意见稿）》和粤建市商〔2018〕26号文整理

12.2 全过程工程咨询流程和服务内容

12.2.1 全过程咨询流程

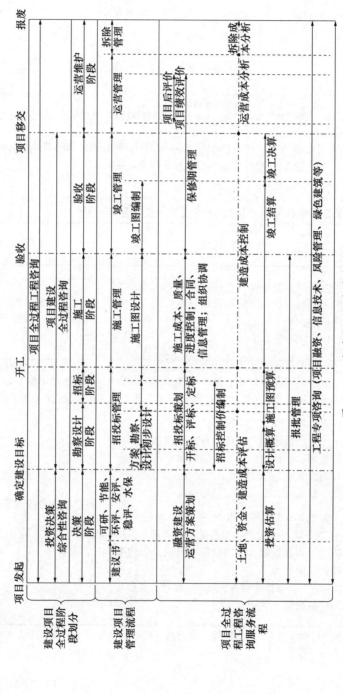

图 12.2.1 全过程工程咨询流程图

12.2.2 全过程工程咨询服务清单

全过程工程咨询服务内容清单

表 12.2.2

服务内容	项目全生命周期阶段					
	项目决策阶段	勘察设计阶段	招标采购阶段	工程施工阶段	竣工验收阶段	运营维护阶段
全过程项目管理	项目全生命周期的策划管理、报建报批、勘察管理、设计管理、合同管理、投资管理、BIM管理、招标采购管理、施工组织管理、参建单位管理、验收管理、运营维护管理以及质量、进度、计划、安全、信息、风险、人力资源等管理与协调					

续表

服务内容	项目全生命周期阶段					
	项目决策阶段	勘察设计阶段	招标采购阶段	工程施工阶段	竣工验收阶段	运营维护阶段
投资决策咨询	1. 投资策划咨询 2. 项目建议书 3. 环境影响评价报告 4. 节能评估报告 5. 可行性研究报告 6. 安全评价 7. 社会稳定风险评价 8. 水土保持方案 9. 地质灾害评估 10. 交通影响评价 11. 评估咨询					
工程勘察		1. 勘察方案编审 2. 初步勘察 3. 详细勘察 4. 勘察报告编审			参与地基与基础分部工程和单位工程验收	
工程设计	概念方案（策划方案）设计及优化	1. 方案设计及优化评审 2. 初步设计及优化评审 3. 施工图设计及优化评审 4. 施工图设计技术审查	1. 工程招标技术文件技术支持 2. 参与主要建筑重大决策修改材料选取等重大决策	1. 设计交底和图纸会审 2. 现场重大和关键工序施工方案的合理化建议 3. 设计变更管理 4. 现场施工的配合工作	参与地基与基础分部工程、主体结构和单位工程验收	
招标采购	招标采购策划，编制招标投标文件（含工程量清单、招标控制价、招标控制价、合同条款等），发布招标（资格预审）公告、合同条款等），组织招标文件答疑和澄清，组织评标、评标工作，编制评标报告报投资人确认，发送中标通知书，合同签订等					
造价咨询	1. 投资估算编制/审核 2. 项目经济评价报告编制/审核	1. 设计概算的编制与审核 2. 确定限额设计指标 3. 对设计文件进行造价测算与经济评优化	1. 工程量清单的编制与审核 2. 招标控制价的编制与审核 3. 制定项目合约规划	1. 合同价款咨询（合同分析、合同交底、合同变更管理工作） 2. 施工阶段造价风险分析及建议	1. 竣工结算审核 2. 技术经济指标分析 3. 竣工决算报告的编制或审核	项目维护与更新改造管控

续表

服务内容	项目全生命周期阶段					
	项目决策阶段	勘察设计阶段	招标采购阶段	工程施工阶段	竣工验收阶段	运营维护阶段
造价咨询		4. 施工图预算的编制与审核 5. 分析投资风险，提出管控措施	4. 清标 5. 拟订合同文本，协助合同谈判 6. 编制项目资金使用计划	3. 审核工程预付款和进度款 4. 变更/签证/索赔管理 5. 材料、设备的询价，提供核价建议 6. 施工现场造价管理 7. 动态造价分析	4. 配合政府竣工审计 5. 结算价款审定	
工程监理				1. 监理规划和实施方案 2. 进度管理 3. 质量管理 4. 职业安全与环境管理 5. 变更、索赔及合同争议处理 6. 信息和合同管理 7. 协调各单位工作关系	1. 工程验收策划与组织 2. 分部分项工程、单位工程验收 3. 竣工资料收集与整理 4. 工程质量缺陷管理	
运营维护咨询						1. 运营咨询服务 2. 运营代理 3. 设施管理 4. 项目后评价 5. 项目绩效评价
工程专项咨询	工程专项咨询包括但不限于： 1. 项目融资咨询，服务内容包括融资方案、融资结构设计、融资谈判等 2. 信息技术咨询，服务内容包括数字化实施策略、构建项目仿真模型、建筑信息模型和集成数据模型等 3. 风险管理咨询，服务内容包括工程风险清单、风险评估和风险应对策略等 4. 建筑节能与绿色建筑咨询，服务内容包括建筑节能咨询，节能验收报告、建筑能耗监控平台、策划和优先绿色建筑技术方案、绿色建造技术支持和绿色建筑认证等					

12.3 全过程工程咨询单位的选取与工作组织

12.3.1 全过程工程咨询单位的选取

全过程工程咨询单位的选取方式、单位要求、限制条件及总咨询师要求详见表 12.3.1。

全过程工程咨询单位选择方式与要求　　　　　　　　　　　表 12.3.1

内容	要　　　求	依　　　据
选取方式	1. 依法应当招标的项目：通过公开招标和邀请招标方式委托全过程工程咨询服务 2. 不需招标的项目：采取直接委托、竞争性谈判、竞争性磋商等方式全过程工程咨询服务 3. 招标人应当根据项目特点以及投标人服务方案、报价、业绩、人员构成、新技术运用（BIM 等）等因素确定评标标准和办法	《广东省全过程工程咨询试点工作实施方案》（粤建市〔2017〕167 号）
单位联合及分包要求	1. 可由一家具有综合能力的咨询单位实施 2. 也可由多家具有招标代理、勘察、设计、监理、造价、项目管理等不同能力的咨询单位联合实施 3. 由多家咨询单位联合实施的，应明确牵头单位及各单位的权利、义务和责任	《关于推进全过程工程咨询服务发展的指导意见》（发改投资规〔2019〕515 号）
	1. 全过程咨询单位应自行完成自有资质许可范围内的业务 2. 在保证项目完整性的前提下，按照合同约定或经建设单位同意，可将其他咨询业务择优分包给具有相应资质的单位 3. 分包单位按照合同约定对全过程工程咨询单位负责，全过程工程咨询单位和分包单位就分包业务对建设单位承担连带责任	《关于推进全过程工程咨询服务发展的指导意见》（发改投资规〔2019〕515 号） 《广东省全过程工程咨询试点工作实施方案》（粤建市〔2017〕167 号）
单位资格要求	1. 具有与工程规模和工作内容相适应的工程咨询、规划、勘察、设计、施工、监理、招标代理、造价咨询等一项或多项资质 2. 具有项目相适宜的全过程工程咨询能力和经验，包括能够制订详细、先进、可行的全过程工程咨询方案，鼓励采用新型咨询和管理技术提高咨询服务水平与项目价值 3. 具有与项目相适应的专业力量，明确的总咨询师以及各专业咨询工程师，且建议推行专业人员职业责任保险 4. 具有良好的信用记录 5. 近 3 年内不存在违纪违规 6. 工程咨询方将自有资质证书许可范围外的咨询业务委托给其他机构实施的，工程咨询方应当对工程咨询成果承担相应责任	广东省住房和城乡建设厅《建设项目全过程工程咨询服务指引（投资人版）（征求意见稿）》（粤建市商〔2018〕26 号） 《房屋建筑和市政基础设施建设项目全过程工程咨询服务技术标准（征求意见稿）》
单位限制条件	同一项目的全过程工程咨询单位与工程总承包、施工、材料设备供应单位之间不得有利害关系	《关于推进全过程工程咨询服务发展的指导意见》（发改投资规〔2019〕515 号）
粤港澳特别条款	深化粤港澳建筑服务合作，在前海开展香港工程建设管理模式试点的基础上，在广州南沙、珠海横琴自贸区推广前海经验，允许港澳地区政府部门遴选的企业和专业人士，经自贸区有关部门备案后，在自贸区内的建设工程项目直接从业，特别是参与全过程工程咨询服务	《广东省全过程工程咨询试点工作实施方案》（粤建市〔2017〕167 号）

续表

内容	要　求	依　据
总咨询师 （项目 负责人） 要求	1. 总咨询师应取得工程建设类一个或多个注册执业资格，或具有工程类、工程经济类高级职称 • 注册建筑师 • 注册结构工程师 • 注册造价工程师 • 注册监理工程师 • 注册建造师 • 注册咨询工程师 • 其他勘察设计注册工程师等 2. 具有与项目要求相匹配的能力和类似工程经验 3. 具有与项目任务相适应的技术管理、经济和法律知识体系 4. 全过程工程咨询项目负责人具备相应职业资格条件的，可同时担任该项目的勘察负责人、设计负责人、总监理工程师或造价咨询项目负责人，但最多只能同时兼任其中两个岗位负责人	《广东省全过程工程咨询试点工作实施方案》（粤建市〔2017〕167号）广东省住房和城乡建设厅《建设项目全过程工程咨询服务指引（投资人版）（征求意见稿）》（粤建市商〔2018〕26号）《房屋建筑和市政基础设施建设项目全过程工程咨询服务技术标准（征求意见稿）》

12.3.2　全过程工程咨询项目管理架构

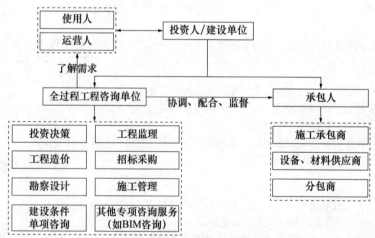

说明：以上仅为常规工程建设全过程咨询项目管理架构示例。具体实施应结合项目咨询服务范围与组织形式要求进行相应修改与调整。若项目承包人为EPC承包人，则其相应的管理服务范围应包括勘察设计

图 12.3.2　全过程工程咨询项目管理架构图

12.3.3　全过程工程咨询团队组建

（1）投资决策综合性咨询团队组织

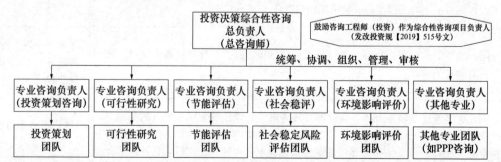

说明：本图为常规投资决策综合性咨询团队组织架构示例。具体实施应结合项目咨询服务范围与项目实际情况进行相应调整与优化

图 12.3.3.1　投资决策综合性工程咨询团队组织架构图（示例）

投资决策环节在项目建设程序中具有统领作用，对项目顺利实施、有效控制和高效利用投资至关重要。发改投资规〔2019〕515号文明确提出：鼓励纳入有关行业自律管理体系的工程咨询单位发挥投资机会研究、项目可行性研究等特长，开展综合性咨询服务。投资决策综合性咨询应当充分发挥咨询工程师（投资）的作用，鼓励其作为综合性咨询项目负责人，提高统筹服务水平。

（2）工程建设全过程咨询团队组织

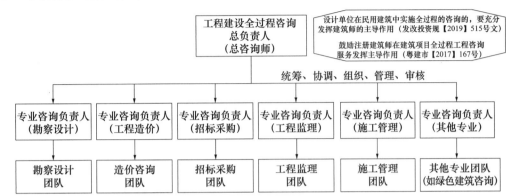

说明：本图为常规工程建设全过程咨询团队组织架构示例。具体实施应结合项目咨询服务范围与项目实际情况进行相应调整与优化

图 12.3.3.2　工程建设全过程咨询团队组织架构图（示例）

对于工程建设全过程咨询服务中承担工程勘察、设计、监理或造价咨询业务的负责人，应具有法律法规规定的相应执业资格。全过程咨询服务单位应根据项目管理需要配备具有相应执业能力的专业技术人员和管理人员。设计单位在民用建筑中实施全过程咨询的，要充分发挥建筑师的主导作用。

12.3.4　各阶段工作内容、职责划分与要求

全过程工程咨询各阶段工作职责与要求　　　　　　　　　　　　　　表 12.3.4

项目阶段	投资人／建设单位职责	全过程工程咨询单位职责与要求	
		全过程工程项目管理（总咨询工程师职责）	专项咨询成果文件要求（专业咨询负责人职责）
关键字	决策、确认、配合	协调、管理、资源配置、监督	执行、专业、满足需求
决策阶段	1. 提供项目资料、初步设想方案等 2. 明确项目需求与目标 3. 确认项目建议书、可行性研究报告核心内容	1. 组建项目管理决策制度 2. 确定决策阶段管理职责、实施程序和控制要求 3. 完成决策阶段各项咨询成果及相关报建报批流程	1. 成果文件需满足相关标准、规范及项目实际使需求 2. 决策阶段应重点论证项目的必要性、可行性，建设内容与规模、投资估算等内容
勘察设计阶段	1. 提供设计相关资料 2. 对设计成果进行审核确认	1. 明确勘察设计负责人 2. 界定管理职责与分工 3. 制定设计阶段管理制度 4. 确定设计阶段工作流程 5. 配备相应资源	1. 成果文件需满足相关标准、规范及项目实际需求 2. 设计概算不宜超过项目估算 3. 施工图预算不宜超过项目概算
招标采购	1. 负责监管项目招标活动 2. 参与合同谈判、签订、履约 3. 明确场地的提供时间 4. 明确项目质量、造价、进度、安全环境管理、风险控制等需求信息	1. 组织建立招标采购管理制度 2. 确定招标采购流程和实施方式 3. 规定管理与控制的程序和方法 4. 对招标采购策划和实施流程进行管理	1. 招标策划书与招标文件应满足投资人需求，并符合项目实际情况及招投标相关法规 2. 招标文件中工程量清单及招标控制价编制的内容、要求和表格形式等应符合现行规定

续表

项目阶段	投资人／建设单位职责	全过程工程咨询单位职责与要求	
		全过程工程项目管理 （总咨询工程师职责）	专项咨询成果文件要求 （专业咨询负责人职责）
工程施工	1. 协调、配合、管理全过程工程咨询单位的工作 2. 监督人员的配备、履职情况及项目的实施情况 3. 协助办理规划、建设和消防等相关报建手续 4. 负责建设资金申请、划拨和监督资金使用情况 5. 监督安全、质量、进度管理	1. 对项目投资、进度、质量全过程管理 2. 建立全面管理制度、明确职责分工和业务关系 明确投资控制目标、进度目标和质量目标 3. 在实施阶段主要起到监督、协调、管理的作用	1. 施工相关会议纪要、施工档案应符合现行建设工程文件管理及档案归档的规定 2. 工程施工设计文件、开工报告等需符合相关设计规范及实际使用需求，并经投资人确认 3. 项目进度、质量与成本控制成果文件应符合现行的工程造价管理相关规定
竣工验收	1. 组织全过程工程咨询单位开展项目竣工验收 2. 申报项目结决算审计及竣工财务决算 3. 配合完成资产移交工作	1. 建立竣工阶段管理制度 2. 明确项目竣工阶段管理的职责和工作程序 3. 编制项目竣工阶段计划 4. 提出竣工阶段管理要求 5. 理顺、终结涉及的对外关系 6. 清算合同双方在合同范围内的债权债务等	1. 竣工验收报告应通过监理工程师审核，并通过相关部门的验收机构组织的专家的评估验收 2. 竣工验收备案过程成果文件应满足现行的建设工程相关法规 3. 竣工决算报告、决算说明书、结算报告应满足现行工程造价、决算与结算相关的标准规范
运营维护	1. 组织全过程工程咨询单位开展项目后评价和绩效评价等自评工作 2. 配合第三方评估机构开展项目后评价和绩效评价 3. 对运营人设施管理、资产管理工作进行管理、协调和监督	1. 制定和实施项目管理后评价和绩效评价制度，规定相关职责和工作程序 2. 采纳项目相关方的合理评价意见 3. 对项目在运营阶段进行设施和资产管理工作	1.《后评价报告》符合《中央企业固定资产投资项目后评价工作指南》、《关于印发中央政府投资项目后评价管理办法和中央政府投资项目后评价报告编制大纲（试行）》等相关文件要求 2.《绩效评价报告》应满足预算管理制度、资金及财务管理规定与管理办法要求

12.4 全过程工程咨询服务策划

全过程工程咨询服务策划工作包括制定全过程工程咨询服务规划、专业咨询服务实施细则及全过程工程咨询管理制度三方面内容。

12.4.1 全过程工程咨询服务规划

全过程工程咨询服务规划应根据咨询合同和项目管理的要求，由总咨询师组织编制，经全过程工程咨询单位审批后报送投资人。

全过程工程咨询服务规划编制要求 表 12.4.1

序号	事项	内 容	
1	编制依据	1. 适用的法律、法规及相关标准等 2. 建设项目管理纲要 3. 建设项目前期资料及勘察、设计文件	4. 全过程咨询服务合同及建设项目其他合同文件 5. 同类建设项目的相关资料等

续表

序号	事项	内 容	
2	编制步骤	1. 明确全过程咨询服务需求和全过程咨询服务管理范围 2. 确定全过程咨询服务管理目标 3. 分析全过程咨询服务实施条件，进行全过程咨询服务工作结构分解	4. 确定全过程咨询服务管理组织模式、组织结构和职责分工 5. 规定全过程咨询服务管理措施 6. 编制全过程咨询服务资源计划 7. 报送审批
3	规划内容	1. 建设项目概况 2. 全过程咨询服务范围管理 3. 全过程咨询服务内容管理 4. 全过程咨询服务管理目标 5. 全过程咨询服务管理组织架构及组织责任管理流程 6. 全过程咨询服务项目策划管理 7. 全过程咨询服务工程设计管理 8. 全过程咨询服务工程监理管理 9. 全过程咨询服务采招管理	10. 全过程咨询服务进度管理 11. 全过程咨询服务质量管理 12. 全过程咨询服务成本管理 13. 全过程咨询服务安全生产管理 14. 全过程咨询服务资源管理 15. 全过程咨询服务信息管理 16. 全过程咨询服务风险管理 17. 全过程咨询服务收尾管理 18. 不同工程咨询业务集成的技术措施和管理制度

12.4.2 专业咨询服务实施细则

专业咨询服务实施细则应在全过程工程咨询服务相关工作开始前，由专业咨询工程师负责编制，经总咨询师批准实施。专业咨询服务实施细则应结合不同类型建设项目的特点，具有可操作性。

专业咨询服务实施细则编制要求　　　　　　　　　　　　　　　表12.4.2

序号	事项	内 容	
1	编制依据	1. 适用的法律、法规及相关标准等 2. 建设项目管理纲要 3. 项目前期资料及勘察、设计文件	4. 全过程工程咨询服务合同及建设项目其他合同文件 5. 同类建设项目的相关资料等
2	编制步骤	1. 了解相关方的要求 2. 分析项目具体特点和环境条件 3. 熟悉相关的法规和文件	4. 实施编制 5. 履行报批手续
3	细则内容	1. 相关专业咨询特点 2. 编制依据 3. 工作范围 4. 工作内容 5. 工作目标	6. 相关专业咨询的重点、难点及薄弱环节 7. 相关专业咨询工作流程和工作计划 8. 相关专业咨询工作方法和措施 9. 组织方案和所需支持

12.4.3 全过程工程咨询主要管理制度清单

全过程工程咨询主要管理制度清单　　　　　　　　　　　　　　表12.4.3

制　度　名　称	
1. 安全管理制度 2. 质量管理制度 3. 技术管理制度 4. 建设协调管理制度 5. 进度管理制度 6. 造价管理制度	7. 物资和招投标管理制度 8. 合同管理制度 9. 档案管理制度 10. 信息管理制度 11. 其他管理制度（包括但不限于：投资咨询、勘察、设计、监理、造价、招标代理）

12.5 全过程工程咨询的计费与合同

12.5.1 计费模式

（1）"1＋N"叠加计费模式

"1"是指"全过程工程项目管理费"，即完成全部或局部阶段的管理服务内容后，投资人应支付的服务费用。

"N"是指项目全过程各专业咨询（如投资咨询、勘察、设计、监理、造价、招标代理、运营维护等）的服务费，各专业咨询服务费率可依据传统收费依据或市场收费执行。

全过程工程咨询管理费应列入工程概算，各专业咨询服务费可分别列支。

全过程工程项目管理费参考费率表　　　　　　　　　　　　　　表 12.5.1.1

工程总概算 （单位：万元）	费率（%）	算　　例	
		全过程工程项目管理费（单位：万元）	
10000 以下	3	10000	10000×3%＝300
10001～50000	2	50000	300＋（50000－10000）×2%＝1100
50001～100000	1.6	100000	1100＋（100000－50000）×1.6%＝1900
100000 以上	1	200000	1900＋（200000－100000）×1%＝2900

说明：1. 本表摘自广东省住房和城乡建设厅《建设项目全过程工程咨询服务指引（投资人版）》（征求意见稿）；
2. 计算例中括号内第一个数为工程总概算分档的变动数，即某项目工程总概算为 X，若 $10001 \leqslant X \leqslant 50000$，则全过程工程咨询服务协调费为 $300＋（X－10000）×2\%$，依次类推

（2）人工工日计价模式

全过程工程咨询服务费总额＝咨询人员工日全费用单价 × 工日数。

咨询人员工日全费用单价参照行业协会等具备公信力的机构发布的标准、指引执行。

工程咨询服务工日费用表　　　　　　　　　　　　　　表 12.5.1.2

人员等级	工日费用 （元／天）
中国科学院、工程院院士	40000
全国勘察设计大师	20000
享受国务院津贴专家 （地方勘察设计大师）	10000
教授级高级工程（建筑）师研究员	7500
高级工程（建筑）师	5000
工程（建筑）师	3000
其他技术人员	2000

摘自中国勘察设计协会《建筑设计服务计费指导》（2015 版）

（3）基本酬金＋奖励模式

除前述基本酬金取费以外，可甲乙双方协商、设定项目投资额基准线，对全过程工程咨询单位

提出方案并落实措施所节省的投资额，提取一定比例奖励，奖励比例由双方在合同中约定。

12.5.2 合同标准

全过程工程咨询标准合同构成表 　　　　　　　　　　　　　　　　表 12.5.2

序号	组成部分	内　　容	
1	协议书	甲乙方 委托事项 乙方承诺	协议书组成部分与解释顺序 份数与生效 合同订立签章项
2	通用条件	一、定义及解释 二、工程咨询方的义务 三、甲方的义务 四、职员及文档管理 五、责任和保险	六、合同开始、完成、变更与终止 七、支付 九、版权和许可 八、一般规定 九、争议解决
3	专用条件	一、定义及解释 二、工程咨询方的义务 三、甲方的义务 四、职员及文档管理 五、责任和保险	六、合同开始、完成、变更与终止 七、支付 八、补充条款 九、版权和许可 十、争议解决
4	技术要求	A、投资决策 B、工程设计 C、工程监理 D、造价咨询 E、招标采购 F、造价咨询 G、项目管理 F、BIM 应用及其他	每项专业技术要求需包含： • 工作依据 • 工作范围和要求 • 服务清单 • 资料和配合需求清单 • 双方责任义务 • 成果交付和质量目标 • 费用支付
5	附件	全过程咨询服务内容和范围 报酬和支付 甲方为工程咨询方提供的职员、设施和其他人员的服务	中标通知书 全过程咨询机构人员配备表 总咨询师任命书 授权委托书

12.6 全过程工程咨询政策和规范目录

12.6.1 政策法规

全过程工程咨询相关政策法规一栏表 　　　　　　　　　　　　　　表 12.6.1

序号	政　　策	印发部门	发布时间
1	《国务院办公厅关于促进建筑业持续健康发展的意见》（国办发〔2017〕19 号）	国务院办公厅	2017 年 2 月 21 日
2	《住房城乡建设部关于开展全过程工程咨询试点工作的通知》（建市〔2017〕101 号）	住建部	2017 年 5 月 2 日
3	《广东省全过程工程咨询试点工作实施方案》（粤建市〔2017〕167 号）	广东省住房和城乡建设厅	2017 年 8 月 7 日

续表

序号	政　策	印发部门	发布时间
4	《关于在民用建筑工程中推进建筑师负责制的指导意见（征求意见稿）》（建市设函〔2017〕62号）	住建部建筑市场监管司	2017年12月11日
5	《房屋建筑和市政基础设施项目工程总承包管理办法》（建市设函〔2017〕65号）	住建部建筑市场监管司	2017年12月16日
6	《关于征求推进全过程工程咨询服务发展的指导意见（征求意见稿）》（建市监函〔2018〕9号）	住建部建筑市场监管司	2018年3月15日
7	《深圳市政府投资项目后评价管理办法》（深发改规〔2018〕2号）	深圳市发改委	2018年9月28日
8	《深圳市建筑师负责制试点工作实施方案（试行）》（深建设〔2019〕16号）	深圳市住建局	2019年2月13日
9	《国家发展改革委 住房城乡建设部关于推进全过程工程咨询服务发展的指导意见》（发改投资规〔2019〕515号）	住建部发改委	2019年3月15日
10	《政府投资条例》（国令第712号）	国务院	2019年4月14日

12.6.2　规范指引

全过程工程咨询相关规范指引一栏表　　　　　　　表12.6.2

类别	文　件	制定部门	发布时间
标准规范	《建筑工程咨询分类标准》GB 50852—2013	住建部、质监局	2013年4月1日
	《项目后评价实施指南》GB/T 30339—2013	质监局、标准化委员会	2013年9月4日
	《建设工程项目管理规范》GB/T 50326—2017	住建部、质监局	2017年5月4日
	《建设项目工程总承包管理规范》GB/T 50358—2017	住建部、质监局	2018年1月1日
	《房屋建筑和市政基础设施建设项目全过程工程咨询服务技术标准（征求意见稿）》	发改委固定资产投资司、住建部建筑市场监管司	2020年4月23日
合同范本	FIDIC系列合同条款2017版：《生产设备和设计－建造合同条件》（Conditions of Contract for Plant and Design-Build）《设计－采购－施工与交钥匙项目合同条件》（Conditions of Contract for EPC/Turnkey Projects）	国际咨询工程师联合会	2017年12月
	广东省住房和城乡建设厅《建设工程咨询服务合同示范文本（征求意见稿）》（建市监函〔2018〕9号）	住建部建筑市场监管司	2018年3月15日
工作指引	广东省住房和城乡建设厅《建设项目全过程工程咨询服务指引（投资人版）（征求意见稿）》（粤建市商〔2018〕26号）	广东省住房和城乡建设厅	2018年4月4日
	广东省住房和城乡建设厅《建设项目全过程工程咨询服务指引（咨询企业版）（征求意见稿）》（粤建市商〔2018〕26号）	广东省住房和城乡建设厅	2018年4月4日

12.7 全过程工程咨询项目实例

12.7.1 项目概况

以深圳市某学校为例，说明全过程工程咨询实操要点。

深圳市福田区某学校项目总占地面积 1.05 万 m^2，总建筑面积 2.26 万 m^2，主要为中低层建筑。项目总工期 24 个月，其中前期决策及报建阶段工期 12 个月，施工建设工程 12 个月。

项目委托方在当地全过程咨询供应商预选库内选择潜在供应商，并采取招标方式选定了某设计院作为全过程工程咨询单位。

12.7.2 项目全过程咨询管理流程及工作内容

图 12.7.2　项目全过程咨询管理流程及工作内容（一）

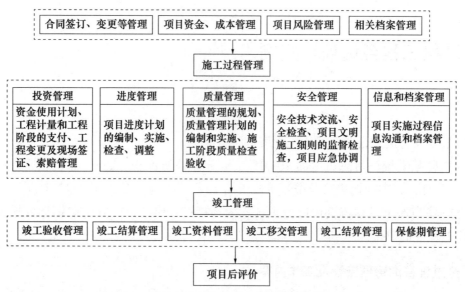

图 12.7.2　项目全过程咨询管理流程及工作内容（二）

12.7.3　项目全过程咨询团队组建

全过程咨询项目负责人与公司签订《项目负责人授权委托书》，由项目负责人拟定项目团队人员名单，项目团队经公司批准并正式下发文件后正式成立；项目负责人和项目团队与公司签订《项目管理责任书》和《项目质量和安全文明生产责任书》，并由项目负责人组织编制《全过程咨询实施方案》。

全过程咨询项目团队管理原则是：项目负责人对公司负责，项目部各专业小组对项目负责人负责。

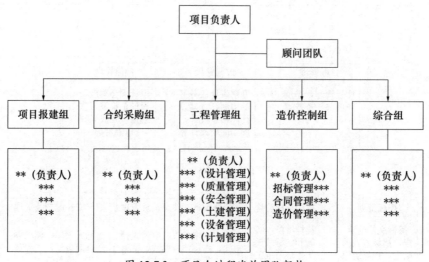

图 12.7.3　项目全过程咨询团队架构

12.7.4　项目招标与采购管理

全过程咨询项目的招标采购管理，关键主体是全过程咨询单位，它为委托人提供服务，接受委托人的监督。全过程咨询单位通过招标与采购确认下一级服务、货物、施工的供应商；达到限额以上的建设工程及相关的服务及货物的采购，依法在政府规定平台进行公开招标。

招标项目的各参与方职责分配表　　　　　　　表 12.7.4

序号	参与方工作内容	各参与单位职责分工				
		委托方	全过程咨询单位	招标代理机构	投标单位	招投标监督部门
1	具备招标条件	审核	组织	审核		行政监督
2	编制招标文件准备备案资料	监督	审核	组织		行政监督
3	发布招标公告	监督	审核	组织		行政监督
4	勘察现场（如需）	监督	审核	组织	参与	行政监督
5	投标答疑	监督	审核	组织	参与	行政监督
6	开标	监督	审核	组织	参与	行政监督
7	资格后审	监督	负责	审核		行政监督
8	清标	监督	审核	组织		行政监督
9	入围（如需）	监督	负责	组织		行政监督
10	评标	监督	审核	组织		行政监督
11	定标	监督	负责	组织		行政监督
12	中标公示	监督	审核	组织		行政监督
13	处理质疑（如需）	监督	审核	组织		行政监督
14	发中标通知书	监督	审核	组织		行政监督
15	签订承包合同	监督	组织	参与		行政监督

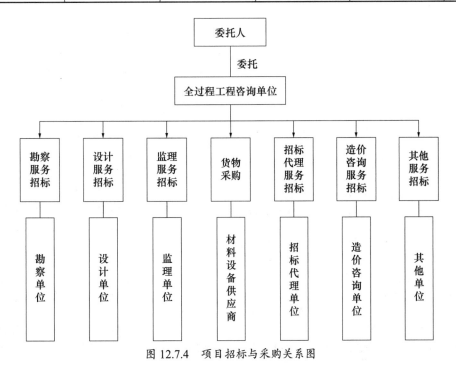

图 12.7.4　项目招标与采购关系图

12.7.5 项目合同管理

全过程咨询项目合同管理工作内容包括：招标阶段的合同体系策划和合同评审；实施阶段对合同进行的管理；合同完成后的后评估；合同争议及风险防范；合同的档案管理等。

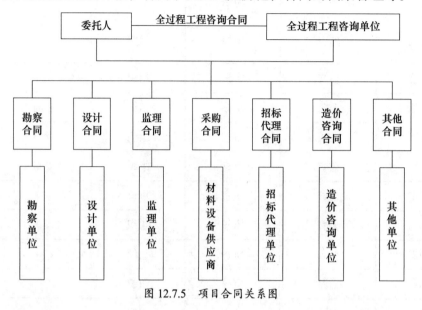

图 12.7.5 项目合同关系图

12.7.6 项目勘察设计管理

项目勘察设计各阶段全过程咨询管理任务表 　　　表 12.7.6

阶段		管 理 任 务	
设计阶段	方案设计阶段	（1）编制方案设计任务书 （2）组织专家对设计方案进行评审并协助委托方选定设计方案 （3）审核设计方案是否满足国家及委托方的质量要求和标准 （4）从质量管理角度提出优化意见	（5）审核设计优化方案是否满足规划及其他规范要求 （6）组织专家对优化设计方案进行评审 （7）在方案设计阶段进行协调，督促设计单位完成设计工作 （8）编制方案设计阶段质量控制总结报告
	初步设计阶段	（1）编制初设任务书 （2）审核初设是否满足质量要求和标准 （3）对重要专业问题组织专家论证 （4）组织专家对初设进行评审 （5）分析初设对质量目标的风险，并提出风险管理的对策与建议 （6）组织结构方案分析论证 （7）对智能化总体方案进行专题论证	（8）对建筑设备技术经济等进行分析、论证 （9）审核各专业设计是否符合规范要求 （10）审核各特殊工艺设计、设备选型，提出合理化建议 （11）设计协调，督促设计单位完成工作 （12）审核初步概算 （13）编制初设阶段质量控制总结报告
	施工图设计阶段	（1）进行设计协调，跟踪审核设计图，发现图中的问题 （2）审核施工图设计是否与初步设计一致，并提出修改意见 （3）审核施工图设计深度，是否满足施工招标及施工操作要求 （4）审核各图纸是否符合设计任务书的要求、材料设备采购及施工的要求	（5）对项目所采用的主要设备、材料做出市场调查报告，对设备、材料的选用提出咨询报告 （6）控制设计变更质量，按规定程序办理变更手续 （7）审核施工图预算，必须满足投资要求 （8）编制施工图设计阶段质量管理总结报告

阶段	管　理　任　务	
专项设计及 深化设计阶段	（1）编制专项设计及深化设计任务书，明确委托方需求、设计总包配合要求、技术标准、完成的设计成果内容 （2）编制专项设计及深化设计的设计方案与质量计划书	（3）加强专项设计及深化设计过程的沟通与交流，各方及时提交设计输入数据 （4）专项设计及深化设计应履行完善的签字、盖章等手续的出图程序 （5）加强设计成果的会审工作，全面校审

12.7.7　项目施工管理

施工阶段各参与单位投资管理工作职责一览表　　　　　表 12.7.7

工作职责内容		各参与单位职责分工				
		委托方/使用 单位	全过程咨询 单位	造价单位/ 监理单位	施工承包商等	勘察/设计 单位
投资管理						
编制资金使用计划		审批	编制	配合		
项目用款报告		审批	编制	配合		
投资偏差分析		备案	编制	配合		
工程成本分析		备案	审核	编制		
工程计量与 工程款支付	申请工程款支付				编制	
	审核工程量	审批	审核	审核	配合	
	审核工程款	审批	审核	审核	配合	
	拨付工程款	负责	配合		配合	
工程变更	变更的提出	负责	负责	审核	负责	
	变更的审核	审批	审核	审核	配合	配合
现场工程签证		审批	审核	审核	配合	
处理费用索赔		审批	审核	审核	配合	

12.7.8　项目竣工验收管理

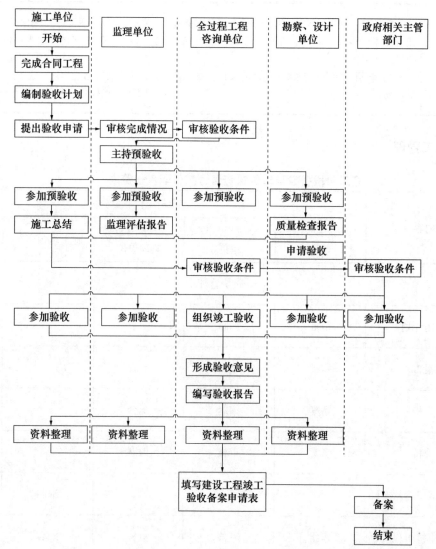

图 12.7.8　工程竣工验收管理程序图

13 建筑后评估

13.1 建筑后评估的定义、价值与类型

建筑后评估的定义　　表 13.1.1

名称	定　　义	内容依据
建筑后评估	在建筑建成和使用一段时间后，对建筑性能进行系统、严格的评估 建筑设计全生命周期中重要的一环，是对建成环境的反馈和对建设标准的前馈 人本主义思想和人文主义关怀在新时代的体现	全国注册建筑师继续教育必修教材《建筑策划与后评估》第 1.2.1 节

建筑后评估的价值　　表 13.1.2

类　别	技　术　要　求	内容依据
短期价值	对本建筑的经验反馈，包括：识别建筑性能存在的问题，反馈物业管理，调查空间利用存在的问题；通过公众参与改善使用者的态度；了解预算变化导致的建筑性能改变；决策制定的过程分析等	全国注册建筑师继续教育必修教材《建筑策划与后评估》
中期价值	对同类型建筑的效能评价，包括：调查公共建筑固有的适应一定时间内组织结构变化成长的能力；设施的改建和再利用；节省建造过程以及建筑全生命周期的投资；调查建筑师和业主对于建筑性能应负的责任等	
长期价值	标准优化，包括并不限于：长期提高和改善同类型公共建筑建筑性能；更新设计资料库、设计标准和指导规范；通过量化评估来加强对建筑性能的衡量等	

建筑后评估的类型　　表 13.1.3

类别	技　术　要　求	内容依据
描述式后评估	对建筑成败快速评价，为建筑师和使用者提供改进依据，揭示建筑的主要问题 时间很短，一般是 2～3 个小时到一两天 进行评判性能的标准较多基于评估者或者评估机构自身的经验	全国注册建筑师继续教育必修教材《建筑策划与后评估》第 1.2.2 节、第 2.2.1 节
调查式后评估	对建筑性能的细节评价，为建筑师和使用者提供更具体的改进依据 研究的范围较广、深度较深 需要的时间约为三到四周 评判性能的标准更多是基于客观而且明晰的相关规范准则	
诊断式后评估	对建筑性能的全面评价，为建筑师、使用者提供所有问题的分析和建议，为改进现存标准提供数据、理论支持 研究的范围最广、深度最深 是一个长期评价行动，需要的时间大概为几个月到一年 操作方法和传统的科学案例研究的方法十分类似	

13.2 建筑后评估的指标体系

建成环境物理空间维度的三级指标体系

表 13.2.1

一级指标	二级指标	三级指标		文件依据
A 场地	A1 布局	A1-1	分区与实体布局合理	
		A1-2	与周围城市风貌和谐	
	A2 交通	A2-1	外部交通可达性	
		A2-2	场地交通流线合理	
		A2-3	停车场流线合理	
		A2-4	停车位容量	
	A3 环境	A3-1	景观道路广场效果	
		A3-2	公共场所使用率	
	A4 管线综合	A4-1	管线布置合理安全	
B 单体	B1	B1-1	外观造型、体量适宜	
		B1-2	外观色彩、材质和谐	
		B1-3	外观质量及安全性	全国注册建筑师 继续教育必修教材 《建筑策划与后评估》 2019 年版讲义
	B2	B2-1	室内空间布局	
		B2-2	室内空间流线	
		B2-3	室内空间绩效	
		B2-4	室内空间使用效率	
		B2-5	室内空间性能	
		B2-6	空间体验	
		B2-7	出入口位置和门厅尺寸	
		B2-8	室内垂直交通容量与效率	
	B3	B3-1	结构选型合理	
		B3-2	结构质量与安全性	
	B4	B4-1	设备布置合理、安全	
		B4-2	设备能耗	

一级指标	二级指标	三级指标	文件依据
C 专项	C1	C1-1 室内装修品质	全国注册建筑师继续教育必修教材《建筑策划与后评估》2019 年版讲义
	C2	C2-1 标识系统	
	C3	C3-1 夜间建筑外部、场地、室内楼道及卫生间照明	
	C4	C4-1 无障碍设施	
	C5	C5-1 绿色建筑评价控制项指标	

性能绩效维度的指标体系　　　　　　　　　　　　表 13.2.2

类别	技术要求	内容依据
空间绩效	一般方法：通过步入式实态调查 定制模块：WiFi 室内定位与大数据技术（基于 WiFi 定位技术实现对大型公共场所密集人流长期、稳定、可靠的数据监测）	全国注册建筑师继续教育必修教材《建筑策划与后评估》2019 年版讲义 全国注册建筑师继续教育必修教材《建筑策划与后评估》第 2.2.4 节
使用者反馈	一般方法：问卷、会议访谈	
建筑性能	一般方法：设备一次性普查 定制模块：IEQ 室内环境检测（基于新型传感器、物联网技术所开发的集成检测传感器，可实现 IEQ 数据大规模、长周期的高效采集与可靠传输）	

时间维度的指标体系　　　　　　　　　　　　表 13.2.3

类别	技术要求	文件依据
规划立项	将后评估发现的问题针对全生命周期中的各环节提出反馈 为业主和行业在未来同类型建筑项目以及行业规范、标准的建立和优化做好反馈工作	全国注册建筑师继续教育必修教材《建筑策划与后评估》2019 年版讲义
策划与设计		
施工		
使用与维护		

绿色建筑评价控制项指标（C5-1 指标）　　　　　　　　　　　　表 13.2.4

控制项指标		技术要求	标准依据
安全耐久	场地	场地应避开滑坡、泥石流等地质危险地段 易发生洪涝地区应有可靠的防洪涝基础设施 场地应无危险化学品、易燃易爆危险源的威胁 应无电磁辐射、含氡土壤的危害	《绿色建筑评价标准》GB/T 50378—2019 第 4.1.1 条
	建筑主体	建筑结构应满足承载力和建筑使用功能要求 建筑外墙、屋面、门窗、幕墙及外保温等围护结构应满足安全、耐久和防护的要求	《绿色建筑评价标准》GB/T 50378—2019 第 4.1.2 条
	附属设施	外遮阳、太阳能设施、空调室外机位、外墙花池等外部设施应与建筑主体结构统一设计、施工，并应具备安装、检修与维护条件	《绿色建筑评价标准》GB/T 50378—2019 第 4.1.3 条

控制项指标		技 术 要 求	标准依据
安全耐久	附属设施	建筑内部的非结构构件、设备及附属设施等应连接牢固并能适应主体结构变形	《绿色建筑评价标准》GB/T 50378—2019 第4.1.4条
		建筑外门窗必须安装牢固，其抗风压性能和水密性能应符合国家现行有关标准的规定	《绿色建筑评价标准》GB/T 50378—2019 第4.1.5条
	卫浴	卫生间、浴室的地面应设置防水层，墙面、顶棚应设置防潮层	《绿色建筑评价标准》GB/T 50378—2019 第4.1.6条
	安全疏散	走廊、疏散通道等通行空间应满足紧急疏散、应急救护等要求，且应保持畅通	《绿色建筑评价标准》GB/T 50378—2019 第4.1.7条
		应具有安全防护的警示和引导标识系统	《绿色建筑评价标准》GB/T 50378—2019 第4.1.8条
健康舒适	气体环境	室内空气中的氨、甲醛、苯、总挥发性有机物、氡等污染物浓度应符合现行国家标准《室内空气质量标准》GB/T 18883 的有关规定 建筑室内和建筑主出入口处应禁止吸烟，并应在醒目位置设置禁烟标志	《绿色建筑评价标准》GB/T 50378—2019 第5.1.1条
		地下车库应设置与排风设备联动的一氧化碳浓度监测装置	《绿色建筑评价标准》GB/T 50378—2019 第5.1.9条
	污染源控制	应采取措施避免厨房、餐厅、打印复印室、卫生间、地下车库等区域的空气和污染物串通到其他空间 应防止厨房、卫生间的排气倒灌	《绿色建筑评价标准》GB/T 50378—2019 第5.1.2条
	给排水	给水排水系统的设置应符合下列规定： （1）生活饮用水水质应满足现行国家标准《生活饮用水卫生标准》GB 5749 的要求； （2）应制订水池、水箱等储水设施定期清洗消毒计划并实施，且生活饮用水储水设施每半年清洗消毒不应少于1次； （3）应使用构造内自带水封的便器，且其水封深度不应小于 50mm； （4）非传统水源管道和设备应设置明确、清晰的永久性标识	《绿色建筑评价标准》GB/T 50378—2019 第5.1.3条
	声环境	主要功能房间的室内噪声级和隔声性能应符合下列规定： （1）室内噪声级应满足现行国家标准《民用建筑隔声设计规范》GB 50118 中的低限要求； （2）外墙、隔墙、楼板和门窗的隔声性能应满足现行国家标准《民用建筑隔声设计规范》GB 50118 中的低限要求	《绿色建筑评价标准》GB/T 50378—2019 第5.1.4条
	光环境	建筑照明应符合下列规定： （1）照明数量和质量应符合现行国家标准《建筑照明设计标准》GB 50034 的规定； （2）人员长期停留的场所应采用符合现行国家标准《灯和灯系统的光生物安全性》GB/T 20145 规定的无危险类照明产品； （3）选用 LED 照明产品的光输出波形的波动深度应满足现行国家标准《LED 室内照明应用技术要求》GB/T 31831 的规定	《绿色建筑评价标准》GB/T 50378—2019 第5.1.5条

控制项指标		技术要求	标准依据
健康舒适	热环境	应采取措施保障室内热环境 采用集中供暖空调系统的建筑，房间内的温度、湿度、新风量等设计参数应符合现行国家标准《民用建筑供暖通风与空气调节设计规范》GB 50736 的有关规定 采用非集中供暖空调系统的建筑，应具有保障室内热环境的措施或预留条件	《绿色建筑评价标准》GB/T 50378—2019 第 5.1.6 条
		主要功能房间应具有现场独立控制的热环境调节装置	《绿色建筑评价标准》GB/T 50378—2019 第 5.1.8 条
	热工性能	围护结构热工性能应符合下列规定： （1）在室内设计温度、湿度条件下，建筑非透光围护结构内表面不得结露； （2）供暖建筑的屋面、外墙内部不应产生冷凝； （3）屋顶和外墙隔热性能应满足现行国家标准《民用建筑热工设计规范》GB 50176 的要求	《绿色建筑评价标准》GB/T 50378—2019 第 5.1.7 条
生活便利	无障碍	建筑、室外场地、公共绿地、城市道路相互之间应设置连贯的无障碍步行系统	《绿色建筑评价标准》GB/T 50378—2019 第 6.1.1 条
	公交便利	场地人行出入口 500m 内应设有公共交通站点或配备联系公共交通站点的专用接驳车	《绿色建筑评价标准》GB/T 50378—2019 第 6.1.2 条
	停车便利	停车场应具有电动汽车充电设施或具备充电设施的安装条件，并应合理设置电动汽车和无障碍汽车停车位	《绿色建筑评价标准》GB/T 50378—2019 第 6.1.3 条
		自行车停车场所应位置合理、方便出入	《绿色建筑评价标准》GB/T 50378—2019 第 6.1.4 条
	设备监控	建筑设备管理系统应具有自动监控管理功能	《绿色建筑评价标准》GB/T 50378—2019 第 6.1.5 条
	信息网络	建筑应设置信息网络系统	《绿色建筑评价标准》GB/T 50378—2019 第 6.1.6 条
资源节约	建筑节能	应结合场地自然条件和建筑功能需求，对建筑的体形、平面布局、空间尺度、围护结构等进行节能设计，且应符合国家有关节能设计的要求	《绿色建筑评价标准》GB/T 50378—2019 第 7.1.1 条
		垂直电梯应采取群控、变频调速或能量反馈等节能措施 自动扶梯应采用变频感应启动等节能控制措施	《绿色建筑评价标准》GB/T 50378—2019 第 7.1.6 条
	机电节能	应采取措施降低部分负荷、部分空间使用下的供暖、空调系统能耗，并应符合下列规定： （1）应区分房间的朝向细分供暖、空调区域，并应对系统进行分区控制； （2）空调冷源的部分负荷性能系数（IPLV）、电冷源综合制冷性能系数（SCOP）应符合现行国家标准《公共建筑节能设计标准》GB 50189 的规定	《绿色建筑评价标准》GB/T 50378—2019 第 7.1.2 条

续表

控制项指标		技 术 要 求	标准依据
资源节约	机电节能	应根据建筑空间功能设置分区温度，合理降低室内过渡区空间的温度设定标准	《绿色建筑评价标准》GB/T 50378—2019 第7.1.3条
		主要功能房间的照明功率密度值不应高于现行国家标准《建筑照明设计标准》GB 50034 规定的现行值 公共区域的照明系统应采用分区、定时、感应等节能控制 采光区域的照明控制应独立于其他区域的照明控制	《绿色建筑评价标准》GB/T 50378—2019 第7.1.4条
		冷热源、输配系统和照明等各部分能耗应进行独立分项计量	《绿色建筑评价标准》GB/T 50378—2019 第7.1.5条
	节水	应制定水资源利用方案，统筹利用各种水资源，并应符合下列规定： （1）应按使用用途、付费或管理单元，分别设置用水计量装置； （2）用水点处水压大于 0.2MPa 的配水支管应设置减压设施，并应满足给水配件最低工作压力的要求； （3）用水器具和设备应满足节水水产品的要求	《绿色建筑评价标准》GB/T 50378—2019 第7.1.7条
	节材	不应采用建筑形体和布置严重不规则的建筑结构	《绿色建筑评价标准》GB/T 50378—2019 第7.1.8条
		建筑造型要素应简约，应无大量装饰性构件，并应符合下列规定： （1）住宅建筑的装饰性构件造价占建筑总造价的比例不应大于2%； （2）公共建筑的装饰性构件造价占建筑总造价的比例不应大于1%	《绿色建筑评价标准》GB/T 50378—2019 第7.1.9条
		选用的建筑材料应符合下列规定： （1）500km 以内生产的建筑材料重量占建筑材料总重量的比例应大于60%； （2）现浇混凝土应采用预拌混凝土，建筑砂浆应采用预拌砂浆	《绿色建筑评价标准》GB/T 50378—2019 第7.1.10条
环境宜居	日照	建筑规划布局应满足日照标准，且不得降低周边建筑的日照标准	《绿色建筑评价标准》GB/T 50378—2019 第8.1.1条
	热环境	室外热环境应满足国家现行有关标准的要求	《绿色建筑评价标准》GB/T 50378—2019 第8.1.2条
	绿化	配建的绿地应符合所在地城乡规划的要求，应合理选择绿化方式，植物种植应适应当地气候和土壤，且应无毒害、易维护，种植区域覆土深度和排水能力应满足植物生长需求，并应采用复层绿化方式	《绿色建筑评价标准》GB/T 50378—2019 第8.1.3条
	竖向	场地的竖向设计应有利于雨水的收集或排放，应有效组织雨水的下渗、滞蓄或再利用 对大于 10hm^2 的场地应进行雨水控制利用专项设计	《绿色建筑评价标准》GB/T 50378—2019 第8.1.4条
	标识	建筑内外均应设置便于识别和使用的标识系统	《绿色建筑评价标准》GB/T 50378—2019 第8.1.5条

控制项指标		技 术 要 求	标准依据
环境宜居	污染源	场地内不应有排放超标的污染源	《绿色建筑评价标准》GB/T 50378—2019 第 8.1.6 条
	垃圾收集	生活垃圾应分类收集，垃圾容器和收集点的设置应合理并应与周围景观协调	《绿色建筑评价标准》GB/T 50378—2019 第 8.1.7 条

13.3　建筑后评估的操作流程

建筑后评估的计划阶段　　　　　　　　　　　　　　　　　　表 13.3.1

步骤	技 术 要 求			内容依据
	目的	行动（工作内容）	成果	
步骤一：探查和可行性	建立参数 决定范围、成本 制定合同	发展与客户的接触 讨论操作层次 确认联络人员 了解客户组织结构 探查要被评价的建筑 决策建筑文件的可用性 确认建的重要变化和修缮状况 访谈各重要人物 提交公认的建筑后评估建议 执行合同协议	项目建议 建筑后评估合同协议 启动资源计划	全国注册建筑师继续教育必修教材《建筑策划与后评估》第 2.2.2 节
步骤二：资源计划	组织必要的资源 与客户在各个层面上展开沟通	从参与建筑后评估实践的建筑使用者那里获得一致意见 确定项目变量参数 发展工作计划、组织计划和财政预算 向客户组织提出资源计划 组成建筑后评估项目队伍 发展最终报告的初步概要	建筑后评估项目的组织计划 财政预算的细目分类 最终报告的逐级概要 对所要访谈人员进行的访谈主题的认可 启动研究计划	
步骤三：研究计划	制定研究计划 为建筑建立性能标准 确定数据收集和分析方法 选择适用的使用仪器 为特殊任务分工 设计质量控制程序	确认各种客户组织文件的档案资源 确认预期参与者或被访者 与客户组织中潜在的被采访者进行接触 授权拍照和调查 给客户提供研究计划概要 为研究任务和人员制定计划 开发研究所使用的仪器 持续发展评价报告概要 分类和制定评价服务的性能标准	建筑历史描述 记录数据设备 记录数据表格 现场数据收集的初步组织计划 最终研究计划 建筑类型的性能标准 建筑图册标准 技术功能和行为性能标准 受访客户列表 对项目人员的任务分配 确定分析方法 启动现场评价	

建筑后评估的实施阶段　　　　　　　　　　　　表 13.3.2

步骤	技术要求			内容依据
	目的	行动（工作内容）	成果	
步骤一： 启动现场 数据收集过程	组织评价团队和客户 调整建筑后评估的时间和位置	协调管理者和使用者 建筑后评估队伍的建筑定位 实际运作数据收集程序 对在与数据收集相关的观察者中进行可靠性检查 设定建筑后评估的工作范围 准备分发数据收集表格 准备和校准数据收集设备和要使用的仪器	最终修正数据收集计划和程序 通知使用者进行现场数据收集 启动现场数据收集	全国注册建筑师继续教育必修教材《建筑策划与后评估》第 2.2.2 节
步骤二： 监督和管理 数据收集程序	确保适宜、可靠的数据收集	与客户组织保持联系 分发数据收集的使用仪器，如调查表 收集和整理数据记录表 监控收集程序 文件化建筑后评估过程	粗数据测量	
步骤三： 数据分析	分析数据 监督数据分析行动	数据登录和整合 数据处理 检查数据分析结果 解释数据 深化已有的发现 构成分析结果 完成数据分析	数据分析 数据解释	

建筑后评估的应用阶段　　　　　　　　　　　　表 13.3.3

步骤	技术要求			内容依据
	目的	行动（工作内容）	成果	
步骤一： 报告发现	报告建筑后评估的发现和结论 应对客户的需求和期望	对所获得的发现与客户进行初步讨论 进一步把所要陈述的内容格式化 准备报告内容和其他的陈述 由客户组织对发现进行正式的回馈	文件化建筑后评估的信息 由客户正式批准最终的报告 出版最终的报告 贯彻执行建筑后评估提出的建议	全国注册建筑师继续教育必修教材《建筑策划与后评估》第 2.2.2 节
步骤二： 建议行动	为实时反馈和前馈制定建议 引出建筑后评估的发现和结论	与客户和建筑使用者回顾项目的发现和需求 选择分析策略 各种建议的权重 执行建议的行动	确定优先战略和建议 建议的实施 确定在某一范围内所需要的附加研究	
步骤三： 回顾结果	在建筑的全生命周期中监督相关建议的执行情况	与客户组织联络 不断地回顾和监督所执行的建议 报告所评价建筑和随后的建筑变化的操作结果	完成项目文件 为客户、建筑师、业主以及物业管理者分发基于建筑后评估设计的研究成果	

13.4 建筑后评估的方法、工具、模板

建筑后评估计划准备阶段的方法、工具   表 13.4.1

类　别	技术要求	内容依据
文献来源	建筑和规划标准、历史文献和档案材料、企业出版物、研究性文献、专业出版物、法规和条例、政府文件、生产商出版物、大众刊物、互联网等	全国注册建筑师继续教育必修教材《建筑策划与后评估》第 2.2.3 节
资料查找程序	首先决定查找哪些关键的信息 需要了解项目背景文件的归档系统,如上位规划的相关层次等 生产商目录可在建筑图书馆查找,也可联系厂商索取 业主企业的出版物可提供相当重要的信息,需向业主提出此类要求	
文献整理程序	对收集到的文献按评估的重要性排序 首选评估内容的专项参考资料,如绿色建筑评估标准、满意度调查要素集合、消防或交通安全规范、上位规划相关要求等	
表格总结	在文献查阅的过程中,应该制定专门的表格用来记录文献的重点,以便于同矩阵表格进行对比分析	

建筑后评估信息收集阶段的方法、工具   表 13.4.2

类　别		技术要求	内容依据
诊断式访谈		制订访谈计划,包括提出问题、本质分类、取样计划、考虑细节、事先准备、制作文本 访谈前让受访者对访谈的目的有事先的了解,提前沟通访谈范围,激发受访者进行自由思考 第一次访谈应只涉及关键问题,时间最好控制在一小时以内 集中注意力从不同参与者中获得清晰的价值和目标轮廓 要避免访谈造成的疲劳,为后面的进一步跟进调查打下基础 访谈结束后,需要及时对访谈记录进行整理和分类,便于事后查阅和参考	全国注册建筑师继续教育必修教材《建筑策划与后评估》第 2.2.3 节
诊断式观测	常规观测	通过敏锐的感觉发现一些现象,对于简单的信息收集比较实用 需要在开始观测前明确关注重点和评价的内容	
	现场观测	在建筑物的现场场地进行调研 邀请建设方或设计师进行现场介绍,并快速简捷记录发言	
	空间观测	现场观测之后,评估团队再次回到观测过的建筑室内,进行空间、家具和设备的观测 测量记录区域的尺寸,记录空间图片 观测的内容包括带尺寸的空间平面图、按比例在平面图上标出家具和设备、对立面图或透视图进行注释、标明空间使用和不正确使用的地方、明确关键问题	
	迹象观测	通过使用者的使用痕迹来发现问题 一般通过照片表明建筑在投入使用后,用户的使用倾向 或者通过痕迹来证明设计存在的问题	

续表

类 别		技 术 要 求	内容依据
诊断式 观测	行为地图	把地图带到观测的场所，记录人们停留路径以及行为，并且长期持续记录 观测人们最经常使用和最少利用的区域是哪些，交通的路径、滞留的地点等 最终用一张地图来解释使用者的行为模式	全国注册建 筑师继续教 育必修教材 《建筑策划 与后评估》 第 2.2.3 节
	社会地图	用图表性工具描述建筑使用者的友情和人际关系模式，并通过提问的方式获取社 会信息，了解被访者的社会网构成，进而了解空间对社会关系网络的影响	
	系统性观测	通过问题定位、多重聚焦、时间和规模取样、统计学分析等方法来收集建筑之间 的关系、有关人的内容、物理环境及建筑自身的元素等信息 会使用专门的调查和追踪设备，以及性能数据记录和监视软件	
问卷法		通过前期针对特定人群设计问卷、发放回收问卷、统计问卷而得出有价值的问题 和数据 问卷调查对获得具体信息具有更高的效率	

建筑后评估数据分析阶段的方法、工具　　　　　　　　　　　　　　表 13.4.3

类 别	技 术 要 求	内容依据
失败树分析法	确定一个顶事件（故障） 逐层向下追溯所有可能的原因，直至到达底事件（引起故障的最直接原因） 根据故障路径上各种可能性的风险因素，运用布尔代数的方法，推算顶事件的发生概率 及主要路径和关键源因素	全国注册建 筑师继续教 育必修教材 《建筑策划 与后评估》 第 2.2.3 节
对比评定法	将被评估建筑的性能（如空调能耗等）和相应的参照建筑物的对应性能对比 根据对比结果，判定被评估建筑是否符合要求	
清单列表法	根据既有的清单，拟定相关清单指标 根据既有的权重，对指标体系中各项指标给定权重 由专家对建筑性能的各项指标打分 根据指标权重，计算汇总	
语义学解析法 （SD 法）	研究空间中的被验者对该目标空间的各环境氛围特征的心理反应（如偏好性） 对上述心理反应拟定出"建筑语义"上的尺度 对所有尺度的描述参量进行评定分析，定量地描述出目标空间的概念和构造	
多因子变量 分析法	从 SD 法中"语汇尺度"的评定变量中抽出若干潜在的特性因子 将因子的特性项目分类，实现因子的数据化 按照"同类反应模式"对特性项目的调查取样加以收集 在最小次元空间坐标系中求得因子的分布图 以上述因子分布图研究数据结构	
社会网 分析法	关注群体或组织的关系结构，分析关系的各种特征，如强度、密度、互惠性、关系的传 递性等 基于二方、三方关系，利用密度、距离、中心性以及派系等概念对网络结构进行研究	
生命周期 评估法	评价建筑在其整个生命周期中对环境产生的影响，包括原材料的获取、建筑的生产与使 用直至使用后的处置过程 基于软件系统，需要涉及建筑过程、管理的材料和资源的详细目录 详细目录通过各种方法和分类指标显示建筑的环境影响	
质化分析法	强调现象的理解、意义、发现，叙述是关键 对心理事件的整个脉络，进行详细的动态描述	

建筑后评估的报告模板　　　　　　　　　　　　表 13.4.4

次序	主　要　内　容	文　件　依　据
1	项目基本信息	全国注册建筑师 继续教育必修教材 《建筑策划与后评估》 2019 年版讲义
2	项目概况及技术特色	
3	项目后评估总意见	
4	项目评估方法选择	
5	项目后评估总建议	
6	附件	

13.5　"深圳建筑 10 年奖" 的建筑后评估模式

"深圳建筑 10 年奖" 的定义　　　　　　　　　　表 13.5.1

名　　称	定　　义	内容依据
深圳建筑 10 年奖	属于奖中之奖，是对已获得市级优秀工程二等奖以上奖项的公共建筑，在使用 10 年后再通过后评估进行评选的奖项 　获奖项目均通过后评估 　项目使用 10 年（及以上）保持好的状态 　仍按照初始的建筑策划及设计进行运行（当建筑的初始内容没有本质改变的时候也允许改变用途） 　项目经历 10 年（及以上）时间考验，对民众生活和建筑学仍具有贡献意义的设计亮点	《深圳建筑 10 年奖—— 公共建筑 后评估》 第 12 页

"深圳建筑 10 年奖" 建筑后评估的价值　　　　　表 13.5.2

类　　别	技　术　要　求	内容依据
短期价值	参评项目在其竣工后初次评优所进行的建筑回访接近于建筑后评估的初级层次陈述式后评估 　可实现反馈客户的后评估短期价值	《深圳建筑 10 年奖—— 公共建筑 后评估》 第 12 页
中期价值	"建筑 10 年奖" 所采取的调查式后评估属于建筑后评估的中级层次 　可实现改善建筑的后评估中期价值	
长期价值	参评项目在其竣工后初次评优所进行的陈述式后评估与 "建筑 10 年奖" 所采取的调查式后评估形成了相对关联的系列后评估 　在某种程度上达到了诊断式后评估，属于建筑后评估的高级层次，可实现优化标准的后评估长期价值	

"深圳建筑 10 年奖" 建筑后评估工作指引　　　　表 13.5.3

工作步骤	技　术　要　求	内容依据
1. 回顾阶段	回顾项目的设计资料，包括设计前期面临的设计问题、项目建筑师团队采取的设计解决方案及主题逻辑、设计阶段存在的需要设计验证的问题等	《深圳建筑 10 年奖——公共建筑后评估》第 16 页

工作步骤			技 术 要 求	内容依据
2. 计划阶段		2-a 确定目标	按照"深圳建筑10年奖"评审要求，总结出对民众生活和建筑学均有意义的亮点，即可作为循证设计的"实证" 探查拟参评作品是否保持良好的使用状态，是否按照原初的设计意图使用，是否节能环保，是否基本符本章表13.2.4中关于"绿色建筑评价控制项指标（C5-1 指标）"的要求，结合建成十余年来日益增长的使用需求，探查新的使用变化，提供相关改进建议	
		2-b 确定方法	确定方法，包括问卷法、访谈法、观察法、行为摄像法等 填写调查表的对象数量应为：如果本类调研对象少于三十人，应全部邀请填写调查表；如果本类调查对象多于三十人，应邀请不少于三十位调研对象填写调查表	
		2-c 调研准备	编制调查表 可细分成不同类别使用者版本的调查表 调查表为自填问卷，采用结构问题与开放问题相结合的评价方式 涵盖建筑创作团队所关注的设计验证的问题 在调查表中，应邀请所有的参与者按照他们的想法提供额外的意见或建议 结构问题采用李克特量表，按照满意度分为五个等级，即很不满意、较不满意、一般、较满意及很满意	
3. 调研阶段	3-1 初步调研阶段	3-a 收集网络评论	来源包括大众点评网、百度地图等网站中的建筑游客评论	《深圳建筑10年奖——公共建筑后评估》第16页
		3-b 填写调查表	提前邀请管理人员填写"管理者调查表"，在现场邀请不少于三十位参观者填写"参观者调查表"	
		3-c 分析调查表结构问题	对调查表回复中的结构性问题调查结果利用 Excel 软件进行定量分析 进行平均值分析和其他相关性分析 找出参观者与管理者对建筑各品质与各区域评价较高与较低的部分 以图表形式反映受众的满意度	
		3-d 分析调查表开放问题	对调查表回复中的开放性问题进行整理 归纳出参观者与管理者反映出的建筑优缺点	
		3-e 初步观察	依据本章表13.2.4中关于"绿色建筑评价控制项指标（C5-1 指标）"的要求，观测、核查相关指标是否达标，并做好相关记录 依靠建筑师的经验直觉发现感受舒适的部分及可能存在问题的部分 综合网评及问卷反馈信息，最终确定建筑可能存在的主要"优缺点"（即关于 What 的问题） 由前述确定的"优缺点"，选择出"重点调研范围"（应涵盖项目建筑师团队需要设计验证的范围）	
	3-2 重点调研阶段	3-f 访谈	对管理者、参观者进行半结构访谈或非结构访谈 了解用户对"重点调研范围"内的优、劣现象的好恶程度及好恶原因	
		3-g 建筑感官体验式观察	运用建筑感官体验式观察法对"重点调研范围"内的优、劣现象进行直观感知体验 对这些最后胶结一体的现象结果在复杂过程中的真实成因进行有益探询 全面了解相关现象及其成因（即关于 How 与 Why 的问题）	

工作步骤			技 术 要 求	内容依据
3. 调研阶段	3-2 重点调研阶段	3-g 建筑感官体验式观察	建筑感官体验式观察法特指作为建筑学重要组成部分的后评估应积极响应建筑学前沿对建筑感官体验的关注。在后评估中，建筑师须暂时淡化技术思维，换位至用户身份，进行换位知觉体验式观察，感同身受地获得用户感受。这种换位不仅是身体的换位，而且是心理的换位。建筑感官体验式观察法吸取了知觉现象学家莫里斯·梅洛—庞蒂关于身体的观念，即身体本身是图形与背景结构中第三项，任何图形都是在外部空间和身体空间的双重界域上显现的。建筑师置身于终端用户的处境，可借鉴 Flâneur（漫游者）的行为方式感同身受地获得用户体验的第一手直观经验，并对相关现象成因进行有益探询。Flâneur 出现于 19 世纪的巴黎街头，能敏锐地观察人群和街头上所发生的事件，并通过身体的互动去接收新讯息，给我们带来了有益的启示	
		3-h 行为摄像	针对更加复杂的现象及成因，运用行为摄像法进行记录观察	
4. 分析阶段	4-1 后评估报告的成果部分		每个项目总结三个及以上的循证设计模式 从项目的外部环境模式、内部功能空间模式、建筑主题表达模式、地域气候契合模式等方面总结项目的设计特色、创新要点，新技术应用等 促进建筑设计理念的融合和升华、促进建筑设计水平的提升	《深圳建筑 10 年奖——公共建筑后评估》第 16 页
	4-2 后评估报告的改进部分		依据本章表 13.2.4 中关于"绿色建筑评价控制项指标（C5-1 指标）"的要求，核查相关指标后，探查建筑需要改进的内容 结合建成十余年来日益增长的使用需求，探查新的使用变化 以文字、参考图片、草图的形式，每个项目提供三个及以上的改进建议 促进建筑物使用的可持续发展	
5. 总结阶段			完成后评估报告的结论部分 通过后评估明确项目保持好的状态，仍按照初始的建筑策划及设计进行运行（当建筑的初始内容没有本质改变的时候也允许改变用途） 2007 年前的建筑已完成节能改造、节能检测达标	

"深圳建筑 10 年奖"建筑后评估报告模板　　　　　　　　表 13.5.4

类　　别		技 术 要 求	内容依据
结论		通过使用后评估确认项目在使用 10 余年后仍保持着良好的使用状态，仍按照初始的建筑策划及设计进行运行	
成果	循证设计模式	每个项目总结三个及以上的循证设计模式 每个模式应包括后评估探询到的一手资料，包括问卷调研的图表结果、访谈结果、观察结果等 从项目的外部环境模式、内部功能空间模式、建筑主题表达模式、地域气候契合模式等方面总结项目的设计特色、创新要点、新技术应用等 通过后评估促进建筑设计理念的融合和升华、促进建筑设计水平的提升，为同类建筑设计资料库、设计标准和指导规范更新提供第一手资料 循证设计模式模板见下： （1）原型实例及相关代表照片； （2）相关说明； （3）应对的问题，包括标题式的点明问题的实质及对问题的分析；	《深圳建筑 10 年奖——公共建筑后评估》第 12 ～ 14 页

续表

类　别		技　术　要　求	内容依据
成果	循证设计模式	（4）问题的解决方案，以指引的形式出现，并辅以原型实例进行说明； （5）使用反馈，即后评估探询到的一手资料，包括问卷调研的图表结果、访谈结果、观察结果等； （6）体现的相关理论（此条属于多选项）	《深圳建筑10年奖——公共建筑后评估》第12～14页
	改进建议	按照本章表13.2.4中关于"绿色建筑评价控制项指标（C5-1指标）"的要求，探查建筑需要改进的内容 结合建成十余年来日益增长的使用需求，探查新的使用变化 以文字、参考图片、草图的形式，提供三个及以上的改进建议 促进建筑性能持续地提高和改善 优秀建筑通过系列后评估的可持续使用改进，延长生命周期30%以上，实现节约与低碳，贯彻落实"适用、经济、绿色、美观"新时代建筑方针中新增"绿色"的指标	
回述		本项目建成伊始，在初次评优中，经过建筑回访（接近陈述式后评估），对当初设计理念的贯彻得出了反馈研判，初步实现了反馈客户的后评估短期价值 本次后评估，明确以调查式的层次进行（包括回顾、计划、调研、分析、总结等工作阶段），并与之前的回访资料比对 证实了相关设计理念在经历多年使用考验后，仍对民众生活和建筑学具有贡献意义，并以"循证设计模式"梳理，为同类建筑设计资料库、设计标准和指导规范的更新提供一手资料 同时，梳理"可持续使用改进建议"，以促进建筑性能的持续提高和改善，延长建筑生命周期 因此，本次调查式后评估与竣工后初次评优的建筑回访关联、比对，共同实现了后评估的中、长期价值	

"深圳建筑10年奖"建筑后评估参观者调查表范例

我们正在进行建筑后评估（POE）方面的学术研究，期待了解您对本建筑参观后的感受。非常感谢您对本学术研究的支持，请认真、严谨地回答下述调查表的问题，在相应的空栏处用"√"标明您的答案。

1. 在这次完整的参观中，您在下列空间停留或预计停留大约多少分钟？

	0～10分钟	11～20分钟	21～30分钟	31～40分钟	多于40分钟
a. 前广场	（　）	（　）	（　）	（　）	（　）
b. 门厅 & 序厅	（　）	（　）	（　）	（　）	（　）
c. 展览大厅	（　）	（　）	（　）	（　）	（　）
d. 一、二层展厅	（　）	（　）	（　）	（　）	（　）
e. 二层放映厅	（　）	（　）	（　）	（　）	（　）
f. 其他，特别	（　）	（　）	（　）	（　）	（　）

2. 请评价本建筑如下区域的综合品质。

	很满意	较满意	一般	较不满意	很不满意	原因
a. 前广场	（　）	（　）	（　）	（　）	（　）	_____
b. 门厅、序厅	（　）	（　）	（　）	（　）	（　）	_____
c. 展览大厅	（　）	（　）	（　）	（　）	（　）	_____
d. 负一层专题展厅	（　）	（　）	（　）	（　）	（　）	_____

e. 一层第一展厅 ······················ （　） 　（　） （　） 　（　） 　　（　） ＿＿＿＿＿＿＿

f. 一层第二展厅 ······················ （　） 　（　） （　） 　（　） 　　（　） ＿＿＿＿＿＿＿

g. 二层第三展厅 ······················ （　） 　（　） （　） 　（　） 　　（　） ＿＿＿＿＿＿＿

h. 二层第四展厅 ······················ （　） 　（　） （　） 　（　） 　　（　） ＿＿＿＿＿＿＿

i. 二层放映厅 ························· （　） 　（　） （　） 　（　） 　　（　） ＿＿＿＿＿＿＿

j. 三层圆厅甲板 ······················ （　） 　（　） （　） 　（　） 　　（　） ＿＿＿＿＿＿＿

k. 三层阅览室 ························· （　） 　（　） （　） 　（　） 　　（　） ＿＿＿＿＿＿＿

l. 卫生间 ····························· （　） 　（　） （　） 　（　） 　　（　） ＿＿＿＿＿＿＿

m. 其他，特别 ························ （　） 　（　） （　） 　（　） 　　（　） ＿＿＿＿＿＿＿

3. 请按下述条目评价本建筑的品质。 很满意　较满意　一般　较不满意　很不满意　原因

a. 外部的审美品质 ················· （　） 　（　） （　） 　（　） 　　（　） ＿＿＿＿＿＿＿

b. 内部的审美品质 ················· （　） 　（　） （　） 　（　） 　　（　） ＿＿＿＿＿＿＿

c. 空间数量 ······················· （　） 　（　） （　） 　（　） 　　（　） ＿＿＿＿＿＿＿

d. 环境品质（照明、音响、温度等）（　） 　（　） （　） 　（　） 　　（　） ＿＿＿＿＿＿＿

e. 游客间的接近 ··················· （　） 　（　） （　） 　（　） 　　（　） ＿＿＿＿＿＿＿

f. 功能的便利性 ··················· （　） 　（　） （　） 　（　） 　　（　） ＿＿＿＿＿＿＿

g. 安防 ··························· （　） 　（　） （　） 　（　） 　　（　） ＿＿＿＿＿＿＿

h. 空间的方位性 ··················· （　） 　（　） （　） 　（　） 　　（　） ＿＿＿＿＿＿＿

i. 空间／布局关系 ··················· （　） 　（　） （　） 　（　） 　　（　） ＿＿＿＿＿＿＿

j. 环境的愉悦性 ··················· （　） 　（　） （　） 　（　） 　　（　） ＿＿＿＿＿＿＿

k. 其他，特别 ····················· （　） 　（　） （　） 　（　） 　　（　） ＿＿＿＿＿＿＿

4. 请从问题 3 中选择五个促使您喜欢本建筑的评价品质，或是您自己认为的，并可解释理由。

（1）＿＿＿＿＿＿＿＿＿＿＿＿＿＿＿＿＿＿＿＿＿＿＿＿＿＿＿＿＿＿＿＿＿＿＿＿＿＿

（2）＿＿＿＿＿＿＿＿＿＿＿＿＿＿＿＿＿＿＿＿＿＿＿＿＿＿＿＿＿＿＿＿＿＿＿＿＿＿

（3）＿＿＿＿＿＿＿＿＿＿＿＿＿＿＿＿＿＿＿＿＿＿＿＿＿＿＿＿＿＿＿＿＿＿＿＿＿＿

（4）＿＿＿＿＿＿＿＿＿＿＿＿＿＿＿＿＿＿＿＿＿＿＿＿＿＿＿＿＿＿＿＿＿＿＿＿＿＿

（5）＿＿＿＿＿＿＿＿＿＿＿＿＿＿＿＿＿＿＿＿＿＿＿＿＿＿＿＿＿＿＿＿＿＿＿＿＿＿

理由：＿＿＿＿＿＿＿＿＿＿＿＿＿＿＿＿＿＿＿＿＿＿＿＿＿＿＿＿＿＿＿＿＿＿＿＿＿

＿＿

5. 请按下述条目评价展览大厅的品质。 很满意　较满意　一般　较不满意　很不满意　原因

a. 空间的充足 ····················· （　） 　（　） （　） 　（　） 　　（　） ＿＿＿＿＿＿＿

b. 照明 ··························· （　） 　（　） （　） 　（　） 　　（　） ＿＿＿＿＿＿＿

c. 音响 ··························· （　） 　（　） （　） 　（　） 　　（　） ＿＿＿＿＿＿＿

d. 温度 ··························· （　） 　（　） （　） 　（　） 　　（　） ＿＿＿＿＿＿＿

e. 气味 ··························· （　） 　（　） （　） 　（　） 　　（　） ＿＿＿＿＿＿＿

f. 审美要求 ······················· （　） 　（　） （　） 　（　） 　　（　） ＿＿＿＿＿＿＿

g. 安防 ··························· （　） 　（　） （　） 　（　） 　　（　） ＿＿＿＿＿＿＿

h. 环境的愉悦性 ··················· （　） 　（　） （　） 　（　） 　　（　） ＿＿＿＿＿＿＿

i. 其他，特别 ····················· （　） 　（　） （　） 　（　） 　　（　） ＿＿＿＿＿＿＿

6. 请评价在本建筑中作为一个整体而言界面的品质。

	很满意	较满意	一般	较不满意	很不满意	原因
a. 外墙面 ⋯⋯⋯⋯⋯⋯⋯⋯⋯	( )	( )	( )	( )	( )	_____
b. 室内地面 ⋯⋯⋯⋯⋯⋯⋯⋯	( )	( )	( )	( )	( )	_____
c. 室内墙面 ⋯⋯⋯⋯⋯⋯⋯⋯	( )	( )	( )	( )	( )	_____
d. 室内顶棚 ⋯⋯⋯⋯⋯⋯⋯⋯	( )	( )	( )	( )	( )	_____

7. 请提出您认为目前在本建筑中缺乏的重要设施。

8. 请提供您所希望的在本建筑中物质或管理方面的改进建议。

9. 对比本建筑和您之前参观过的类似建筑，哪个环境您更喜欢？

本建筑 _____

您之前参观过的类似建筑 _____

请解释为什么 _____

_____

10. 您是第几次参观本建筑?

第一次 _____

第二次 _____

第三次 _____

您已参观过三次以上 _____；多次参观的原因 _____

11. 您是本地游客 _____ 还是外地游客 _____ ?

12. 您的学历是?

大专以下 _____

大专 _____

本科 _____

硕士 _____

博士及以上 _____

13. 您的性别是?

男性 _____

女性 _____

14. 您的年龄是?

小于 20 岁 _____

20 ～ 30 岁 _____

31～40 岁 _____

41～50 岁 _____

51～60 岁 _____

大于 60 岁 _____

15. 您是否较易辨认出外墙上的人物肖像？感觉怎样？（创作团队需要反馈的问题）

16. 您是否乘地铁前来？下车后是否容易找到本建筑？（创作团队需要反馈的问题）

非常感谢您的配合！

注：本调查表设定参照《Post-Occupancy Evaluation》Appendix B （Wolfgang F. E. Preiser， Harvey Z. Rabinowitz，Edward T. White. New York： Van Nostrand Reinhold Company， 1988.）

14 建筑消防安全风险评估

14.1 评估方法

对于建筑防火设计，由于在设计过程中，各专业通常各自按照相关技术标准、规范开展专业范围内的工作，设计成果交由负有相关行政职责的部门进行审核，在设计、审核过程中对于建筑设计以及该建筑实际使用功能的总体风险和与之相对应的综合性的安全体系的比较、衡量、修正往往是缺失的。设计者可能更多关注于是否符合相关规范条文，而往往忽视了一点，即规范所提出的条件、限制，是出于平均水平的要求，并不一定与具体的建筑相匹配。这样存在两种可能，一是设计过度，造成投资增加，二是建筑投用后设计不足，为后续营运者以及监督管理者造成先天性的隐患。

民用建筑在实际运营期间，可能由于使用功能的改变或消防设施设备的老化等因素，给建筑带来一定的消防安全隐患，有必要针对建筑定期开展消防安全风险评估，找到建筑中存在的消防安全问题，提供解决方案，提高建筑消防安全水平。

消防安全风险评估方法种类较多，分为定性和定量两种类型。本手册仅介绍安全检查表法和层次分析法两种常用的评估方法。

14.1.1 安全检查表法

安全检查表法　　　　　　　　　　　　　　　　　　　　　　　表 14.1.1

类　别	内　容
概念	安全检查表法是参照消防安全规范、标准，系统地对一个可能发生的火灾环境进行科学分析，找出各种火灾危险源，并依据检查表中的项目把找出的火灾危险源以问题清单形式制成表，以便于安全检查和火灾安全工程管理，是系统安全工程的一种最基础、最简便、广泛应用的系统危险性评价方法
形式	提问式、对照式等
内容和要求	应按专门的作业活动过程或某一特定的火灾环境进行编制
	应全部列出可能造成火灾的危险因素，通常从消防安全管理、建筑防火、消防设施设备及消防救援等方面进行考虑，以便发现和查明建筑内存在的消防安全问题和隐患
	内容文字应简单、明确
编制与实施流程	确定检查对象
	采用系统安全分析法或经验法找出火灾危险点及危险源
	根据找出的火灾危险点及危险源，对照有关消防法律、法规、制度及相关规范和标准等确定项目和内容，按安全检查表的格式制成表格
	在现场实施应用、检查时，根据检查表中的内容，逐个进行核对，并对检查结果作出标记
	如果在检查中发现现场环境与检查表要求不相符，则说明该处存在火灾隐患，应该按安全检查表的内容及要求予以整改
	在检查、应用的过程中，如果发现安全检查表中存在内容不足的地方，应及时对安全检查表进行修订完善

14.1.2 层次分析法

层次分析法 表 14.1.2

类 别	内 容
概念	层次分析法（Analytic Hierarchy Process，简称 AHP）是指将一个复杂的多目标决策问题作为一个系统，将目标分解为多个目标或准则，进而分解为多指标（或准则、约束）的若干层次，通过定性指标模糊量化方法算出层次单排序（权数）和总排序，以作为目标（多指标）、多方案优化决策的系统方法
形式	查阅资料、询问、现场查验等
编制与实施流程	确定评估对象
	建立层次结构模型，将影响消防安全的各个因素按照不同属性自上而下地分解成若干层次，同一层的诸因素从属于上一层的因素或对上层因素有影响，同时又支配下一层的因素或受到下层因素的作用
	构造成对比较阵。从层次结构模型的第二层开始，对于从属于（或影响）上一层每个因素的同一层诸因素，用成对比较法和 1～9 比较尺度构造成对比较阵，直到最下层
	计算权向量并做一致性检验。计算组合权向量并做组合一致性检验，直至检验通过，确认分析模型
	在现场实施应用检查时，根据评估指标体系中的评估内容对建筑进行评估，并对最下层因素进行赋值打分
	根据各级指标的权重值，进行分值计算，得出消防安全等级和评估结论
分值计算方法	针对建筑消防安全影响程度较大的因素，建议设立"关键项"，如不满足该项则直接评定该建筑消防安全等级为"不合格"
	若第 i 个单项由 n 个子项构成，则该项评分按下式计算 $$x_i = \sum_{j=1}^{n} x_{ij} \times w_{ij}$$ 式中： x_i——第 i 个单项得分； x_{ij}——构成该单项的各子项得分； w_{ij}——第 i 个单项第 j 个子项的权重

14.2 评估内容

14.2.1 建议直接判定不合格项

存在下列情形之一，建议直接评定为"不合格"，消防安全等级直接评定为"差"：

（1）建筑物和公众聚集场所未依法办理消防行政许可或备案手续的；

（2）未依法确定消防安全管理人、自动消防系统操作人员的；

（3）疏散通道、安全出口数量不足或者严重堵塞，已不具备安全疏散条件的；

（4）未按规定设置自动消防系统的；

（5）建筑消防设施严重损坏，不再具备防火灭火功能的；

（6）人员密集场所违反消防安全规定，使用、储存易燃易爆危险品的；

（7）公众聚集场所违反消防技术标准，采用易燃、可燃材料装修，可能导致重大人员伤亡的；

（8）经公安机关消防机构责令改正后，同一违法行为反复出现的；

（9）未依法建立专（兼）职消防队的；

（10）一年内发生一次较大以上（含）火灾或两次以上（含）一般火灾的。

14.2.2 评估细则

评估细则

表 14.2.2

类　　别	检查内容	评 估 细 则	
基本情况	合法性	单位在 1998 年 9 月 1 日以后投入使用的建筑物、场所，应按相关法律法规和规章的要求经消防主管部门竣工验收合格或备案	
		属于公众聚集场所的，应取得开业前消防安全检查合格书	
		建筑物或场所的实际使用情况应符合消防技术规范要求，与消防验收、竣工验收备案、消防安全检查时确定的使用性质相符	
		建筑物改建、扩建、变更用途和装修的，需依法履行消防安全管理手续	
	消防违法行为改正	单位应及时对消防主管部门责令改正的消防违法行为进行改正，并防止同一违法行为反复出现	
消防安全管理	制度及规程	单位应制定相关消防安全制度及消防安全操作规程	
		制度内容应正确完善，符合法律法规及规章的要求	
		制度应公布并执行且便于相关人员获取和知悉	
	消防安全档案	建筑消防安全基本材料是否齐全无误	单位基本概况和消防安全重点部位情况
			消防管理组织机构和各级消防安全责任人
			消防设施、灭火器材情况
			专职消防队、义务消防队人员及其消防装备配备情况
			与消防安全有关的重点工种人员情况
			新增消防产品、防火材料的合格证明材料
			灭火及应急疏散预案等
		消防安全管理相关材料是否齐全无误	消防主管部门填发的各种法律文书
			消防设施定期检查记录、自动消防设施全面检查测试的报告以及维修保养的记录
			消防安全例会记录
			微型消防站情况记录
			火灾隐患及其整改情况记录
			防火检查、巡查记录
			消防安全培训记录
			灭火和应急疏散预案的演练记录
			火灾情况记录
			消防奖惩情况记录等
	组织及职责	依法确定消防安全责任人，且应由法定代表人或者主要负责人担任，对本单位的消防安全承担全面领导责任并参加消防主管部门的消防安全培训且合格，并应明确其消防安全职责	
		分管消防安全工作的负责人为本单位消防安全管理人，对本单位消防安全承担直接领导责任并参加消防主管部门的消防安全培训且合格，并应明确其消防安全职责	
		配备专（兼）职消防安全管理人员	

类　别	检查内容	评 估 细 则	
消防安全管理	组织及职责	自动消防系统操作人员应参加消防专项培训并且合格	
		委托物业服务企业统一管理单位消防工作，或将部分消防工作委托专门机构管理的，由受托方履行有关消防安全的职责，消防安全管理部门应定期检查物业服务企业或专门机构履行职责的情况	
	消防安全管理信息化	根据消防主管部门的要求，将本单位消防安全信息及时录入社会单位消防安全户籍化管理系统	
	消防安全重点部位	单位应结合实际情况，将容易发生火灾、一旦发生火灾可能严重危及人身和财产安全以及对消防安全有重大影响的部位确定为消防安全重点部位	
		消防安全重点部位设置明显的防火标志	
		消防安全重点部位应实行严格管理	
	防火巡查和防火检查	单位至少每月开展一次全面防火检查	
		防火巡查的内容、部位、频次、结果处理、记录等应符合规定要求	
	火灾隐患整改	单位对存在的火灾隐患，应及时予以整改、消除	
		对能当场整改的火灾隐患，应立即改正	
		不能当场整改的，发现人应立即向消防安全管理部门或消防安全管理人报告。消防安全管理部门或消防安全管理人应及时研究制定整改方案，确定整改措施、整改时限、整改资金、整改部门及整改责任人	
		在火灾隐患未消除之前，单位应落实防范措施，保障消防安全。不能确保消防安全，随时可能引发火灾或者一旦发生火灾将严重危及人身安全的，应将危险部位停产停业整改。因火灾隐患整改确需停用消防设施超过24小时的，应书面告知当地消防主管部门	
		火灾隐患整改完毕，负责整改的部门或者人员应将整改情况记录报送消防安全责任人或者消防安全管理人签字确认后存档备查	
		对于涉及城市规划布局而不能自身解决的重大火灾隐患，以及机关、团体、企业、事业单位确无能力解决的重大火灾隐患，单位应提出解决方案并及时向其上级主管部门或者当地人民政府报告	
	消防宣传教育、培训和演练	单位应按照相关法律法规和本单位制度的规定通过多种形式开展经常性的消防宣传教育，提高宣传教育的能力	
		单位应按规定开展消防安全培训	定期开展全员消防安全培训
			新上岗和进入新岗位的职工上岗前消防安全培训
			单位消防安全责任人或消防安全管理人应参加消防安全培训
			应定期组织针对专职消防安全管理人员的消防安全培训
			从事消防设施巡查、维修、保养的人员应参加消防职业技能培训，且持证上岗
		单位应按规定组织开展灭火和应急疏散预案的演练	
	易燃易爆危险品、用火用电和燃油燃气管理	单位应按相关法律法规、规章和本单位制度对易燃易爆危险品和场所实行严格的消防管理	
		单位应按相关法律法规和本单位用火管理制度对动用明火实行严格的消防安全管理	

类　别	检查内容	评　估　细　则
消防安全管理	易燃易爆危险品、用火用电和燃油燃气管理	单位应按相关法律法规、规章和本单位用电管理制度对用电进行消防安全管理
		单位对燃油燃气的储运和使用的管理应符合相关法律法规及规章的规定
		厨房的灶台、油烟罩和烟道应至少每季度清洗一次
	共用建筑及设施	应书面明确各方的消防安全责任
		建筑物专有部分的消防安全由相关单位各自负责
		明确消防车通道、涉及公共消防安全的疏散设施和其他建筑消防设施的管理职责，实行统一管理
建筑防火	耐火等级及构件的耐火极限和燃烧性能	防火墙、承重墙、梁、柱、楼板等建筑构件的耐火极限应符合相关规定，并保持结构完整和防火层完好
		墙、柱、梁、楼板、屋顶承重构件、疏散楼梯、吊顶等主要构件的耐火极限和燃烧性能应符合相关规定
		钢结构的防火保护措施应符合相关规定，并保持完好有效
	防火间距	单位与毗邻建筑的防火间距应符合相关规定
		防火间距严禁被占用
	平面布置及防火、防烟分区	建筑的平面布置应符合《建筑设计防火规范》GB 50016—2014（2018 年版）等消防技术规范及标准的要求，且不应被改变
		防火分区面积应符合《建筑设计防火规范》GB 50016—2014（2018 年版）等消防技术规范及标准的要求，且不应被改变并保持有效
		防烟分区面积应符合《建筑设计防火规范》GB 50016—2014（2018 年版）等消防技术规范及标准的要求，且不应被改变并保持有效
	防火/防烟分隔设施	防火墙的设置位置、材料应符合相关要求
		防火卷帘类型、位置、手动自动控制功能，和防火门的类型、位置、开启方向和自闭功能应符合消防技术规范及标准的要求
		常闭防火门（窗）应处于关闭状态，防火卷帘下方严禁放置阻挡卷帘下落的物品
		竖向管道井、隔墙和楼板穿孔、幕墙、变形缝以及其他需要进行局部防火封堵的位置等均应封堵严密、符合消防技术标准的要求
		防火分隔设施防火封堵严密性应符合消防技术规范及标准的要求
		防烟分隔设施的燃烧性能应符合消防技术规范及标准的要求（挡烟垂壁、排烟阀等）
	室内外装饰装修	建筑保温和外墙装饰的燃烧性能等级应符合《建筑设计防火规范》GB 50016 等消防技术规范及标准的要求
		单位进行室内装修应符合《建筑内部装修设计防火规范》GB 50222 等消防技术规范及标准有关规定，选取装修材料的燃烧性能等级应符合要求并经见证取样检验合格
		屋面节能工程、通风与空调节能工程、空调系统冷热源及辅助设备及其管网节能工程等所使用的保温和绝热材料的燃烧性能应符合相关规定
	建筑构造	建筑构件、屋顶、闷顶、建筑缝隙、天桥、栈桥、管沟等建筑构造应符合《建筑设计防火规范》GB 50016 等消防技术规范及标准要求
		疏散楼梯间、疏散楼梯的构造应符合《建筑设计防火规范》GB 50016 等消防技术规范及标准要求
	通风和空调系统	民用建筑内空气中含有容易起火或爆炸危险物质的房间，通风设施应独立设置且空气不应循环使用

类　别	检查内容	评估细则
建筑防火	通风和空调系统	通风和空调系统宜根据防火分区、楼层设置
		除尘设施应符合相关规范、标准要求
		防火阀的设置应符合相关规范、标准要求
		管道隔热措施应符合相关规范、标准要求
		管道应采用不燃材料，采用难燃材料时应符合相关规范、标准相关要求
		燃油燃气锅炉房应设通风设施，当采用机械通风设施时，换气量应满足相关规范、标准相关要求
安全疏散及避难	安全出口、疏散通道及避难设施	安全出口和疏散门的位置、形式应符合相关规定
		安全出口和疏散门的数量应符合相关规定
		安全出口和疏散门的宽度应符合相关规定
		疏散距离应符合相关规定
		疏散楼梯间的形式应符合相关规定
		单位应按《建筑设计防火规范》GB 50016 等消防技术规范及标准合理设置避难设施，且不应被占用
		单位应在日常生产、营业期间保持疏散通道、安全出口、消防车通道畅通，严禁锁闭，禁止在疏散走道和安全出口、避难层（间）等位置放置其他任何物品、障碍设施
	火灾应急照明和疏散指示	应急照明的设置和功能，包括设置位置、应急转换功能、工作持续时间、照度等，应符合《建筑设计防火规范》GB 50016、《建筑内部装修设计防火规范》GB 50222 等消防技术规范及标准的规定
		火灾疏散指示灯具的设置和功能，如设置位置、应急转换功能、应急工作持续时间、表面亮度等应符合《建筑设计防火规范》GB 50016、《建筑内部装修设计防火规范》GB 50222 等消防技术规范及标准的规定
	疏散引导及逃生器材	单位应按国家相关规定和要求配置火场逃生和疏散引导器材
		人员密集场所的门窗不得设置影响逃生的障碍物
	主要出入口消防提示标识及消防安全告知书	单位在建筑入口等显著位置应设置总平面布局图标识，标明建筑总平面布局和室外消防设施位置等内容
		在人员密集场所的各楼层主要出入口和宾馆客房、公众娱乐场所包厢的房间门后或附近醒目位置应设置楼层疏散指示图标识，标明疏散路线、安全出口、人员所在位置等内容
		在酒吧、网吧等歌舞娱乐放映游艺场所的主入口处应设置人数核定标识
		宾馆、饭店、商场（市场）、公共娱乐场所、学校等单位应在主要出入口处设置"消防安全告知书"
消防设施与器材	消防控制室	消防控制室的一般要求应符合《消防控制室通用技术要求》GB 25506 的要求
		消防控制室的资料和管理要求应符合《消防控制室通用技术要求》GB 25506 的要求
		消防控制室的控制和显示要求应符合《消防控制室通用技术要求》GB 25506 的要求
		消防控制室的图形显示装置的信息记录要求应符合《消防控制室通用技术要求》GB 25506 的要求
		消防控制室的信息传输要求应符合《消防控制室通用技术要求》GB 25506 的要求
		消防控制室应实行每日 24 小时专人值班制度，每班不少于 2 人，每班不超过 8 小时
		消防控制室值班的自动消防系统操作人员，应经国家法定培训机构培训合格，取得消防行业特有工种职业资格证书

续表

类　别	检查内容	评 估 细 则		
消防设施与器材	消防水源	室外消防给水	应采取确保枯水位取水的技术措施	
			消防车取水时，最大吸水高度不应超过 6m	
			应设置消防车到达取水口的消防车道和消防车回车场或回车道	
			水量、水质应符合要求	
			应采用两路市政给水网供水（除建筑高度超过 54m 的住宅外，室外消火栓设计流量小于等于 20L/s 时，可采用一路消防供水）	
		消防水池	自动补水设施、水位显示装置距离应符合要求	
			容积、格数应符合要求	
			消防用水与其他用水共用水池的技术措施应符合要求	
			室外消防水池取水口吸水高度应符合要求	
			室外消防水池取水口与建筑物距离应符合要求	
			与液体储罐距离应符合要求	
		消防水箱的设置位置、容积、水位显示装置，以及进水管、出水管设置、状态应符合要求		
	消火栓系统	室内消火栓的组件安装及系统功能应符合要求		
		室外消火栓的组件安装及系统功能应符合要求		
		水泵接合器的位置、数量、标志应符合要求		
	自动灭火系统	自动喷水灭火系统	组件安装应符合要求	
			压力表显示应符合要求	
			水流指示器动作和反馈情况应符合要求	
			压力开关动作和反馈情况应符合要求	
			消防水泵动作和反馈情况应符合要求	
			开启末端试水装置至消防水泵投入运行的时间应符合要求	
		气体灭火系统	气体灭火控制器自动灭火功能、故障报警功能、自检功能应符合要求	
			控制器主备电切换功能应符合要求	
			自动、手动控制功能应符合要求	
		泡沫灭火系统组件及系统功能应符合相关规范、标准要求		
	火灾自动报警系统	火灾报警控制器的报警及显示功能、主备电源切换功能应符合要求		
		在生产、使用可燃气体并可能发生泄漏的场所应设置可燃气体探测报警系统		
		消防联动控制设备	消防控制器在接收到火灾报警信号后，应在 3s 内发出联动控制信号，并接受联动反馈信号	
			消防水泵、防烟和排烟风机的控制设备除应采用联动控制方式外，还应在消防控制室设置手动直接控制装置	
			消防联动控制器应具有切断火灾区域及相关区域的非消防电源的功能	
			消防联动控制设备的主备电源自动转换功能应符合规定	

类　别	检查内容	评 估 细 则
消防设施 与器材	火灾自动 报警系统	火灾探测器（点型感烟、感温、吸气式、线型光束感烟、线型缆式感温、火焰探测器和图像型探测器等）的设置和报警功能应符合相关规定
		手动火灾报警器的设置位置（每个防火分区应至少设置一个）、距地安装高度、距离应符合规定，报警按钮应发出火灾报警信号且报警部位正确
		火灾警报及应急广播的设置部位、数量及间距、联动功能、远程功能和强切功能以及声压级应符合相关技术规范标准的要求
	防烟和 排烟系统	建筑采用自然排烟时，楼梯间及前室的可开启外窗面积、自然排烟口设置部位、净面积应符合要求
		建筑机械加压送风系统的组件安装及系统功能应符合要求
		建筑采用机械排烟系统时，组件安装（排烟风机外观及安装、排烟口设置等）、系统功能（联动功能、信号反馈等）应符合要求
	消防电源	消防主备电源切换功能应符合要求
		发电机应能正常启动
	消防专用电话	消防专用电话的设置部位、功能应符合要求
	灭火器及其 他消防器材	手提式、推车式灭火器的设置和使用应符合要求
		应在厨房的规定部位安装厨房设备灭火装置
	消防设施 维护保养 及年度检测	单位应对消防设施、设备进行日常维护保养。设有火灾自动消防设施的单位，应委托具有资质的消防技术服务机构对消防设施、设备进行维护保养
		单位应对消防设施、设备进行年度检测。设有火灾自动消防设施的单位，应委托具有资质的消防技术服务机构对消防设施、设备进行年度检测
	消防设施 设备标识	单位应在固定消防设施设备处，设置永久性标识
电气 防火	消防用电 负荷等级	消防用电负荷等级应符合《建筑设计防火规范》GB 50016—2014（2018 年版）第 10.1 条等规定
	运行状况	电气线路应采取穿金属管、阻燃管保护，且金属管、阻燃管周围采用不燃隔热材料进行防火隔离
		电气线路应具有足够的绝缘强度、机械强度并应定期检查。禁止使用绝缘老化或失去绝缘性能的电气线路
		不得擅自架设临时线路，确需架设时，应符合有关规定
		电气设备应与周围可燃物保持一定的安全距离，电气设备附近不应堆放易燃、易爆和腐蚀性物品，禁止在架空线上放置或悬挂物品
		开关、插座和照明灯具靠近可燃物时，应采取隔热、散热等保护措施，并符合《建筑设计防火规范》GB 50016—2014（2018 年版）第 10.2.4 条等规定
	防雷、防静电	建筑、设施、设备和装置的防雷措施应符合相关技术规范、标准的要求
		设备、工艺装置的防静电措施应符合相关技术规范、标准的要求
灭火 救援	专职、志愿 消防队	单位应按规定成立专职、兼职（志愿）消防队，承担本单位的火灾扑救工作
		专职、兼职（志愿）消防队应配备足够人员以及相应的消防器材和装备
		应按规定对专职、兼职（志愿）消防队进行培训并建立执勤（值班）制度，并组织开展消防巡查工作

续表

类　别	检查内容	评 估 细 则
灭火救援	灭火救援设施	消防车道的形式、设置位置、通行能力等应符合相关规范、标准要求
		救援场地的面积、承载能力及入口等应符合相关规范、标准要求
		直升机停机坪的设置应符合《建筑设计防火规范》GB 50016 等消防技术规范及标准的要求
		不得堵塞、占用或设置影响消防车通行、操作及直升机起降的障碍物
		消防电梯的数量、位置、消防电梯前室、防火措施及功能等应符合相关规范、标准要求
		厂房、仓库、公共建筑的消防救援人员出入窗口设置应符合要求，且易于从外部打开
		人员密集场所的门窗不得设置影响灭火救援的障碍物
	外部消防力量	外部消防力量（消防站、小型消防站等）应在规定时间内到达该单位
	消防标识	单位应在消防车通道设置永久性标识
		单位应在防火间距处设置永久性标识
		单位应在消防登高操作面设置永久性标识
		单位应在消防安全重点部位设置永久性标识

备注：

1. 本手册所介绍的方法，是通用于消防安全评估的综合性方法，对于具体的评估需求，可以在此基础之上作相应优化，对于评价指标体系，应按照建筑的生命周期而有对应的取舍或增补，一定要以评估需求与被评估对象的即时状态相吻合为原则，绝不能生搬硬套。

2. 消防安全评估单位应根据当地建筑消防安全评估相关技术标准以及评估对象的实际情况，选取适当的评估方法和评估指标体系，并在运用过程中对评估指标体系中的指标及权重不断进行完善

15 建筑防火设计审核要点

15.1 民用建筑

15.1.1 总则

民用建筑消防设计要点   表 15.1.1

类　别	技　术　要　求	规范依据
建筑分类	民用建筑根据其建筑高度和层数可分为单、多层民用建筑和高层民用建筑 高层民用建筑根据其建筑高度、使用功能和楼层的建筑面积可分为一类和二类	《建筑设计防火规范》 GB 50016—2014 （2018 年版） 第 5.1.1 条
	民用建筑根据其功能可分为住宅建筑和公共建筑	《建筑设计防火规范》 GB 50016—2014 （2018 年版） 第 5.1.1 条
	除《建筑设计防火规范》另有规定外，宿舍、公寓等非住宅类居住建筑的防火要点，应符合《建筑设计防火规范》中有关公共建筑的规定	《建筑设计防火规范》 GB 50016—2014 （2018 年版） 第 5.1.1 条
耐火等级和 耐火极限	民用建筑的耐火等级可分为一、二、三、四级，应根据其建筑高度、使用功能、重要性和火灾扑救难度等确定。不同耐火等级建筑相应构件的燃烧性能和耐火极限应符合相关规定	《建筑设计防火规范》 GB 50016—2014 （2018 年版） 第 5.1.2 条及第 5.1.3 条
总平面布局	在总平面布局中，应合理确定建筑的位置、防火间距、消防车道和消防水源等，不宜将民用建筑布置在甲、乙类厂（库）房，甲、乙、丙类液体储罐，可燃气体储罐和可燃材料堆场的附近	《建筑设计防火规范》 GB 50016—2014 （2018 年版） 第 5.2.1 条
防火分区 和层数	除《建筑设计防火规范》另有规定外，不同耐火等级建筑的允许建筑高度或层数、防火分区最大允许建筑面积应符合相关规定	《建筑设计防火规范》 GB 50016—2014 （2018 年版） 第 5.3.1 条
平面布置	民用建筑的平面布置应结合建筑的耐火等级、火灾危险性、使用功能和安全疏散等因素合理布置	《建筑设计防火规范》 GB 50016—2014 （2018 年版） 第 5.4.1 条
安全疏散 和避难	民用建筑应根据其建筑高度、规模、使用功能和耐火等级等因素合理设置安全疏散和避难设施。安全出口和疏散门的位置、数量、宽度及疏散楼梯间的形式，应满足人员安全疏散的要求	《建筑设计防火规范》 GB 50016—2014 （2018 年版） 第 5.5.1 条

续表

类　别	技　术　要　求	规范依据
建筑构造	建筑的内、外保温系统，宜采用燃烧性能为 A 级的保温材料，不宜采用 B₂ 级保温材料，严禁采用 B₃ 级保温材料；设置保温系统的基层墙体或屋面板的耐火极限应符合有关规定	《建筑设计防火规范》 GB 50016—2014（2018 年版）第 6.7.1 条
	建筑外墙的装饰层应采用燃烧性能为 A 级的材料，但建筑高度不大于 50m 时，可采用 B₁ 级材料	《建筑设计防火规范》 GB 50016—2014（2018 年版）第 6.7.12 条
灭火救援设施	民用建筑应按国家规范、标准设置灭火救援设施，包括消防车道、救援场地和入口、消防电梯、直升机停机坪等	—
其他	建筑高度大于 250m 的建筑，除应符合本规范的要求外，尚应结合实际情况采取更加严格的防火措施，其防火设计应提交国家消防主管部门组织专题研究、论证	《建筑设计防火规范》 GB 50016—2014（2018 年版）第 1.0.6 条

15.1.2　常见术语

民用建筑常见术语解释　　　　　　　　　　　　　　　　　表 15.1.2

类　别	内　容	规范依据
高层建筑	建筑高度大于 27m 的住宅建筑和建筑高度大于 24m 的非单层厂房、仓库和其他民用建筑	
裙房	在高层建筑主体投影范围外，与建筑主体相连且建筑高度不大于 24m 的附属建筑	
重要公共建筑	发生火灾可能造成重大人员伤亡、财产损失和严重社会影响的公共建筑	
商业服务网点	设置在住宅建筑的首层或首层及二层，每个分隔单元建筑面积不大于 300m² 的商店、邮政所、储蓄所、理发店等小型营业性用房	
半地下室	房间地面低于室外设计地面的平均高度、大于该房间平均净高 1/3，且不大于 1/2 者	
地下室	房间地面低于室外设计地面的平均高度、大于该房间平均净高 1/2 者	《建筑设计防火规范》 GB 50016—2014（2018 年版）第 2.1 条
耐火极限	在标准耐火试验条件下，建筑构件、配件或结构从受到火的作用时起，至失去承载能力、完整性或隔热性时止所用时间，用小时表示	
防火隔墙	建筑内防止火灾蔓延至相邻区域且耐火极限不低于规定要求的不燃性墙体	
防火墙	防止火灾蔓延至相邻建筑或相邻水平防火分区且耐火极限不低于 3.00h 的不燃性墙体	
避难层（间）	建筑内用于人员暂时躲避火灾及其烟气危害的楼层（房间）	
安全出口	供人员安全疏散用的楼梯间和室外楼梯的出入口或直通室内外安全区域的出口	
封闭楼梯间	在楼梯间入口处设置门，以防止火灾的烟和热气进入的楼梯间	
防烟楼梯间	在楼梯间入口处设置防烟的前室、开敞式阳台或凹廊（统称前室）等设施，且通向前室和楼梯间的门均为防火门，以防止火灾的烟和热气进入的楼梯间	

类　别	内　容	规范依据
避难走道	采取防烟措施且两侧设置耐火极限不低于 3.00h 的防火隔墙，用于人员安全通行至室外的走道	《建筑设计防火规范》GB 50016—2014（2018 年版）第 2.1 条
防火间距	防止着火建筑在一定时间内引燃相邻建筑，便于消防扑救的间隔距离	
防火分区	在建筑内部采用防火墙、楼板及其他防火分隔设施分隔而成，能在一定时间内防止火灾向同一建筑的其余部分蔓延的局部空间	

15.1.3　具体技术要求

15.1.3.1　建筑分类

民用建筑的分类　　　　　　　　　　　　　　　　表 15.1.3.1

类别	技术要求		单、多层民用建筑	规范依据
	高层民用建筑			
	一　类	二　类		
住宅建筑	建筑高度大于 54m 的住宅建筑（包括设置商业服务网点的住宅建筑）	建筑高度大于 27m，但不大于 54m 的住宅建筑（包括设置商业服务网点的住宅建筑）	建筑高度不大于 27m 的住宅建筑（包括设置商业服务网点的住宅建筑）	《建筑设计防火规范》GB 50016—2014（2018 年版）第 5.1.1 条
公共建筑	1. 建筑高度大于 50m 的公共建筑 2. 建筑高度 24m 以上部分任一楼层建筑面积大于 1000m² 的商店、展览、电信、邮政、财贸金融建筑和其他多种功能组合的建筑 3. 医疗建筑、重要公共建筑、独立建造的老年人照料设施 4. 省级及以上的广播电视和防灾指挥调度建筑、网局级和省级电力调度建筑 5. 藏书超过 100 万册的图书馆、书库	除一类高层公共建筑外的其他高层公共建筑	1. 建筑高度大于 24m 的单层公共建筑 2. 建筑高度不大于 24m 的其他公共建筑	

注：1. 表中未列入的建筑，其类别应根据本表类比确定。
　　2. 除另有规定外，宿舍、公寓等非住宅类居住建筑的防火要求，应符合有关公共建筑的规定。
　　3. 除另有规定外，裙房的防火要求应符合有关高层民用建筑的规定

15.1.3.2　耐火等级和耐火极限

耐火等级和耐火极限的要求　　　　　　　　　　　表 15.1.3.2

类　别	技术要求	规范依据
耐火等级	地下或半地下建筑（室）和一类高层建筑的耐火等级不应低于一级	《建筑设计防火规范》GB 50016—2014（2018 年版）第 5.1.3 条
	单、多层重要公共建筑和二类高层建筑的耐火等级不应低于二级	
	除木结构建筑外，老年人照料设施的耐火等级不应低于三级	《建筑设计防火规范》GB 50016—2014（2018 年版）第 5.1.3A 条

续表

类　别	技　术　要　求	规范依据
耐火极限	建筑高度大于 100m 的民用建筑，其楼板的耐火极限不应低于 2.00h	《建筑设计防火规范》GB 50016—2014（2018 年版）第 5.1.4 条
	一、二级耐火等级建筑的上人平屋顶，其屋面板的耐火极限分别不应低于 1.50h 和 1.00h	

备注：不同耐火等级建筑相应构件的燃烧性能和耐火极限应符合《建筑设计防火规范》GB 50016 相关规定

15.1.3.3　总平面布局

民用建筑之间的防火间距　　　　　　　　　　　　表 15.1.3.3

建筑类别		高层民用建筑	裙房和其他民用建筑			规范依据
		一、二级	一、二级	三级	四级	
高层民用建筑	一、二级	13	9	11	14	《建筑设计防火规范》GB 50016—2014（2018 年版）第 5.2.2 条
裙房和其他民用建筑	一、二级	9	6	7	9	
	三级	11	7	8	10	
	四级	14	9	10	12	

注：1. 相邻两座单、多层建筑，当相邻外墙为不燃性墙体且无外露的可燃性屋檐，每面外墙上无防火保护的门、窗、洞口不正对开设且该门、窗、洞口的面积之和不大于外墙面积的 5% 时，其防火间距可按本表的规定减少 25%。
　　2. 两座建筑相邻较高一面外墙为防火墙，或高出相邻较低一座一、二级耐火等级建筑的屋面 15m 及以下范围内的外墙为防火墙时，其防火间距不限。
　　3. 相邻两座高度相同的一、二级耐火等级建筑中相邻任一侧外墙为防火墙，屋顶的耐火极限不低于 1.00h 时，其防火间距不限。
　　4. 相邻两座建筑中较低一座建筑的耐火等级不低于二级，相邻较低一面外墙为防火墙且屋顶无天窗，屋顶的耐火极限不低于 1.00h 时，其防火间距不应小于 3.5m；对于高层建筑，不应小于 4m。
　　5. 相邻两座建筑中较低一座建筑的耐火等级不低于二级且屋顶无天窗，相邻较高一面外墙高出较低一座建筑的屋面 15m 及以下范围内的开口部位设置甲级防火门、窗，或设置符合现行国家标准《自动喷水灭火系统设计规范》GB 50084 规定的防火分隔水幕或《建筑设计防火规范》GB 50016—2014（2018 年版）第 6.5.3 条规定的防火卷帘时，其防火间距不应小于 3.5m；对于高层建筑，不应小于 4m。
　　6. 相邻建筑通过连廊、天桥或底部的建筑物等连接时，其间距不应小于本表的规定。
　　7. 耐火等级低于四级的既有建筑，其耐火等级可按四级确定。
　　8. 建筑高度大于 100m 的民用建筑与相邻建筑的防火间距，当符合《建筑设计防火规范》GB 50016 中允许减小的条件时，仍不应减小

15.1.3.4　防火分区和层数

不同耐火等级建筑的允许建筑高度或层数、防火分区最大允许建筑面积　　　表 15.1.3.4-1

类　别					规范依据
		技　术　要　求			
名　称	耐火等级	允许建筑高度或层数	防火分区的最大允许建筑面积（m²）	备注	
高层民用建筑	一、二级	按民用建筑的分类表确定	1500	对于体育馆、剧场的观众厅，防火分区的最大允许建筑面积可适当增加	《建筑设计防火规范》GB 50016—2014（2018 年版）第 5.3.1 条
单、多层民用建筑	一、二级	按民用建筑的分类表确定	2500		

类 别		技 术 要 求			规范依据
名 称	耐火等级	允许建筑高度或层数	防火分区的最大允许建筑面积（m²）	备注	
单、多层民用建筑	三级	5层	1200	—	《建筑设计防火规范》GB 50016—2014（2018年版）第5.3.1条
	四级	2层	600	—	
地下或半地下建筑（室）	一级	—	500	设备用房的防火分区最大允许建筑面积不应大于1000 m²	

防火分区和层数相关要求　　　　　　　　　　　　表 15.1.3.4-2

类 别	技 术 要 求			规范依据
老年人照料设施	独立建造的一、二级耐火等级老年人照料设施的建筑高度不宜大于32m，不应大于54m 独立建造的三级耐火等级老年人照料设施，不应超过2层			《建筑设计防火规范》GB 50016—2014（2018年版）第5.3.1A条
面积核算	建筑内设置自动扶梯、敞开楼梯等上、下层相连通的开口时，其防火分区的建筑面积应按上、下层相连通的建筑面积叠加计算；当叠加计算后的建筑面积大于上表规定时，应划分防火分区 建筑内设置中庭时，其防火分区的建筑面积应按上、下层相连通的建筑面积叠加计算			《建筑设计防火规范》GB 50016—2014（2018年版）第5.3.2条
一、二级耐火等级建筑内的商店营业厅、展览厅	当设置自动灭火系统和火灾自动报警系统并采用不燃或难燃装修材料时，其每个防火分区的最大允许建筑面积	设置在高层建筑内时，不应大于4000m²		《建筑设计防火规范》GB 50016—2014（2018年版）第5.3.4条
		设置在单层建筑或仅设置在多层建筑的首层内时，不应大于10000m²		
		设置在地下或半地下时，不应大于2000m²		
总建筑面积大于20000m²的地下或半地下商店	应采用无门、窗、洞口的防火墙、耐火极限不低于2.00h的楼板分隔为多个建筑面积不大于20000m²的区域 相邻区域确需局部连通时，应采用下沉式广场等室外开敞空间、防火隔间、避难走道、防烟楼梯间等方式进行连通			《建筑设计防火规范》GB 50016—2014（2018年版）第5.3.5条

15.1.3.5　平面布置

特殊场所的平面布置要求　　　　　　　　　　　　表 15.1.3.5-1

类 别	技 术 要 求		规范依据
生产车间和库房	除为满足民用建筑使用功能所设置的附属库房外，民用建筑内不应设置生产车间和其他库房		《建筑设计防火规范》GB 50016—2014（2018年版）第5.4.2条
	经营、存放和使用甲、乙类火灾危险性物品的商店、作坊和储藏间，严禁附设在民用建筑内		
商店建筑、展览建筑	采用三级耐火等级建筑时	≤2层	《建筑设计防火规范》GB 50016—2014（2018年版）第5.4.3条
	采用四级耐火等级建筑时	应为单层	

续表

类　　别	技　术　要　求		规范依据
营业厅、展览厅	在三级耐火等级建筑内	首层或二层	《建筑设计防火规范》GB 50016—2014（2018年版）第5.4.3条
	在四级耐火等级建筑内	首层	
	不应设置在地下三层及以下楼层		
	地下或半地下营业厅、展览厅不应经营、储存和展示甲、乙类火灾危险性物品		
托儿所、幼儿园的儿童用房和儿童游乐厅等儿童活动场所	宜设置在独立的建筑内，且不应设置在地下或半地下		《建筑设计防火规范》GB 50016—2014（2018年版）第5.4.4条
	采用独立的一、二级耐火等级的建筑时	≤3层	
	在一、二级耐火等级的建筑内	首层、二层或三层	
	采用三级耐火等级的建筑时	≤2层	
	在三级耐火等级的建筑内	首层或二层	
	采用四级耐火等级的建筑时	单层	
	在四级耐火等级的建筑内	首层	
	在高层建筑内	应设置独立的安全出口和疏散楼梯	
	在单、多层建筑内	应设置独立的安全出口和疏散楼梯	
老年人照料设施中的老年人公共活动用房、康复与医疗用房	设置在地下、半地下时，应设置在地下一层，每间用房的建筑面积不应大于200m² 且使用人数不应大于30人		《建筑设计防火规范》GB 50016—2014（2018年版）第5.4.4B条
	设置在地上四层及以上时，每间用房的建筑面积不应大于200m² 且使用人数不应大于30人		
医院和疗养院的住院部分	不应设置在地下或半地下		《建筑设计防火规范》GB 50016—2014（2018年版）第5.4.5条
	医院和疗养院的病房楼内相邻护理单元之间应采用耐火极限不低于2.00h的防火隔墙分隔，隔墙上的门应采用乙级防火门，设置在走道上的防火门应采用常开防火门		
	采用三级耐火等级建筑时	不应超过2层	
	在三级耐火等级的建筑内	应布置在首层或二层	
	采用四级耐火等级建筑时	应为单层	
	在四级耐火等级的建筑内	应布置在首层	
教学建筑、食堂、菜市场	采用三级耐火等级建筑时	不应超过2层	《建筑设计防火规范》GB 50016—2014（2018年版）第5.4.6条
	在三级耐火等级的建筑内	首层或二层	
	采用四级耐火等级建筑时	应为单层	
	在四级耐火等级的建筑内	应布置在首层	
剧场、电影院、礼堂	宜设置在独立的建筑内		《建筑设计防火规范》GB 50016—2014（2018年版）第5.4.7条
	采用三级耐火等级建筑时	不应超过2层	

类　别	技　术　要　求		规范依据
剧场、电影院、礼堂	设置在其他民用建筑内时	至少应设置 1 个独立的安全出口和疏散楼梯，并应符合下列规定： 1. 应采用耐火极限不低于 2.00h 的防火隔墙和甲级防火门与其他区域分隔。 2. 设置在一、二级耐火等级的建筑内时，观众厅宜布置在首层、二层或三层；确需布置在四层及以上楼层时，一个厅、室的疏散门不应少于 2 个，且每个观众厅的建筑面积不宜大于 400m²。 3. 设置在三级耐火等级的建筑内时，不应布置在三层及以上楼层。 4. 设置在地下或半地下时，宜设置在地下一层，不应设置在地下三层及以下楼层。 5. 设置在高层建筑内时，应设置火灾自动报警系统及自动喷水灭火系统等自动灭火系统	《建筑设计防火规范》GB 50016—2014（2018 年版）第 5.4.7 条
会议厅、多功能厅	宜布置在首层、二层或三层		《建筑设计防火规范》GB 50016—2014（2018 年版）第 5.4.8 条
	设置在三级耐火等级的建筑内时	不应布置在三层及以上楼层	
	确需布置在一、二级耐火等级建筑的其他楼层时	一个厅、室的疏散门不应少于 2 个，且建筑面积不宜大于 400m²	
		设置在地下或半地下时，宜设置在地下一层，不应设置在地下三层及以下楼层	
		设置在高层建筑内时，应设置火灾自动报警系统和自动喷水灭火系统等自动灭火系统	
歌舞厅、录像厅、夜总会、卡拉 OK 厅（含具有卡拉 OK 功能的餐厅）、游艺厅（含电子游艺厅）、桑拿浴室（不包括洗浴部分）、网吧等歌舞娱乐放映游艺场所（不含剧场、电影院）	不应布置在地下二层及以下楼层		《建筑设计防火规范》GB 50016—2014（2018 年版）第 5.4.9 条
	宜布置在一、二级耐火等级建筑内的首层、二层或三层的靠外墙部位		
	不宜布置在袋形走道的两侧或尽端		
	确需布置在地下一层时，地下一层的地面与室外出入口地坪的高差不应大于 10m		
	确需布置在地下或四层及以上楼层时，一个厅、室的建筑面积不应大于 200m²		
	厅、室之间及与建筑的其他部位之间，应采用耐火极限不低于 2.00h 的防火隔墙和 1.00h 的不燃性楼板分隔，设置在厅、室墙上的门和该场所与建筑内其他部位相通的门均应采用乙级防火门		

住宅建筑的平面布置要求　　　　　　　　　　　　　　　　　表 15.1.3.5-2

类　别	技　术　要　求		规范依据
住宅建筑与其他使用功能的建筑合建时（除商业服务网点外）	住宅部分与非住宅部分之间分隔	应采用耐火极限不低于 2.00h 且无门、窗、洞口的防火隔墙和 1.50h 的不燃性楼板完全分隔	《建筑设计防火规范》GB 50016—2014（2018 年版）第 5.4.10 条
		为高层建筑时，应采用无门、窗、洞口的防火墙和耐火极限不低于 2.00h 的不燃性楼板完全分隔	
		建筑外墙上、下层开口之间的防火措施应符合《建筑设计防火规范》GB 50016—2014（2018 年版）第 6.2.5 条的规定	

续表

类 别		技 术 要 求	规范依据
住宅建筑与其他使用功能的建筑合建时（除商业服务网点外）	疏散	住宅部分与非住宅部分的安全出口和疏散楼梯应分别独立设置	《建筑设计防火规范》GB 50016—2014（2018年版）第 5.4.10 条
		为住宅部分服务的地上车库应设置独立的疏散楼梯或安全出口，地下车库的疏散楼梯应按《建筑设计防火规范》GB 50016 第6.4.4 条的规定进行分隔	
		住宅部分和非住宅部分的安全疏散、防火分区和室内消防设施配置，可根据各自的建筑高度分别按照《建筑设计防火规范》GB 50016 有关住宅建筑和公共建筑的规定执行；该建筑的其他防火设计应根据建筑的总高度和建筑规模按本规范有关公共建筑的规定执行	
设置商业服务网点的住宅建筑	居住部分与商业服务网点之间	应采用耐火极限不低于 2.00h 且无门、窗、洞口的防火隔墙和1.50h 的不燃性楼板完全分隔	《建筑设计防火规范》GB 50016—2014（2018年版）第 5.4.11 条
		住宅部分和商业服务网点部分的安全出口和疏散楼梯应分别独立设置	
	商业服务网点中每个分隔单元之间	应采用耐火极限不低于 2.00h 且无门、窗、洞口的防火隔墙相互分隔	
		当每个分隔单元任一层建筑面积大于 200m² 时，该层应设置 2个安全出口或疏散门	
		每个分隔单元内的任一点至最近直通室外的出口的直线距离不应大于《建筑设计防火规范》GB 50016 中有关多层其他建筑位于袋形走道两侧或尽端的疏散门至最近安全出口的最大直线距离 注：室内楼梯的距离可按其水平投影长度的 1.50 倍计算	

设备用房的平面布置要求　　　　　　　　　　　　表 15.1.3.5-3

类 别		技 术 要 求	规范依据
锅炉房、变压器室（燃油或燃气锅炉、油浸变压器、充有可燃油的高压电容器和多油开关等）		宜设置在建筑外的专用房间内	《建筑设计防火规范》GB 50016—2014（2018年版）第 5.4.12 条
	确需贴邻民用建筑布置时	应采用防火墙与所贴邻的建筑分隔，且不应贴邻人员密集场所，该专用房间的耐火等级不应低于二级	
	确需布置在民用建筑内时	不应布置在人员密集场所的上一层、下一层或贴邻 燃油或燃气锅炉房、变压器室应设置在首层或地下一层的靠外墙部位，但常（负）压燃油或燃气锅炉可设置在地下二层或屋顶上。设置在屋顶上的常（负）压燃气锅炉，距离通向屋面的安全出口不应小于 6m 采用相对密度（与空气密度的比值）不小于 0.75 的可燃气体为燃料的锅炉，不得设置在地下或半地下 锅炉房、变压器室的疏散门均应直通室外或安全出口 锅炉房、变压器室等与其他部位之间应采用耐火极限不低于2.00h 的防火隔墙和1.50h 的不燃性楼板分隔。在隔墙和楼板上不应开设洞口，确需在隔墙上设置门、窗时，应采用甲级防火门、窗 锅炉房内设置储油间时，其总储存量不应大于 1m³，且储油间应采用耐火极限不低于 3.00h 的防火隔墙与锅炉间分隔；确需在防火隔墙上设置门时，应采用甲级防火门 变压器室之间、变压器室与配电室之间，应设置耐火极限不低于 2.00h 的防火隔墙	

类 别	技 术 要 求	规范依据
柴油发电机房	宜布置在首层或地下一、二层 不应布置在人员密集场所的上一层、下一层或贴邻 应采用耐火极限不低于2.00h的防火隔墙和1.50h的不燃性楼板与其他部位分隔，门应采用甲级防火门 机房内设置储油间时，其总储存量不应大于1m³，储油间应采用耐火极限不低于3.00h的防火隔墙与发电机间分隔；确需在防火隔墙上开门时，应设置甲级防火门	《建筑设计防火规范》GB 50016—2014（2018年版）第5.4.13条
消防控制室	单独建造的消防控制室，其耐火等级不应低于二级 附设在建筑内的消防控制室，宜设置在建筑内首层或地下一层，并宜布置在靠外墙部位 不应设置在电磁场干扰较强及其他可能影响消防控制设备正常工作的房间附近 疏散门应直通室外或安全出口	《建筑设计防火规范》GB 50016—2014（2018年版）第8.1.7条
消防水泵房	单独建造的消防水泵房，其耐火等级不应低于二级 附设在建筑内的消防水泵房不应设置在地下三层及以下或室内地面与室外出入口地坪高差大于10m的地下楼层 疏散门应直通室外或安全出口	《建筑设计防火规范》GB 50016—2014（2018年版）第8.1.6条

15.1.3.6 安全疏散和避难

1）安全出口与疏散出口

民用建筑安全出口与疏散出口的设置要求   表15.1.3.6-1

类 别	技 术 要 求		规范依据
通用要求	建筑内的安全出口和疏散门应分散布置，且建筑内每个防火分区或一个防火分区的每个楼层、每个住宅单元每层相邻两个安全出口以及每个房间相邻两个疏散门最近边缘之间的水平距离不应小于5m		《建筑设计防火规范》GB 50016—2014（2018年版）第5.5.2条
	自动扶梯和电梯不应计作安全疏散设施		《建筑设计防火规范》GB 50016—2014（2018年版）第5.5.4条
安全出口	一、二级耐火等级公共建筑内的安全出口全部直通室外确有困难的防火分区，可利用通向相邻防火分区的甲级防火门作为安全出口	利用通向相邻防火分区的甲级防火门作为安全出口时，应采用防火墙与相邻防火分区进行分隔	《建筑设计防火规范》GB 50016—2014（2018年版）第5.5.9条
		建筑面积大于1000m²的防火分区，直通室外的安全出口不应少于2个	
		建筑面积不大于1000m²的防火分区，直通室外的安全出口不应少于1个	
		该防火分区通向相邻防火分区的疏散净宽度不应大于其按《建筑设计防火规范》GB 50016—2014（2018年版）第5.5.21条规定计算所需疏散总净宽度的30%，建筑各层直通室外的安全出口总净宽度不应小于按照该规范第5.5.21条规定计算所需疏散总净宽度	
疏散出口	民用建筑的疏散门，应采用向疏散方向开启的平开门，不应采用推拉门、卷帘门、吊门、转门和折叠门。除甲、乙类生产车间外，人数不超过60人且每樘门的平均疏散人数不超过30人的房间，其疏散门的开启方向不限		《建筑设计防火规范》GB 50016—2014（2018年版）第6.4.11条

续表

类　别	技 术 要 求	规范依据
疏散出口	开向疏散楼梯或疏散楼梯间的门，当其完全开启时，不应减少楼梯平台的有效宽度	《建筑设计防火规范》GB 50016—2014（2018年版）第6.4.11条
	人员密集场所内平时需要控制人员随意出入的疏散门和设置门禁系统的住宅、宿舍、公寓建筑的外门，应保证火灾时不需使用钥匙等任何工具即能从内部易于打开，并应在显著位置设置具有使用提示的标识	

民用建筑安全出口的设置数量要求　　　　表 15.1.3.6-2

类别	技 术 要 求	规范依据
公共建筑	公共建筑内每个防火分区或一个防火分区的每个楼层，其安全出口的数量应经计算确定，且不应少于2个 符合下列条件之一的公共建筑可设置1个安全出口或1部疏散楼梯： 1. 除托儿所、幼儿园外，建筑面积不大于200m²且人数不超过50人的单层公共建筑或多层公共建筑的首层； 2. 除医疗建筑，老年人照料设施，托儿所、幼儿园的儿童用房，儿童游乐厅等儿童活动场所和歌舞娱乐放映游艺场所等外，符合下表规定的公共建筑 	耐火等级	最多层数	每层最大建筑面积（m²）	人　数
---	---	---	---
一、二级	3层	200	第二、三层的人数之和不超过50人
三级	3层	200	第二、三层的人数之和不超过25人
四级	2层	200	第二层人数不超过15人		《建筑设计防火规范》GB 50016—2014（2018年版）第5.5.8条
	除歌舞娱乐放映游艺场所外，防火分区建筑面积不大于200m²的地下或半地下设备间、防火分区建筑面积不大于50m²且经常停留人数不超过15人的其他地下或半地下建筑（室）	《建筑设计防火规范》GB 50016—2014（2018年版）第5.5.5条
住宅建筑	建筑高度不大于27m：当每个单元任一层的建筑面积大于650m²，或任一户门至最近安全出口的距离大于15m时，每个单元每层的安全出口不应少于2个	《建筑设计防火规范》GB 50016—2014（2018年版）第5.5.25条
	建筑高度大于27m、不大于54m：当每个单元任一层的建筑面积大于650m²，或任一户门至最近安全出口的距离大于10m时，每个单元每层的安全出口不应少于2个 每个单元设置一座疏散楼梯时，疏散楼梯应通至屋面，且单元之间的疏散楼梯应能通过屋面连通，户门应采用乙级防火门。当不能通至屋面或不能通过屋面连通时，应设置2个安全出口	
	建筑高度大于54m：每个单元每层的安全出口不应少于2个	

民用建筑疏散出口的设置数量要求　　　　表 15.1.3.6-3

类　别	技 术 要 求	规范依据
一般要求	公共建筑内房间的疏散门数量应经计算确定且不应少于2个	《建筑设计防火规范》GB 50016—2014（2018年版）第5.5.15条

类　别	技术要求		规范依据
一般要求	剧场、电影院、礼堂和体育馆的观众厅或多功能厅，其疏散门的数量应经计算确定且不应少于2个，并应符合下列规定： 1. 对于剧场、电影院、礼堂的观众厅或多功能厅，每个疏散门的平均疏散人数不应超过250人；当容纳人数超过2000人时，其超过2000人的部分，每个疏散门的平均疏散人数不应超过400人； 2. 对于体育馆的观众厅，每个疏散门的平均疏散人数不宜超过400～700人		《建筑设计防火规范》 GB 50016—2014 （2018年版） 第5.5.16条
可设置1个疏散门（除托儿所、幼儿园、老年人照料设施、医疗建筑、教学建筑内位于走道尽端的房间外）	位于两个安全出口之间或袋形走道两侧的房间	对于托儿所、幼儿园、老年人照料设施，建筑面积不大于50m²	《建筑设计防火规范》 GB 50016—2014 （2018年版） 第5.5.15条
		对于医疗建筑、教学建筑，建筑面积不大于75m²	
		对于其他建筑或场所，建筑面积不大于120m²	
	位于走道尽端的房间	建筑面积小于50m²且疏散门的净宽度不小于0.90m，或由房间内任一点至疏散门的直线距离不大于15m、建筑面积不大于200m²且疏散门的净宽度不小于1.40m	
	歌舞、娱乐、放映、游艺场所	建筑面积不大于50m²且经常停留人数不超过15人的厅、室	
可设置1个疏散门（除歌舞、娱乐、放映、游艺场所外）	地下或半地下设备间	建筑面积不大于200m²	《建筑设计防火规范》 GB 50016—2014 （2018年版） 第5.5.5条 备注：《建筑设计防火规范》另有规定的除外
	其他地下或半地下房间	建筑面积不大于50m²且经常停留人数不超过15人	

2）疏散宽度

民用建筑疏散宽度要求　　　　　　　　　　　　　　　　　表15.1.3.6-4

类　别	技术要求	规范依据
公共建筑	除另有规定外，公共建筑内疏散门和安全出口的净宽度不应小于0.90m，疏散走道和疏散楼梯的净宽度不应小于1.10m	《建筑设计防火规范》 GB 50016—2014 （2018年版） 第5.5.18条
住宅建筑	住宅建筑的户门、安全出口、疏散走道和疏散楼梯的各自总净宽度应经计算确定，且户门和安全出口的净宽度不应小于0.90m，疏散走道、疏散楼梯和首层疏散外门的净宽度不应小于1.10m。建筑高度不大于18m的住宅中一边设置栏杆的疏散楼梯，其净宽度不应小于1.0m	《建筑设计防火规范》 GB 50016—2014 （2018年版） 第5.5.30条

高层公共建筑内楼梯间的首层疏散门、首层疏散外门、疏散走道和疏散楼梯的最小净宽度（m）　表15.1.3.6-5

类　别	技术要求				规范依据
	楼梯间的首层疏散门、首层疏散外门	走道		疏散楼梯	
		单面布房	双面布房		
高层医疗建筑	1.30	1.40	1.50	1.30	《建筑设计防火规范》 GB 50016—2014 （2018年版） 第5.5.18条
其他高层公共建筑	1.20	1.30	1.40	1.20	

3）疏散距离

（1）公共建筑安全疏散距离

直通疏散走道的房间疏散门至最近安全出口的直线距离（m） 表 15.1.3.6-6

类　别			技　术　要　求					规范依据
			位于两个安全出口 之间的疏散门			位于袋形走道两侧 或尽端的疏散门		
			耐火等级			耐火等级		
			一、 二级	三级	四级	一、 二级	三级	四级	
托儿所、幼儿园、老年人照料设施			25	20	15	20	15	10	
歌舞娱乐游艺放映场所			25	20	15	9	—	—	
医疗 建筑	单、多层		35	30	25	20	15	10	《建筑设计防火规范》 GB 50016—2014 （2018 年版） 第 5.5.17 条
	高层	病房部分	24	—	—	12	—	—	
		其他部分	30	—	—	15	—	—	
教学 建筑	单、多层		35	30	25	22	20	10	
	高层		30	—	—	15	—	—	
高层旅馆、展览建筑			30	—	—	15	—	—	
其他 建筑	单、多层		40	35	25	22	20	15	
	高层		40	—	—	20	—	—	

注：1. 建筑内开向敞开式外廊的房间疏散门至最近安全出口的直线距离可按本表的规定增加 5m。

2. 直通疏散走道的房间疏散门至最近敞开楼梯间的直线距离，当房间位于两个楼梯间之间时，应按本表的规定减少 5m；当房间位于袋形走道两侧或尽端时，应按本表的规定减少 2m。

3. 建筑物内全部设置自动喷水灭火系统时，其安全疏散距离可按本表的规定增加 25%。

4. 楼梯间应在首层直通室外，确有困难时，可在首层采用扩大的封闭楼梯间或防烟楼梯间前室。当层数不超过 4 层且未采用扩大的封闭楼梯间或防烟楼梯间前室时，可将直通室外的门设置在离楼梯间不大于 15m 处。

5. 房间内任一点至房间直通疏散走道的疏散门的直线距离，不应大于上表规定的袋形走道两侧或尽端的疏散门至最近安全出口的直线距离。

6. 一、二级耐火等级建筑内疏散门或安全出口不少于 2 个的观众厅、展览厅、多功能厅、餐厅、营业厅等，其室内任一点至最近疏散门或安全出口的直线距离不应大于 30m；当疏散门不能直通室外地面或疏散楼梯间时，应采用长度不大于 10m 的疏散走道通至最近的安全出口。当该场所设置自动喷水灭火系统时，室内任一点至最近安全出口的安全疏散距离可分别增加 25%

（2）住宅建筑安全疏散距离

住宅建筑直通疏散走道的户门至最近安全出口的直线距离（m） 表 15.1.3.6-7

类　别	技　术　要　求						规范依据
	位于两个安全出口之间的户门			位于袋形走道两侧或尽端的户门			
	一、二级	三级	四级	一、二级	三级	四级	
单、多层	40	35	25	22	20	15	《建筑设计防火规范》 GB 50016—2014 （2018 年版） 第 5.5.29 条
高层	40	—	—	20	—	—	

注：1. 开向敞开式外廊的户门至最近安全出口的最大直线距离可按本表的规定增加 5m。
  2. 直通疏散走道的户门至最近敞开楼梯间的直线距离，当户门位于两个楼梯间之间时，应按本表的规定减少 5m；当户门位于袋形走道两侧或尽端时，应按本表的规定减少 2m。
  3. 住宅建筑内全部设置自动喷水灭火系统时，其安全疏散距离可按本表的规定增加 25%。
  4. 跃廊式住宅的户门至最近安全出口的距离，应从户门算起，小楼梯的一段距离可按其水平投影长度的 1.50 倍计算。
  5. 楼梯间应在首层直通室外，或在首层采用扩大的封闭楼梯间或防烟楼梯间前室。层数不超过 4 层时，可将直通室外的门设置在离楼梯间不大于 15m 处。
  6. 户内任一点至直通疏散走道的户门的直线距离不应大于上表规定的袋形走道两侧或尽端的疏散门至最近安全出口的最大直线距离（跃层式住宅，户内楼梯的距离可按其梯段水平投影长度的 1.50 倍计算）。
  7. 住宅建筑的户门、安全出口、疏散走道和疏散楼梯的各自总净宽度应经计算确定，且户门和安全出口的净宽度不应小于 0.90m，疏散走道、疏散楼梯和首层疏散外门的净宽度不应小于 1.10m。建筑高度不大于 18m 的住宅中一边设置栏杆的疏散楼梯，其净宽度不应小于 1.0m

4）疏散走道与避难走道

疏散走道与避难走道设置要求 表 15.1.3.6-8

类　别	技　术　要　求	规范依据
疏散走道设置要求	疏散走道在防火分区处应设置常开甲级防火门	《建筑设计防火规范》 GB 50016—2014 （2018 年版） 第 6.4.10 条
避难走道设置要求	避难走道防火隔墙的耐火极限不应低于 3.00h，楼板的耐火极限不应低于 1.50h	《建筑设计防火规范》 GB 50016—2014 （2018 年版） 第 6.4.14 条
	避难走道直通地面的出口不应少于 2 个，并应设置在不同方向；当避难走道仅与一个防火分区相通且该防火分区至少有 1 个直通室外的安全出口时，可设置 1 个直通地面的出口	
	任一防火分区通向避难走道的门至该避难走道最近直通地面的出口的距离不应大于 60m	
	避难走道的净宽度不应小于任一防火分区通向该避难走道的设计疏散总净宽度	
	避难走道内部装修材料的燃烧性能应为 A 级	
	防火分区至避难走道入口处应设置防烟前室，前室的使用面积不应小于 6.0m²，开向前室的门应采用甲级防火门，前室开向避难走道的门应采用乙级防火门	

5）避难层与避难间

避难层与避难间设置要求 表 15.1.3.6-9

类别	技术要求		规范依据
设置范围	建筑高度大于 100m 的公共建筑，应设置避难层（间）		《建筑设计防火规范》GB 50016—2014（2018 年版）第 5.5.23 条
	高层病房楼应在二层及以上的病房楼层和洁净手术部设置避难间		《建筑设计防火规范》GB 50016—2014（2018 年版）第 5.5.24 条
	3 层及 3 层以上总建筑面积大于 3000m² （包括设置在其他建筑内三层及以上楼层）的老年人照料设施，应在二层及以上各层老年人照料设施部分的每座疏散楼梯间的相邻部位设置 1 间避难间		《建筑设计防火规范》GB 50016—2014（2018 年版）第 5.5.24A 条
	当老年人照料设施设置与疏散楼梯或安全出口直接连通的开敞式外廊、与疏散走道直接连通且符合人员避难要求的室外平台等时，可不设置避难间		
设置要求（公共建筑）	第一个避难层（间）的楼地面至灭火救援场地地面的高度不应大于 50m，两个避难层（间）之间的高度不宜大于 50m		《建筑设计防火规范》GB 50016—2014（2018 年版）第 5.5.23 条
	通向避难层（间）的疏散楼梯应在避难层分隔、同层错位或上下层断开		
	避难层（间）的净面积应能满足设计避难人数避难的要求，并宜按 5.0 人 /m² 计算		
	避难层兼作设备层时	设备管道宜集中布置，其中的易燃、可燃液体或气体管道应集中布置，设备管道区应采用耐火极限不低于 3.00h 的防火隔墙与避难区分隔	
		管道井和设备间应采用耐火极限不低于 2.00h 的防火隔墙与避难区分隔，管道井和设备间的门不应直接开向避难区；确需直接开向避难区时，与避难层出入口的距离不应小于 5m，且应采用甲级防火门	
	避难间内不应设置易燃、可燃液体或气体管道，不应开设除外窗、疏散门之外的其他开口		
	避难层应设置消防电梯出口		
设置要求（高层病房楼）	避难间服务的护理单元不应超过 2 个，其净面积应按每个护理单元不小于 25.0m² 确定		《建筑设计防火规范》GB 50016—2014（2018 年版）第 5.5.24 条
	避难间兼作其他用途时，应保证人员的避难安全，且不得减少可供避难的净面积		
	应靠近楼梯间，并应采用耐火极限不低于 2.00h 的防火隔墙和甲级防火门与其他部位分隔		
设置要求（老年人照料设施）	避难间内可供避难的净面积不应小于 12m²		《建筑设计防火规范》GB 50016—2014（2018 年版）第 5.5.24A 条
	避难间可利用疏散楼梯间的前室或消防电梯的前室		
	其他要求应符合高层病房楼避难间的规定		
	供失能老年人使用且层数大于 2 层的老年人照料设施，应按核定使用人数配备简易防毒面具		

6）疏散楼梯间和疏散楼梯

防烟楼梯间和封闭楼梯间的设置范围   表 15.1.3.6-10

类　　别	技　术　要　求		规范依据
防烟楼梯间	一类高层公共建筑和建筑高度大于 32m 的二类高层公共建筑		《建筑设计防火规范》GB 50016—2014（2018 年版）第 5.5.12 条
	建筑高度大于 33m 的住宅建筑		《建筑设计防火规范》GB 50016—2014（2018 年版）第 5.5.27 条
	建筑高度大于 24m 的老年人照料设施		《建筑设计防火规范》GB 50016—2014（2018 年版）第 5.5.13A 条
	除住宅建筑套内的自用楼梯外，室内地面与室外出入口地坪高差大于 10m 或 3 层及以上的地下、半地下建筑（室）		《建筑设计防火规范》GB 50016—2014（2018 年版）第 6.4.4 条
	设有电影院、礼堂，建筑面积大于 500m² 的医院、旅馆，建筑面积大于 1000m² 的商场、餐厅、展览厅、公共娱乐场所、健身体育场所的人防工程，当底层室内地面与室外出入口地坪高差大于 10m 时，应设置防烟楼梯间		《人民防空工程设计防火规范》GB 50098—2009 第 5.2.1 条
	建筑高度大于 32m 的高层汽车库、室内地面与室外出入口地坪的高差大于 10m 的地下汽车库		《汽车库、修车库、停车场设计防火规范》GB 50067—2014 第 6.0.3 条
封闭楼梯间	裙房和建筑高度不大于 32m 的二类高层公共建筑		《建筑设计防火规范》GB 50016—2014（2018 年版）第 5.5.12 条
	部分多层公共建筑的疏散楼梯（除与敞开式外廊直接相连的楼梯间外）	医疗建筑、旅馆及类似使用功能的建筑	《建筑设计防火规范》GB 50016—2014（2018 年版）第 5.5.13 条
		设置歌舞娱乐放映游艺场所的建筑	
		商店、图书馆、展览建筑、会议中心及类似使用功能的建筑	
		6 层及以上的其他建筑	
	建筑高度大于 21m、不大于 33m 的住宅建筑应采用封闭楼梯间；当户门采用乙级防火门时，可采用敞开楼梯间		《建筑设计防火规范》GB 50016—2014（2018 年版）第 5.5.27 条
	除住宅建筑套内的自用楼梯外，室内地面与室外出入口地坪高差不大于 10m 或不大于 2 层的地下、半地下建筑（室）		《建筑设计防火规范》GB 50016—2014（2018 年版）第 6.4.4 条

233

续表

类　别	技　术　要　求	规范依据
封闭楼梯间	老年人照料设施的疏散楼梯或疏散楼梯间宜与敞开式外廊直接连通，不能与敞开式外廊直接连通的室内疏散楼梯应采用封闭楼梯间	《建筑设计防火规范》GB 50016—2014（2018年版）第 5.5.13A
	设有电影院、礼堂；建筑面积大于500m²的医院、旅馆；建筑面积大于1000m²的商场、餐厅、展览厅、公共娱乐场所、健身体育场所的人防工程，当地下为两层，且地下第二层的室内地面与室外出入口地坪高差不大于10m时	《人民防空工程设计防火规范》GB 50098—2009 第 5.2.1 条
	按规定可不采用防烟楼梯间的汽车库、修车库	《汽车库、修车库、停车场设计防火规范》GB 50067—2014 第 6.0.3 条

疏散楼梯间和疏散楼梯的设置要求　　　　　表 15.1.3.6-11

类　别	技　术　要　求	规范依据
一般要求	楼梯间应能天然采光和自然通风，并宜靠外墙设置。靠外墙设置时，楼梯间、前室及合用前室外墙上的窗口与两侧门、窗、洞口最近边缘的水平距离不应小于1.0m	《建筑设计防火规范》GB 50016—2014（2018年版）第 6.4.1 条
	楼梯间内不应设置烧水间、可燃材料储藏室、垃圾道	
	楼梯间内不应有影响疏散的凸出物或其他障碍物	
	封闭楼梯间、防烟楼梯间及其前室，不应设置卷帘	
	楼梯间内不应设置甲、乙、丙类液体管道	
	封闭楼梯间、防烟楼梯间及其前室内禁止穿过或设置可燃气体管道。敞开楼梯间内不应设置可燃气体管道，当住宅建筑的敞开楼梯间内确需设置可燃气体管道和可燃气体计量表时，应采用金属管和设置切断气源的阀门	
	除通向避难层错位的疏散楼梯外，建筑内的疏散楼梯间在各层的平面位置不应改变	《建筑设计防火规范》GB 50016—2014（2018年版）第 6.4.4 条
封闭楼梯间	不能自然通风或自然通风不能满足要求时，应设置机械加压送风系统或采用防烟楼梯间	《建筑设计防火规范》GB 50016—2014（2018年版）第 6.4.2 条
	除楼梯间的出入口和外窗外，楼梯间的墙上不应开设其他门、窗、洞口	
	高层建筑、人员密集的公共建筑、人员密集的多层丙类厂房，甲、乙类厂房，其封闭楼梯间的门应采用乙级防火门，并应向疏散方向开启；其他建筑可采用双向弹簧门	《建筑设计防火规范》GB 50016—2014（2018年版）第 6.4.2 条
	楼梯间的首层可将走道和门厅等包括在楼梯间内形成扩大的封闭楼梯间，但应采用乙级防火门等与其他走道和房间分隔	

类　别	技术要求		规范依据
防烟楼梯间	前室可与消防电梯间前室合用		《建筑设计防火规范》GB 50016—2014（2018年版）第6.4.3条
	公共建筑前室的使用面积	不应小于6.0m²	
	住宅建筑前室的使用面积	不应小于4.5m²	
	公共建筑合用前室的使用面积（与消防电梯间前室合用）	不应小于10.0m²	
	住宅建筑合用前室的使用面积（与消防电梯间前室合用）	不应小于6.0m²	
	疏散走道通向前室以及前室通向楼梯间的门应采用乙级防火门		
	除住宅建筑的楼梯间前室外，防烟楼梯间和前室内的墙上不应开设除疏散门和送风口外的其他门、窗、洞口		
	楼梯间的首层可将走道和门厅等包括在楼梯间前室内形成扩大的前室，但应采用乙级防火门等与其他走道和房间分隔		
地下或半地下建筑（室）的疏散楼梯间（除住宅建筑套内的自用楼梯外）	应在首层采用耐火极限不低于2.00h的防火隔墙与其他部位分隔并应直通室外，确需在隔墙上开门时，应采用乙级防火门		《建筑设计防火规范》GB 50016—2014（2018年版）第6.4.4条
	建筑的地下或半地下部分与地上部分不应共用楼梯间，确需共用楼梯间时，应在首层采用耐火极限不低于2.00h的防火隔墙和乙级防火门将地下或半地下部分与地上部分的连通部位完全分隔，并应设置明显的标志		
室外疏散楼梯	栏杆扶手的高度不应小于1.10m，楼梯的净宽度不应小于0.90m		《建筑设计防火规范》GB 50016—2014（2018年版）第6.4.5条
	倾斜角度不应大于45°		
	梯段和平台均应采用不燃材料制作。平台的耐火极限不应低于1.00h，梯段的耐火极限不应低于0.25h		
	通向室外楼梯的门应采用乙级防火门，并应向外开启		
	除疏散门外，楼梯周围2m内的墙面上不应设置门、窗、洞口。疏散门不应正对梯段		

7）下沉式广场

下沉式广场一般设置要求　　　　　　　　　　　　　　　表 15.1.3.6-12

类　别	技术要求	规范依据
设置要求	分隔后的不同区域通向下沉式广场等室外开敞空间的开口最近边缘之间的水平距不应小于13m	《建筑设计防火规范》GB 50016—2014（2018年版）第6.4.12条
	室外开敞空间除用于人员疏散外不得用于其他商业或可能导致火灾蔓延的用途，其中用于疏散的净面积不应小于169m²	
	下沉式广场等室外开敞空间内应设置不少于1部直通地面的疏散楼梯。当连接下沉广场的防火分区需利用下沉广场进行疏散时，疏散楼梯的总净宽度不应小于任一防火分区通向室外开敞空间的设计疏散总净宽度	
	确需设置防风雨篷时，防风雨篷不应完全封闭，四周开口部位应均匀布置，开口的面积不应小于该空间地面面积的25%，开口高度不应小于1.0m；开口设置百叶时，百叶的有效排烟面积可按百叶通风口面积的60%计算	

15.1.3.7 建筑构造

1）防火墙、管道井及防火卷帘

防火墙、管道井及防火卷帘一般设置要求　　　　　表 15.1.3.7-1

类别	技　术　要　求	规范依据
防火墙	防火墙应直接设置在建筑的基础或框架、梁等承重结构上，框架、梁等承重结构的耐火极限不应低于防火墙的耐火极限	《建筑设计防火规范》GB 50016—2014（2018年版）第6.1.1条
	防火墙应从楼地面基层隔断至梁、楼板或屋面板的底面基层	
	防火墙横截面中心线水平距离天窗端面小于4.0m，且天窗端面为可燃性墙体时，应采取防止火势蔓延的措施	《建筑设计防火规范》GB 50016—2014（2018年版）第6.1.2条
	防火墙上不应开设门、窗、洞口，确需开设时，应设置不可开启或火灾时能自动关闭的甲级防火门、窗	《建筑设计防火规范》GB 50016—2014（2018年版）第6.1.5条
	可燃气体和甲、乙、丙类液体的管道严禁穿过防火墙	
	防火墙内不应设置排气道	
	防火墙的构造应能在防火墙任意一侧的屋架、梁、楼板等受到火灾的影响而破坏时，不会导致防火墙倒塌	《建筑设计防火规范》GB 50016—2014（2018年版）第6.1.7条
管道井	电梯井的井壁除设置电梯门、安全逃生门和通气孔洞外，不应设置其他开口	《建筑设计防火规范》GB 50016—2014（2018年版）第6.2.9条
	电缆井、管道井、排烟道、排气道、垃圾道等竖向井道，应分别独立设置。井壁的耐火极限不应低于1.00h，井壁上的检查门应采用丙级防火门	
防火卷帘	除中庭外，当防火分隔部位的宽度不大于30m时，防火卷帘的宽度不应大于10m	《建筑设计防火规范》GB 50016—2014（2018年版）第6.5.3条
	当防火分隔部位的宽度大于30m时，防火卷帘的宽度不应大于该部位宽度的1/3，且不应大于20m	

2）建筑构件

建筑构件一般设置要求　　　　　表 15.1.3.7-2

类别	技　术　要　求		规范依据
剧场等建筑	舞台与观众厅之间	应采用耐火极限不低于3.00h的防火隔墙	《建筑设计防火规范》GB 50016—2014（2018年版）第6.2.1条
	舞台上部与观众厅闷顶之间	可采用耐火极限不低于1.50h的防火隔墙	
		隔墙上的门应采用乙级防火门	
	舞台下部的灯光操作室和可燃物储藏室	应采用耐火极限不低于2.00h的防火隔墙与其他部位分隔	
	电影放映室、卷片室	应采用耐火极限不低于1.50h的防火隔墙与其他部位分隔	
		观察孔和放映孔应采取防火分隔措施	

续表

类别	技 术 要 求		规范依据
防火分隔	应采用耐火极限不低于2.00h的防火隔墙和1.00h的楼板与其他场所或部位分隔，墙上必须设置的门、窗应采用乙级防火门、窗	医疗建筑内的手术室或手术部、产房、重症监护室、贵重精密医疗装备用房、储藏间、实验室、胶片室等	《建筑设计防火规范》GB 50016—2014（2018年版）第6.2.2条
		附设在建筑内的托儿所、幼儿园的儿童用房和儿童游乐厅等儿童活动场所	
		老年人照料设施	
	采用耐火极限不低于2.00h的防火隔墙与其他部位分隔，墙上的门、窗应采用乙级防火门、窗，确有困难时，可采用防火卷帘	民用建筑内的附属库房，剧场后台的辅助用房	《建筑设计防火规范》GB 50016—2014（2018年版）第6.2.3条
		除居住建筑中套内的厨房外，宿舍、公寓建筑中的公共厨房和其他建筑内的厨房	
		附设在住宅建筑内的机动车库	
	采用耐火极限不低于2.00h的防火隔墙和1.50h的楼板与其他部位分隔	附设在建筑内的消防控制室、灭火设备室、消防水泵房和通风空气调节机房、变配电室等	《建筑设计防火规范》GB 50016—2014（2018年版）第6.2.7条
	建筑内的防火隔墙应从楼地面基层隔断至梁、楼板或屋面板的底面基层		《建筑设计防火规范》GB 50016—2014（2018年版）第6.2.4条
	住宅分户墙和单元之间的墙应隔断至梁、楼板或屋面板的底面基层，屋面板的耐火极限不应低于0.50h		
建筑外墙上、下层开口之间（另有规定除外）	应设置高度不小于1.2m的实体墙（当室内设置自动喷水灭火系统时，上、下层开口之间的实体墙高度不应小于0.8m）		《建筑设计防火规范》GB 50016—2014（2018年版）第6.2.5条
	或设置挑出宽度不小于1.0m、长度不小于开口宽度的防火挑檐		
	当上、下层开口之间设置实体墙确有困难时，可设置防火玻璃墙	高层建筑的防火玻璃墙的耐火完整性不应低于1.00h	
		多层建筑的防火玻璃墙的耐火完整性不应低于0.50h	
		外窗的耐火完整性不应低于防火玻璃墙的耐火完整性要求	
其他	住宅建筑外墙上相邻户开口之间的墙体宽度不应小于1.0m；小于1.0m时，应在开口之间设置突出外墙不小于0.6m的隔板		
	实体墙、防火挑檐和隔板的耐火极限和燃烧性能，均不应低于相应耐火等级建筑外墙的要求		
	建筑幕墙应在每层楼板外沿处采取符合规定的防火措施，幕墙与每层楼板、隔墙处的缝隙应采用防火封堵材料封堵		《建筑设计防火规范》GB 50016—2014（2018年版）第6.2.6条
	通风、空气调节机房和变配电室开向建筑内的门应采用甲级防火门，消防控制室和其他设备房开向建筑内的门应采用乙级防火门		《建筑设计防火规范》GB 50016—2014（2018年版）第6.2.7条

3）建筑保温

建筑外墙采用内保温系统时一般设置要求		表 15.1.3.7-3

类　别	技术要求	规范依据
人员密集场所	用火、燃油、燃气等具有火灾危险性的场所以及各类建筑内的疏散楼梯间、避难走道、避难间、避难层等场所或部位，应采用燃烧性能为 A 级的保温材料	《建筑设计防火规范》GB 50016—2014（2018 年版）第 6.7.2 条
非人员密集场所	应采用低烟、低毒且燃烧性能不低于 B$_1$ 级的保温材料	
防护层	保温系统应采用不燃材料做防护层。采用燃烧性能为 B$_1$ 级的保温材料时，防护层的厚度不应小于 10mm	

与基层墙体、装饰层之间无空腔的建筑外墙外保温系统			表 15.1.3.7-4

类　别	技术要求		规范依据
	建筑高度（h）	燃烧性能	
住宅建筑	h > 100m	应为 A 级	《建筑设计防火规范》GB 50016—2014（2018 年版）第 6.7.5 条
	100m ≥ h > 27m	不应低于 B$_1$ 级	
	h ≤ 27m	不应低于 B$_2$ 级	
除住宅建筑和设置人员密集场所的建筑外的其他建筑	h > 50m	应为 A 级	
	50m ≥ h > 24m	不应低于 B$_1$ 级	
	h ≤ 24m	不应低于 B$_2$ 级	
人员密集场所	—	应为 A 级	

与基层墙体、装饰层之间有空腔的建筑外墙外保温系统一般设置要求			表 15.1.3.7-5

类　别		技术要求	规范依据
场　所	建筑高度（h）		
人员密集场所	—	燃烧性能应为 A 级	《建筑设计防火规范》GB 50016—2014（2018 年版）第 6.7.4 条、第 6.7.6 条
非人员密集场所	h > 24m	燃烧性能应为 A 级	
	h ≤ 24m	燃烧性能不应低于 B$_1$ 级	

15.1.3.8　灭火救援设施

1）消防车道

消防车道的设置形式		表 15.1.3.8-1

类　别	技术要求	规范依据
高层民用建筑	应设置环形消防车道，确有困难时，可沿建筑的两个长边设置消防车道	《建筑设计防火规范》GB 50016—2014（2018 年版）第 7.1.2 条
	高层住宅建筑和山坡地或河道边临空建造的高层民用建筑，可沿建筑的长边设置消防车道，但该长边所在建筑立面应为消防车登高操作面	
单、多层公共建筑	超过 3000 个座位的体育馆，超过 2000 个座位的会堂，占地面积大于 3000m² 的商店建筑、展览建筑等单、多层公共建筑应设置环形消防车道，确有困难时，可沿建筑的两个长边设置消防车道	

注：当建筑物沿街道部分的长度大于 150m 或总长度大于 220m 时，应设置穿过建筑物的消防车道，确有困难时，应设置环形消防车道

穿过建筑的消防车道   表 15.3.1.8-2

技 术 要 求	图 例	规范依据
有封闭内院或天井的建筑物，当内院或天井的短边长度大于24m时，宜设置进入内院或天井的消防车道	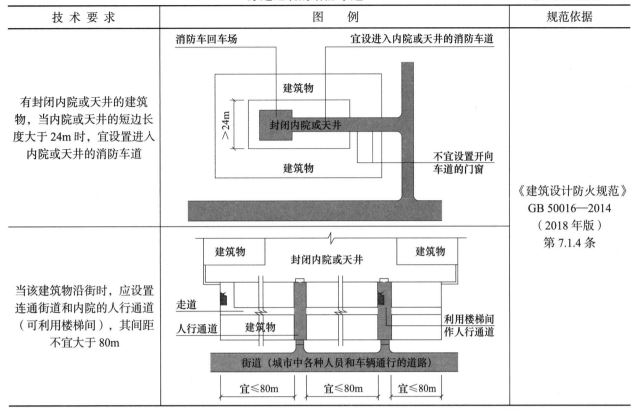	《建筑设计防火规范》GB 50016—2014（2018年版）第7.1.4条
当该建筑物沿街时，应设置连通街道和内院的人行通道（可利用楼梯间），其间距不宜大于80m		

消防车道的一般设置要求   表 15.3.1.8-3

类　别	技 术 要 求	规范依据
净宽度	不应小于4m	《建筑设计防火规范》GB 50016—2014（2018年版）第7.1.8条
净空高度	不应小于4m	
与建筑物间距	消防车道靠建筑外墙一侧的边缘距离建筑外墙不宜小于5m	
	消防车道与建筑之间不应设置妨碍消防车操作的树木、架空管线等障碍物	
坡度	不宜大于8%	
转弯半径	应满足消防车转弯的要求。目前，我国普通消防车的转弯半径为9m，登高车的转弯半径为12m，一些特种车辆的转弯半径为16～20m	《建筑设计防火规范》GB 50016—2014（2018年版）第7.1.8条及条文说明
取水点	供消防车取水的天然水源和消防水池应设置消防车道。消防车道的边缘距离取水点不宜大于2m	《建筑设计防火规范》GB 50016—2014（2018年版）第7.1.7条
回车场及车道连通要求	环形消防车道至少应有两处与其他车道连通	《建筑设计防火规范》GB 50016—2014（2018年版）第7.1.9条
	尽头式消防车道应设置回车道或回车场，回车场的面积不应小于12m×12m；对于高层建筑，不宜小于15m×15m；供重型消防车使用时，不宜小于18m×18m	
间距	街区内的道路应考虑消防车的通行，道路中心线间的距离不宜大于160m	《建筑设计防火规范》GB 50016—2014（2018年版）第7.1.1条

深圳市消防车道规定　　　　　　　　　　　　　　　表 15.1.3.8-4

类　别	技　术　要　求		规范依据
宽度	≥4m		
坡度	≤10%；坡度≥9% 的车道连续长度不大于 150m		
消防车登高操作面所在的消防车道	宽度	≥6m	
	坡度	≤2%	
转弯半径（内径）	≥12m		深圳市公安局消防局《关于明确消防车道及登高操作面设计参数的通知》
消防车登高范围与登高操作面所在的消防车道内边距建筑高层主体外墙距离对应关系	建筑高度（m）	距离（m）	
	24～30	8～9	
	30～35	7～14	
	35～40	8～13	
	40～45	9～12	
	≥45	10～11	
回车场	不小于 18m×18m		
荷载	不少于 30 吨		
穿过建、构筑物的消防车道的净空高度	≥5m		

2）救援场地和入口

消防车登高操作场地设置范围　　　　　　　　　　　表 15.1.3.8-5

类　别	技　术　要　求	规范依据
高层建筑	应至少沿一个长边或周边长度的 1/4 且不小于一个长边长度的底边连续布置消防车登高操作场地，该范围内的裙房进深不应大于 4m	《建筑设计防火规范》GB 50016—2014（2018 年版）表 7.2.1 条
建筑高度不大于 50m 的建筑	连续布置消防车登高操作场地确有困难时，可间隔布置，但间隔距离不宜大于 30m，且消防车登高操作场地的总长度仍应符合规定	

消防车登高操作场地一般设置要求　　　　　　　　　表 15.1.3.8-6

类　别	技　术　要　求		规范依据
长度	建筑高度不大于 50m	不应小于 15m	《建筑设计防火规范》GB 50016—2014（2018 年版）第 7.2.2 条
	建筑高度大于 50m	不应小于 20m	
宽度	建筑高度不大于 50m	不应小于 10m	
	建筑高度大于 50m	不应小于 10m	
坡度	不宜大于 3%		
与建筑间距	不宜小于 5m，且不应大于 10m（场地应与消防车道连通，间距为场地靠建筑外墙一侧的边缘距离建筑外墙的距离）		
	建筑物与消防车登高操作场地相对应的范围内，应设置直通室外的楼梯或直通楼梯间的入口		《建筑设计防火规范》GB 50016—2014（2018 年版）第 7.2.3 条

类 别	技 术 要 求	规范依据
承重	场地及其下面的建筑结构、管道和暗沟等，应能承受重型消防车的压力	《建筑设计防火规范》 GB 50016—2014 （2018 年版） 第 7.2.2 条
其他	场地与民用建筑之间不应设置妨碍消防车操作的树木、架空管线等障碍物和车库出入口	

供消防救援人员进入的窗口　　　　　　　　　　　　　表 15.1.3.8-7

类 别	技 术 要 求	规范依据
设置要求	公共建筑的外墙应在每层设置	《建筑设计防火规范》 GB 50016—2014 （2018 年版） 第 7.2.4 条
净高度	不应小于 1.0m	《建筑设计防火规范》 GB 50016—2014 （2018 年版） 第 7.2.5 条
净宽度	不应小于 1.0m	
下沿距室内地面	不宜大于 1.2m	
间距	不宜大于 20m	
个数	每个防火分区不应少于 2 个	
位置	应与消防车登高操作场地相对应	

3）消防电梯

消防电梯一般设置要求　　　　　　　　　　　　　表 15.1.3.8-8

类 别	技 术 要 求			规范依据
设置范围	建筑高度大于 33m 的住宅建筑			《建筑设计防火规范》 GB 50016—2014 （2018 年版） 第 7.3.1 条
	一类高层公共建筑			
	建筑高度大于 32m 的二类高层公共建筑			
	5 层及以上且总建筑面积大于 3000m² （包括设置在其他建筑内五层及以上楼层）的老年人照料设施			
	设置消防电梯的建筑的地下或半地下室			
	埋深大于 10m 且总建筑面积大于 3000m² 的其他地下或半地下建筑（室）			
设置形式	应分别设置在不同防火分区内，且每个防火分区不应少于 1 台			《建筑设计防火规范》 GB 50016—2014 （2018 年版） 第 7.3.2 条
	应设置前室，前室宜靠外墙设置，应在首层直通室外或经过长度不大于 30m 的通道通向室外			《建筑设计防火规范》 GB 50016—2014 （2018 年版） 第 7.3.5 条
	前室或合用前室的门应采用乙级防火门，不应设置卷帘			
前室面积要求	前室的使用面积不应小于 6.0m²，前室的短边不应小于 2.4m			《建筑设计防火规范》 GB 50016—2014 （2018 年版） 第 6.4.3 条
	合用前室	公共建筑	≥ 10 m² （与防烟楼梯间合用）	

续表

类　别		技　术　要　求		规范依据
面积要求	合用前室	住宅建筑	≥ 6 m² （与防烟楼梯间合用）	《建筑设计防火规范》 GB 50016—2014 （2018 年版） 第 5.5.28 条
			≥ 12 m²，且短边不应小于 2.4m （与剪刀防烟楼梯间共用前室合用）	

4）直升机停机坪

直升机停机坪一般设置要求　　　　　　　　　　　　　　表 15.1.3.8-9

类　别	技　术　要　求	规范依据
设置范围	建筑高度大于 100m 且标准层建筑面积大于 2000m² 的公共建筑	《建筑设计防火规范》 GB 50016—2014 （2018 年版） 第 7.4.1 条
设置要求	设置在屋顶平台上时，距离设备机房、电梯机房、水箱间、共用天线等突出物不应小于 5m	《建筑设计防火规范》 GB 50016—2014 （2018 年版） 第 7.4.2 条
	建筑通向停机坪的出口不应少于 2 个，每个出口的宽度不宜小于 0.90m	
	四周应设置航空障碍灯，并应设置应急照明	
	在停机坪的适当位置应设置消火栓	

15.2　工业建筑

15.2.1　总则

工业建筑消防设计要点　　　　　　　　　　　　　　　表 15.2.1

类　别	技　术　要　求	规范依据
火灾危险性分类	生产的火灾危险性应根据生产中使用或产生的物质性质及其数量等因素划分，可分为甲、乙、丙、丁、戊类	《建筑设计防火规范》 GB 50016—2014 （2018 年版） 第 3.1.1 条
	储存物品的火灾危险性应根据储存物品的性质和储存物品中的可燃物数量等因素划分，可分为甲、乙、丙、丁、戊类	《建筑设计防火规范》 GB 50016—2014 （2018 年版） 第 3.1.3 条
耐火等级	厂房和仓库的耐火等级可分为一、二、三、四级，相应建筑构件的燃烧性能和耐火极限应符合要求	《建筑设计防火规范》 GB 50016—2014 （2018 年版） 第 3.2.1 条
层数、面积和平面布置	厂房、仓库的层数、每个防火分区的最大允许建筑面积以及平面布置应符合要求	《建筑设计防火规范》 GB 50016—2014 （2018 年版）第 3.3.1条、第 3.3.2 条等

类别	技术要求	规范依据
防火间距	厂房之间及与甲、乙、丙、丁、戊类仓库、民用建筑等的防火间距应符合要求	《建筑设计防火规范》GB 50016—2014（2018年版）第3.4.1条
	甲类仓库之间及与其他建筑、明火或散发火花地点、铁路、道路等的防火间距应符合要求	《建筑设计防火规范》GB 50016—2014（2018年版）第3.5.1条
	乙、丙、丁、戊类仓库之间及与民用建筑的防火间距应符合要求	《建筑设计防火规范》GB 50016—2014（2018年版）第3.5.2条
防爆	有爆炸危险的厂房或厂房内有爆炸危险的部位，应设置泄压设施	《建筑设计防火规范》GB 50016—2014（2018年版）第3.6.2条
	有爆炸危险的仓库或仓库内有爆炸危险的部位，宜按规定采取防爆措施、设置泄压设施	《建筑设计防火规范》GB 50016—2014（2018年版）第3.6.14条
安全疏散	厂房、仓库应按规定设置安全出口、疏散楼梯等疏散设施，厂房内的疏散距离应满足要求	《建筑设计防火规范》GB 50016—2014（2018年版）

15.2.2 常见术语

工业建筑常见术语解释　　　　　　　　　　　　　　　　　　　表 15.2.2

类别	内容	规范依据
高架仓库	货架高度大于7m且采用机械化操作或自动化控制的货架仓库	《建筑设计防火规范》GB 50016—2014（2018年版）第2.1条
明火地点	室内外有外露火焰或赤热表面的固定地点（民用建筑内的灶具、电磁炉等除外）	
散发火花地点	有飞火的烟囱或进行室外砂轮、电焊、气焊、气割等作业的固定地点	
闪点	在规定的试验条件下，可燃性液体或固体表面产生的蒸气与空气形成的混合物，遇火源能够闪燃的液体或固体的最低温度（采用闭杯法测定）	
爆炸下限	可燃的蒸气、气体或粉尘与空气组成的混合物，遇火源即能发生爆炸的最低浓度	

15.2.3 具体技术要求

15.2.3.1 火灾危险性分类

生产的火灾危险性分类 表 15.2.3.1-1

类 别	技 术 要 求	
	使用或产生下列物质生产的火灾危险性特征	举 例
甲	1. 闪点小于28℃的液体 2. 爆炸下限小于10%的气体 3. 常温下能自行分解或在空气中氧化能导致迅速自燃或爆炸的物质 4. 常温下受到水或空气中水蒸气的作用，能产生可燃气体并引起燃烧或爆炸的物质 5. 遇酸、受热、撞击、摩擦、催化以及遇有机物或硫黄等易燃的无机物，极易引起燃烧或爆炸的强氧化剂 6. 受撞击、摩擦或与氧化剂、有机物接触时能引起燃烧或爆炸的物质 7. 在密闭设备内操作温度不小于物质本身自燃点的生产	1. 闪点小于28℃的油品和有机溶剂的提炼、回收或洗涤部位及其泵房，橡胶制品的涂胶和胶浆部位，二硫化碳的粗馏、精馏工段及其应用部位，青霉素提炼部位，原料药厂的非纳西汀车间的烃化、回收及电感精馏部位，皂素车间的抽提、结晶及过滤部位，冰片精制部位，农药厂乐果厂房，敌敌畏的合成厂房、磺化法糖精厂房，氯乙醇厂房，环氧乙烷、环氧丙烷工段，苯酚厂房的磺化、蒸馏部位，焦化厂吡啶工段，胶片厂片基车间，汽油加铅室，甲醇、乙醇、丙酮、丁酮异丙醇、醋酸乙酯、苯等的合成或精制厂房，集成电路工厂的化学清洗间（使用闪点小于28℃的液体），植物油加工厂的浸出车间；白酒液态法酿酒车间、酒精蒸馏塔，酒精度为38度及以上的勾兑车间、灌装车间、酒泵房；白兰地蒸馏车间、勾兑车间、灌装车间、酒泵房 2. 乙炔站，氢气站，石油气体分馏（或分离）厂房，氯乙烯厂房，乙烯聚合厂房，天然气、石油伴生气、矿井气、水煤气或焦炉煤气的净化（如脱硫）厂房压缩机室及鼓风机室，液化石油气灌瓶间，丁二烯及其聚合厂房，醋酸乙烯厂房，电解水或电解食盐厂房，环己酮厂房，乙基苯和苯乙烯厂房，化肥厂的氢氮气压缩厂房，半导体材料厂使用氢气的拉晶间，硅烷热分解室 3. 硝化棉厂房及其应用部位，赛璐珞厂房，黄磷制备厂房及其应用部位，三乙基铝厂房，染化厂某些能自行分解的重氮化合物生产，甲胺厂房，丙烯腈厂房 4. 金属钠、钾加工厂房及其应用部位，聚乙烯厂房的一氧二乙基铝部位，三氯化磷厂房，多晶硅车间三氯氢硅部位，五氧化二磷厂房 5. 氯酸钠、氯酸钾厂房及其应用部位，过氧化氢厂房，过氧化钠、过氧化钾厂房，次氯酸钙厂房 6. 赤磷制备厂房及其应用部位，五硫化二磷厂房及其应用部位 7. 洗涤剂厂房石蜡裂解部位，冰醋酸裂解厂房
乙	1. 闪点不小于28℃，但小于60℃的液体 2. 爆炸下限不小于10%的气体 3. 不属于甲类的氧化剂 4. 不属于甲类的易燃固体 5. 助燃气体 6. 能与空气形成爆炸性混合物的浮游状态的粉尘、纤维、闪点不小于60℃的液体雾滴	1. 闪点大于等于28℃至小于60℃的油品和有机溶剂的提炼、回收、洗涤部位及其泵房，松节油或松香蒸馏厂房及其应用部位，醋酸酐精馏厂房，己内酰胺厂房，甲酚厂房，氯丙醇厂房，樟脑油提取部位，环氧氯丙烷厂房，松针油精制部位，煤油罐桶间 2. 一氧化碳压缩机室及净化部位，发生炉煤气或鼓风炉煤气净化部位，氨压缩机房 3. 发烟硫酸或发烟硝酸浓缩部位，高锰酸钾厂房，重铬酸钠（红矾钠）厂房 4. 樟脑或松香提炼厂房，硫黄回收厂房，焦化厂精萘厂房 5. 氧气站，空分厂房 6. 铝粉或镁粉厂房，金属制品抛光部位，煤粉厂房、面粉厂的碾磨部位、活性炭制造及再生厂房，谷物筒仓的工作塔，亚麻厂的除尘器和过滤器室

244

类　别	技　术　要　求	
	使用或产生下列物质生产 的火灾危险性特征	举　　例
丙	1. 闪点不小于60℃的液体 2. 可燃固体	1. 闪点大于等于60℃的油品和有机液体的提炼、回收工段及其抽送泵房，香料厂的松油醇部位和乙酸松油脂部位，苯甲酸厂房，苯乙酮厂房，焦化厂焦油厂房，甘油、桐油的制备厂房，油浸变压器室，机器油或变压油罐桶间，润滑油再生部位，配电室（每台装油量大于60kg的设备），沥青加工厂房，植物油加工厂的精炼部位 2. 煤、焦炭、油母页岩的筛分、转运工段和栈桥或储仓，木工厂房，竹、藤加工厂房，橡胶制品的压延、成型和硫化厂房，针织品厂房，纺织、印染、化纤生产的干燥部位，服装加工厂房，棉花加工和打包厂房，造纸厂备料、干燥车间，印染厂成品厂房，麻纺厂粗加工车间，谷物加工厂房，卷烟厂的切丝、卷制、包装车间，印刷厂的印刷车间，毛涤厂选毛车间，电视机、收音机装配厂房，显像管厂装配工段烧枪间，磁带装配厂房，集成电路工厂的氧化扩散间、光刻间，泡沫塑料厂的发泡、成型、印片压花部位，饲料加工厂房，畜（禽）屠宰、分割及加工车间、鱼加工车间
丁	1. 对不燃烧物质进行加工，并在高温或熔化状态下经常产生强辐射热、火花或火焰的生产 2. 利用气体、液体、固体作为燃料或将气体、液体进行燃烧作其他用的各种生产 3. 常温下使用或加工难燃烧物质的生产	1. 金属冶炼、锻造、铆焊、热轧、铸造、热处理厂房 2. 锅炉房，玻璃原料熔化厂房，灯丝烧拉部位，保温瓶胆厂房，陶瓷制品的烘干、烧成厂房，蒸汽机车库，石灰焙烧厂房，电石炉部位，耐火材料烧成部位，转炉厂房，硫酸车间焙烧部位，电极煅烧工段，配电室（每台装油量小于等于60kg的设备） 3. 难燃铝塑料材料的加工厂房，酚醛泡沫塑料的加工厂房，印染厂的漂炼部位，化纤厂后加工润湿部位
戊	常温下使用或加工不燃烧物质的生产	制砖车间，石棉加工车间，卷扬机室，不燃液体的泵房和阀门室，不燃液体的净化处理工段，除镁合金外的金属冷加工车间，电动车库，钙镁磷肥车间（焙烧炉除外），造纸厂或化学纤维厂的浆粕蒸煮工段，仪表、器械或车辆装配车间，氟利昂厂房，水泥厂的轮窑厂房，加气混凝土厂的材料准备、构件制作厂房

注：规范依据为《建筑设计防火规范》GB 50016—2014（2018年版）第3.1.1条及条文说明

仓库的危险性类别　　　　　　　　　　　　　表 15.2.3.1-2

类　别	技　术　要　求	
	储存物品的火灾危险性特征	举　　例
甲	1. 闪点小于28℃的液体 2. 爆炸下限小于10%的气体，受到水或空气中水蒸气的作用能产生爆炸下限小于10%气体的固体物质 3. 常温下能自行分解或在空气中氧化能导致迅速自燃或爆炸的物质 4. 常温下受到水或空气中水蒸气的作用，能产生可燃气体并引起燃烧或爆炸的物质 5. 遇酸、受热、撞击、摩擦以及遇有机物或硫黄等易燃的无机物，极易引起燃烧或爆炸的强氧化剂 6. 受撞击、摩擦或与氧化剂、有机物接触时能引起燃烧或爆炸的物质	1. 己烷，戊烷，环戊烷，石脑油，二硫化碳，苯，甲苯，甲醇，乙醇，乙醚，蚁酸甲酯，醋酸乙酯，硝酸乙酯，汽油，丙酮，丙烯，酒精度为38度以上的白酒 2. 乙炔，氢，甲烷，环氧乙烷，水煤气，液化石油气，乙烯，丙烯、丁二烯，硫化氢，氯乙烯，电石，碳化铝 3. 硝化棉，硝化纤维胶片，喷漆棉，火胶棉，赛璐珞棉，黄磷 4. 金属钾、钠、锂、钙、锶，氢化锂，氢化钠，四氢化锂铝 5. 氯酸钾，氯酸钠，过氧化钾，过氧化钠，硝酸铵 6. 赤磷，五硫化二磷，三硫化二磷

续表

类 别	技 术 要 求	
	储存物品的火灾危险性特征	举 例
乙	1. 闪点不小于28℃，但小于60℃的液体 2. 爆炸下限不小于10%的气体 3. 不属于甲类的氧化剂 4. 不属于甲类的易燃固体 5. 助燃气体 6. 常温下与空气接触能缓慢氧化，积热不散引起自燃的物品	1. 煤油，松节油，丁烯醇，异戊醇，丁醚，醋酸丁酯、醋酸戊脂，乙酰丙酮，环己胺，溶剂油，冰醋酸，樟脑油，蚁酸 2. 氨气、一氧化碳 3. 硝酸铜，铬酸，亚硝酸钾，重铬酸钠，铬酸钾，硝酸，硝酸汞、硝酸钴，发烟硫酸，漂白粉 4. 硫黄，镁粉，铝粉，赛璐珞板（片），樟脑，萘，生松香，硝化纤维漆布，硝化纤维色片 5. 氧气，氟气，液氯 6. 漆布及其制品，油布及其制品，油纸及其制品，油绸及其制品
丙	1. 闪点不小于60℃的液体 2. 可燃固体	1. 动物油、植物油、沥青、蜡、润滑油、机油、重油，闪点大于等于60℃的柴油，糖醛，白兰地成品库 2. 化学、人造纤维及其织物，纸张，棉、毛、丝、麻及其织物，谷物，面粉，粒径大于等于2mm的工业成型硫黄，天然橡胶及其制品，竹、木及其制品，中药材，电视机、收录机等电子产品，计算机房已录数据的磁盘储存间，冷库中的鱼、肉间
丁	难燃烧物品	自熄性塑料及其制品，酚醛泡沫塑料及其制品，水泥刨花板
戊	不燃烧物品	钢材、铝材、玻璃及其制品、搪瓷制品、陶瓷制品，不燃气体，玻璃棉、岩棉、陶瓷棉、硅酸铝纤维、矿棉，石膏及其无纸制品，水泥、石、膨胀珍珠岩

火灾危险性确定方法　　　　　　　　　　　　表 15.2.3.1-3

类别	技 术 要 求		规范依据
厂房	同一座厂房或厂房的任一防火分区内有不同火灾危险性生产时，厂房或防火分区内的生产火灾危险性类别应按火灾危险性较大的部分确定		《建筑设计防火规范》GB 50016—2014（2018 年版）第 3.1.2 条
	可按火灾危险性较小的部分确定	火灾危险性较大的生产部分占本层或本防火分区建筑面积的比例小于5%	
		丁、戊类厂房内的油漆工段小于10%，且发生火灾事故时不足以蔓延至其他部位或火灾危险性较大的生产部分采取了有效的防火措施	
		丁、戊类厂房内的油漆工段，当采用封闭喷漆工艺，封闭喷漆空间内保持负压、油漆工段设置可燃气体探测报警系统或自动抑爆系统，且油漆工段占所在防火分区建筑面积的比例不大于20%	
仓库	同一座仓库或仓库的任一防火分区内储存不同火灾危险性物品时，仓库或防火分区的火灾危险性应按火灾危险性最大的物品确定		《建筑设计防火规范》GB 50016—2014（2018 年版）第 3.1.4 条
	丁、戊类储存物品仓库的火灾危险性应按丙类确定的情况（满足之一）	当可燃包装重量大于物品本身重量的1/4	《建筑设计防火规范》GB 50016—2014（2018 年版）第 3.1.5 条
		可燃包装体积大于物品本身体积的1/2	

15.2.3.2　耐火等级和耐火极限

工业建筑耐火等级和耐火极限一般要求　　　　表 15.2.3.2

类别		技 术 要 求	规范依据
厂房	耐火等级 不应低于二级	高层厂房，甲、乙类厂房	《建筑设计防火规范》 GB 50016—2014 （2018 年版） 第 3.2.2 条
		使用或产生丙类液体的厂房和有火花、赤热表面、明火的丁类厂房	《建筑设计防火规范》 GB 50016—2014 （2018 年版） 第 3.2.3 条
		使用或储存特殊贵重的机器、仪表、仪器等设备或物品的建筑	《建筑设计防火规范》 GB 50016—2014 （2018 年版） 第 3.2.4 条
		锅炉房（除有特殊规定外）	《建筑设计防火规范》 GB 50016—2014 （2018 年版） 第 3.2.5 条
		油浸变压器室、高压配电装置室	《建筑设计防火规范》 GB 50016—2014 （2018 年版） 第 3.2.6 条
	耐火等级 不应低于三级	建筑面积不大于 300m² 的独立甲、乙类单层厂房	《建筑设计防火规范》 GB 50016—2014 （2018 年版） 第 3.2.2 条
		单、多层丙类厂房和多层丁、戊类厂房	《建筑设计防火规范》 GB 50016—2014 （2018 年版） 第 3.2.3 条
		使用或产生丙类液体的厂房和有火花、赤热表面、明火的厂房，当为建筑面积不大于 500m² 的单层丙类厂房或建筑面积不大于 1000m² 的单层丁类厂房时	
		当锅炉房为燃煤锅炉房，且锅炉的总蒸发量不大于 4t/h 时	《建筑设计防火规范》 GB 50016—2014 （2018 年版） 第 3.2.5 条
仓库	耐火等级 不应低于二级	高架仓库、高层仓库、甲类仓库、多层乙类仓库和储存可燃液体的多层丙类仓库	《建筑设计防火规范》 GB 50016—2014 （2018 年版） 第 3.2.7 条
		粮食筒仓（可采用钢板仓）	《建筑设计防火规范》 GB 50016—2014 （2018 年版） 第 3.2.8 条

续表

类别	技 术 要 求		规范依据
仓库	耐火等级 不应低于三级	单层乙类仓库，单层丙类仓库，储存可燃固体的多层丙类仓库和多层丁、戊类仓库	《建筑设计防火规范》 GB 50016—2014 （2018 年版） 第 3.2.7 条
		粮食平房仓（二级耐火等级的散装粮食平房仓可采用无防火保护的金属承重构件）	《建筑设计防火规范》 GB 50016—2014 （2018 年版） 第 3.2.8 条
耐火极限	甲、乙类厂房和甲、乙、丙类仓库内的防火墙，其耐火极限不应低于 4.00h		《建筑设计防火规范》 GB 50016—2014 （2018 年版） 第 3.2.9 条
	一、二级耐火等级厂房(仓库)的上人平屋顶,其屋面板的耐火极限分别不应低于 1.50h 和 1.00h		《建筑设计防火规范》 GB 50016—2014 （2018 年版） 第 3.2.15 条

15.2.3.3 层数、面积和平面布置

厂房的层数和每个防火分区的最大允许建筑面积　　　　　　　　　　表 15.2.3.3-1

类　　别			技 术 要 求				规范依据
生产的火灾危险性类别	厂房的耐火等级	最多允许层数	每个防火分区的最大允许建筑面积（m²）				
			单层厂房	多层厂房	高层厂房	地下或半地下厂房（包括地下或半地下室）	
甲	一级 二级	宜采用单层	4000 3000	3000 2000	— —	— —	《建筑设计防火规范》 GB 50016—2014 （2018 年版） 第 3.3.1 条
乙	一级 二级	不限 6	5000 4000	4000 3000	2000 1500	— —	
丙	一级 二级 三级	不限 不限 2	不限 8000 3000	6000 4000 2000	3000 2000 —	500 500 —	
丁	一、二级 三级 四级	不限 3 1	不限 4000 1000	不限 2000 —	4000 — —	1000 — —	
戊	一、二级 三级 四级	不限 3 1	不限 5000 1500	不限 3000 —	6000 — —	1000 — —	

注：1. 防火分区之间应采用防火墙分隔。除甲类厂房外的一、二级耐火等级厂房，当其防火分区的建筑面积大于本表规定，且设置防火墙确有困难时，可采用防火卷帘或防火分隔水幕分隔。采用防火卷帘时，应符合《建筑设计防火规范》GB 50016—2014（2018 年版）第 6.5.3 条的规定；采用防火分隔水幕时，应符合现行国家标准《自动喷水灭火系统设计规范》GB 50084 的规定。
　　 2. 除麻纺厂房外，一级耐火等级的多层纺织厂房和二级耐火等级的单、多层纺织厂房，其每个防火分区的最大允许建筑面积可按本表的规定增加 0.5 倍，但厂房内的原棉开包、清花车间与厂房内其他部位之间均应采用耐火极限不低于 2.50h 的防火隔墙分隔，需要开设门、窗、洞口时，应设置甲级防火门、窗。

3. 一、二级耐火等级的单、多层造纸生产联合厂房，其每个防火分区的最大允许建筑面积可按本表的规定增加 1.5 倍。一、二级耐火等级的湿式造纸联合厂房，当纸机烘缸罩内设置自动灭火系统，完成工段设置有效灭火设施保护时，其每个防火分区的最大允许建筑面积可按工艺要求确定。

4. 一、二级耐火等级的谷物筒仓工作塔，当每层工作人数不超过 2 人时，其层数不限。

5. 一、二级耐火等级卷烟生产联合厂房内的原料、备料及成组配方、制丝、储丝和卷接包、辅料周转、成品暂存、二氧化碳膨胀烟丝等生产用房应划分独立的防火分隔单元，当工艺条件许可时，应采用防火墙进行分隔。其中制丝、储丝和卷接包车间可划分为一个防火分区，且每个防火分区的最大允许建筑面积可按工艺要求确定，但制丝、储丝及卷接包车间之间应采用耐火极限不低于 2.00h 的防火隔墙和 1.00h 的楼板进行分隔。厂房内各水平和竖向防火分隔之间的开口应采取防止火灾蔓延的措施。

6. 厂房内的操作平台、检修平台，当使用人数少于 10 人时，平台的面积可不计入所在防火分区的建筑面积内。

7. "—" 表示不允许

仓库的层数和面积　　　　　　　　　　　　　　　　　　　　表 15.2.3.3-2

类　别		技　术　要　求								规范依据
储存物品的危险性类别	仓库的耐火等级	最多允许层数	每座仓库的最大允许占地面积和每个防火分区的最大允许建筑面积（m²）							规范依据
储存物品的危险性类别	仓库的耐火等级	最多允许层数	单层仓库		多层仓库		高层仓库		地下或半地下仓库（包括地下或半地下室）	规范依据
储存物品的危险性类别	仓库的耐火等级	最多允许层数	每座仓库	防火分区	每座仓库	防火分区	每座仓库	防火分区	防火分区	规范依据
甲　3、4 项	一级	1	180	60	—	—	—	—	—	
甲　1、2、5、6 项	一、二级	1	750	250	—	—	—	—	—	
乙　1、3、4 项	一、二级	3	2000	500	900	300	—	—	—	
乙　1、3、4 项	三级	1	500	250	—	—	—	—	—	
乙　2、5、6 项	一、二级	5	2800	700	1500	500	—	—	—	
乙　2、5、6 项	三级	1	900	300	—	—	—	—	—	
丙　1 项	一、二级	5	4000	1000	2800	700	—	—	150	《建筑设计防火规范》GB 50016—2014（2018 年版）第 3.3.2 条
丙　1 项	三级	1	1200	400	—	—	—	—	—	《建筑设计防火规范》GB 50016—2014（2018 年版）第 3.3.2 条
丙　2 项	一、二级	不限	6000	1500	4800	1200	4000	1000	300	《建筑设计防火规范》GB 50016—2014（2018 年版）第 3.3.2 条
丙　2 项	三级	3	2100	700	1200	400	—	—	—	《建筑设计防火规范》GB 50016—2014（2018 年版）第 3.3.2 条
丁	一、二级	不限	不限	3000	不限	1500	4800	1200	500	
丁	三级	3	3000	1000	1500	500	—	—	—	
丁	四级	1	2100	700	—	—	—	—	—	
戊	一、二级	不限	不限	不限	不限	2000	6000	1500	1000	
戊	三级	3	3000	1000	2100	700	—	—	—	
戊	四级	1	2100	700	—	—	—	—	—	

注：1. 仓库内的防火分区之间必须采用防火墙分隔，甲、乙类仓库内防火分区之间的防火墙不应开设门、窗、洞口；地下或半地下仓库（包括地下或半地下室）的最大允许占地面积，不应大于相应类别地上仓库的最大允许占地面积。

2. 石油库区内的桶装油品仓库应符合现行国家标准《石油库设计规范》GB 50074 的规定。

3. 一、二级耐火等级的煤均化库，每个防火分区的最大允许建筑面积不应大于 12000m²。

4. 独立建造的硝酸铵仓库、电石仓库、聚乙烯等高分子制品仓库、尿素仓库、配煤仓库、造纸厂的独立成品仓库，当建筑的耐火等级不低于二级时，每座仓库的最大允许占地面积和每个防火分区的最大允许建筑面积可按本表的规定增加 1.0 倍。

5. 一、二级耐火等级粮食平房仓的最大允许占地面积不应大于 12000m²，每个防火分区的最大允许建筑面积不

应大于3000m²；三级耐火等级粮食平房仓的最大允许占地面积不应大于3000m²，每个防火分区的最大允许建筑面积不应大于1000m²。

6. 一、二级耐火等级且占地面积不大于2000m²的单层棉花库房，其防火分区的最大允许建筑面积不应大于2000m²。

7. 一、二级耐火等级冷库的最大允许占地面积和防火分区的最大允许建筑面积，应符合现行国家标准《冷库设计规范》GB 50072的规定。

8. "—"表示不允许

厂房、仓库防火分区面积特殊规定 表15.2.3.3-3

类 别	技 术 要 求	规范依据
设自动灭火系统时	厂房内设置自动灭火系统时，每个防火分区的最大允许建筑面积可按规定增加1.0倍	《建筑设计防火规范》GB 50016—2014（2018年版）第3.3.3条
	当丁、戊类的地上厂房内设置自动灭火系统时，每个防火分区的最大允许建筑面积不限	
	厂房内局部设置自动灭火系统时，其防火分区的增加面积可按该局部面积的1.0倍计算	
	仓库内设置自动灭火系统时，除冷库的防火分区外，每座仓库的最大允许占地面积和每个防火分区的最大允许建筑面积可按规定增加1.0倍	

平面布置一般规定 表15.2.3.3-4

类 别	技 术 要 求	规范依据
甲、乙类生产场所（仓库）	不应设置在地下或半地下	《建筑设计防火规范》GB 50016—2014（2018年版）第3.3.4条
员工宿舍	严禁设置在厂房内	《建筑设计防火规范》GB 50016—2014（2018年版）第3.3.5条
	严禁设置在仓库内	《建筑设计防火规范》GB 50016—2014（2018年版）第3.3.9条
办公室、休息室	甲、乙类厂房：不应设置在甲、乙类厂房内	《建筑设计防火规范》GB 50016—2014（2018年版）第3.3.5条
	甲、乙类厂房：确需贴邻厂房时，其耐火等级不应低于二级，并应采用耐火极限不低于3.00h的防爆墙与厂房分隔，且应设置独立的安全出口	
	丙类厂房：应采用耐火极限不低于2.50h的防火隔墙和1.00h的楼板与其他部位分隔	
	丙类厂房：至少设置1个独立的安全出口	
	丙类厂房：如隔墙上需开设相互连通的门时，应采用乙级防火门	

续表

类　别	技　术　要　求		规范依据
办公室、休息室	甲、乙类仓库	严禁设置在甲、乙类仓库内，也不应贴邻	《建筑设计防火规范》GB 50016—2014（2018年版）第3.3.9条
	丙、丁类仓库	应采用耐火极限不低于2.50h的防火隔墙和1.00h的楼板与其他部位分隔	
		设置独立的安全出口	
		隔墙上需开设相互连通的门时，应采用乙级防火门	
中间仓库	甲、乙类中间仓库应靠外墙布置，其储量不宜超过1昼夜的需要量		《建筑设计防火规范》GB 50016—2014（2018年版）第3.3.6条
	甲、乙、丙类中间仓库应采用防火墙和耐火极限不低于1.50h的不燃性楼板与其他部位分隔		
	丁、戊类中间仓库应采用耐火极限不低于2.00h的防火隔墙和1.00h的楼板与其他部位分隔		
	仓库的耐火等级和面积应符合相关规定		
变、配电站	不应设置在甲、乙类厂房内或贴邻		《建筑设计防火规范》GB 50016—2014（2018年版）第3.3.8条
	不应设置在爆炸性气体、粉尘环境的危险区域内		
	供甲、乙类厂房专用的10kV及以下的变、配电站，当采用无门、窗、洞口的防火墙分隔时，可一面贴邻厂房，并应符合现行国家标准《爆炸危险环境电力装置设计规范》GB 50058等标准的规定		
	乙类厂房的配电站确需在防火墙上开窗时，应采用甲级防火窗		
物流建筑	以分拣、加工等作业为主时	按有关厂房的规定确定，其中仓储部分应按中间仓库确定	《建筑设计防火规范》GB 50016—2014（2018年版）第3.3.10条
	以仓储为主或建筑难以区分主要功能时	按有关仓库的规定确定	
		当分拣等作业区采用防火墙与储存区完全分隔时，作业区和储存区的防火要求可分别按有关厂房和仓库的规定确定	
	当分拣等作业区采用防火墙与储存区完全分隔时，储存区的防火分区最大允许建筑面积和储存区部分建筑的最大允许占地面积，可按仓库的层数和面积表（不含注）的规定增加3.0倍（除自动化控制的丙类高架仓库外），需同时满足	储存除可燃液体、棉、麻、丝、毛及其他纺织品、泡沫塑料等物品外的丙类物品且建筑的耐火等级不低于一级	
		储存丁、戊类物品且建筑的耐火等级不低于二级	
		建筑内全部设置自动水灭火系统和火灾自动报警系统	

15.2.3.4　防火间距

1）厂房的防火间距

表15.2.3.4-1

厂房之间及与乙、丙、丁、戊类仓库、民用建筑等的防火间距（m）

类别		技术要求														规范依据
		甲类厂房	乙类厂房（仓库）				丙、丁、戊类厂房（仓库）				民用建筑					
		单、多层	单、多层			高层	单、多层			高层	裙房、单、多层			高层		
		一、二级	一、二级	三级	四级	一、二级	一、二级	三级	四级	一、二级	一、二级	三级	四级	一类	二类	
甲类厂房	单、多层 一、二级	12	12	14	16	13	12	14	16	13	25	25	25	50	50	《建筑设计防火规范》GB 50016—2014（2018年版）第3.4.1条
乙类厂房	单、多层 一、二级	12	10	12	14	13	10	12	14	13	25	25	25	50	50	
乙类厂房	单、多层 三级	14	12	14	16	15	12	14	16	15	25	25	25	50	50	
乙类厂房	高层 一、二级	13	13	15	17	13	13	15	17	13	25	25	25	50	50	
丙类厂房	单、多层 一、二级	12	10	12	14	13	10	12	14	13	10	12	14	20	15	
丙类厂房	单、多层 三级	14	12	14	16	15	12	14	16	15	12	14	16	25	20	
丙类厂房	单、多层 四级	16	14	16	18	17	14	16	18	17	14	16	18	25	20	
丙类厂房	高层 一、二级	13	13	15	17	13	13	15	17	13	13	15	17	20	15	
丁、戊类厂房	单、多层 一、二级	12	10	12	14	13	10	12	14	13	10	12	14	15	13	
丁、戊类厂房	单、多层 三级	14	12	14	16	15	12	14	16	15	12	14	16	18	15	
丁、戊类厂房	单、多层 四级	16	14	16	18	17	14	16	18	17	14	16	18	18	15	
丁、戊类厂房	高层 一、二级	13	13	15	17	13	13	15	17	13	13	15	17	15	13	
室外变、配电站 变压器总油量(t)	≥5，≤10	25									15	20	25	20		
	>10，≤50										20	25	30	25		
	>50										25	30	35	30		

注：

1. 单、多层戊类厂房之间及与戊类仓库的防火间距可按本表的规定减少2m，与民用建筑的防火间距可将戊类厂房等同民用建筑按本表的规定执行。为丙、丁、戊类厂房服务而单独设置的生活用房应按民用建筑确定，与所属厂房的防火间距不应小于6m。确需相邻布置时，应符合本表注2、3的规定。

2. 两座厂房相邻较高一面外墙为防火墙，或相邻两座一、二级耐火等级建筑中相邻任一侧外墙为防火墙且屋顶的耐火极限不低于1.00h时，其防火间距不限，但甲类厂房之间不应小于4m。两座丙、丁、戊类厂房相邻两面外墙均为不燃性墙体，当无外露的可燃性屋檐，每面外墙上的门、窗、洞口面积之和各不大于外墙面积的5%，且门、窗、洞口不正对开设时，其防火间距可按本表规定减少25%。甲、乙类厂房（仓库）不应与本规范第3.3.5条规定外的其他建筑贴邻。

3. 两座一、二级耐火等级厂房，当相邻较低一面外墙为防火墙，当相邻较低一座的屋顶无天窗，屋顶的耐火极限不低于1.00h，或相邻较高一面外墙的门、窗等开口部位设置甲级防火门、窗或设置防火分隔水幕或按《建筑设计防火规范》GB 50016—2014（2018年版）第6.5.3条的规定设置防火卷帘时，甲、乙类厂房之间的防火间距不应小于4m，丙、丁、戊类厂房之间的防火间距不应小于4m。

4. 发电厂内的主变压器，其油量可按单台确定。

5. 耐火等级低于四级的既有厂房，其耐火等级可按四级确定。

6. 当丙、丁、戊类厂房与丙、丁、戊类仓库相邻时，应符合本表注2、3的规定。

厂房与特殊场所防火间距一般要点 表15.2.3.4-2

类　别	技　术　要　求		规范依据
与重要公共建筑的防火间距	甲类厂房	不应小于50m	《建筑设计防火规范》GB 50016—2014（2018年版）第3.4.2条
	乙类厂房	不宜小于50m	《建筑设计防火规范》GB 50016—2014（2018年版）第3.4.1条
与明火或散发火花地点的防火间距	甲类厂房	不应小于30m	《建筑设计防火规范》GB 50016—2014（2018年版）第3.4.2条
	乙类厂房	不宜小于30m	《建筑设计防火规范》GB 50016—2014（2018年版）第3.4.1条
其　他	高层厂房与甲、乙、丙类液体储罐，可燃、助燃气体储罐，液化石油气储罐，可燃材料堆场（除煤和焦炭场外）的防火间距，应符合相关规定，且不应小于13m		《建筑设计防火规范》GB 50016—2014（2018年版）第3.4.4条
	一级汽车加油站、一级汽车加气站和一级汽车加油加气合建站不应布置在城市建成区内		《建筑设计防火规范》GB 50016—2014（2018年版）第3.4.9条

2）仓库的防火间距

甲类仓库之间及与其他建筑、明火或散发火花地点、铁路、道路等的防火间距（m） 表15.2.3.4-3

类　别		甲类仓库（储量，t）				规范依据
		甲类储存物品第3、4项		甲类储存物品第1、2、5、6项		
		≤5	>5	≤10	>10	
高层民用建筑、重要公共建筑		50				《建筑设计防火规范》GB 50016—2014（2018年版）第3.5.1条
裙房、其他民用建筑、明火或散发火花地点		30	40	25	30	
甲类仓库		20	20	20	20	
厂房和乙、丙、丁、戊类仓库	一、二级	15	20	12	15	
	三级	20	25	15	20	
	四级	25	30	20	25	
电力系统电压为35～500kV且每台变压器容量不小于10MVA的室外变、配电站，工业企业的变压器总油量大于5t的室外降压变电站		30	40	25	30	
厂外铁路线中心线		40				
厂内铁路线中心线		30				
厂外道路路边		20				
厂内道路路边	主要	10				
	次要	5				

注：甲类仓库之间的防火间距，当第3、4项物品储量不大于2t，第1、2、5、6项物品储量不大于5t时，不应小于12m。甲类仓库与高层仓库的防火间距不应小于13m

乙、丙、丁、戊类仓库之间及与民用建筑的防火间距（m） 表15.2.3.4-4

类别			乙类仓库 单、多层 一、二级	乙类仓库 单、多层 三级	乙类仓库 高层 一、二级	丙类仓库 单、多层 一、二级	丙类仓库 单、多层 三级	丙类仓库 单、多层 四级	丙类仓库 高层 一、二级	丁、戊类仓库 单、多层 一、二级	丁、戊类仓库 单、多层 三级	丁、戊类仓库 单、多层 四级	丁、戊类仓库 高层 一、二级	规范依据
乙、丙、丁、戊类仓库	单、多层	一、二级	10	12	13	10	12	14	13	10	12	14	13	《建筑设计防火规范》GB 50016—2014（2018年版）第3.5.2条
		三级	12	14	15	12	14	16	15	12	14	16	15	
		四级	14	16	17	14	16	18	17	14	16	18	17	
	高层	一、二级	13	15	13	13	15	17	13	13	15	17	13	
民用建筑	裙房，单、多层	一、二级	25			10	12	14	13	10	12	14	13	
		三级				12	14	16	15	12	14	16	15	
		四级				14	16	18	17	14	16	18	17	
	高层	一类	50			20	25	25	20	15	18	18	15	
		二类				15	20	20	15	13	15	15	13	

注：1. 单、多层戊类仓库之间的防火间距，可按本表的规定减少2m。

2. 两座仓库的相邻外墙均为防火墙时，防火间距可以减小，但丙类仓库不应小于6m，丁、戊类仓库不应小于4m。两座仓库相邻较高一面外墙为防火墙，或相邻两座高度相同的一、二级耐火等级建筑中相邻任一侧外墙为防火墙且屋顶的耐火极限不低于1.00h，且总占地面积不大于《建筑设计防火规范》GB 50016—2014（2018年版）第3.3.2条一座仓库的最大允许占地面积规定时，其防火间距不限。

3. 除乙类第6项物品外的乙类仓库，与民用建筑的防火间距不宜小于25m，与重要公共建筑的防火间距不应小于50m，与铁路、道路等的防火间距不宜小于表15.2.3.4-3中甲类仓库与铁路、道路等的防火间距

15.2.3.5 防爆

工业建筑一般防爆要求 表15.2.3.5

类别	技术要求		规范依据
厂房	有爆炸危险的甲、乙类厂房宜独立设置，并宜采用敞开或半敞开式。其承重结构宜采用钢筋混凝土或钢框架、排架结构		《建筑设计防火规范》GB 50016—2014（2018年版）第3.6.1条
	泄压设施	有爆炸危险的厂房或厂房内有爆炸危险的部位应设置泄压设施	《建筑设计防火规范》GB 50016—2014（2018年版）第3.6.2条
		宜采用轻质屋面板、轻质墙体和易于泄压的门、窗等，应采用安全玻璃等在爆炸时不产生尖锐碎片的材料	《建筑设计防火规范》GB 50016—2014（2018年版）第3.6.3条
		应避开人员密集场所和主要交通道路设置，并宜靠近有爆炸危险的部位	
		作为泄压设施的轻质屋面板和墙体的质量不宜大于60kg/m²	
		屋顶上的泄压设施应采取防冰雪积聚措施	
	泄压面积	$A = 10CV^{2/3}$ 式中：A——泄压面积（m^2）； V——厂房的容积（m^3）； C——泄压比（m^2/m^3）。	《建筑设计防火规范》GB 50016—2014（2018年版）第3.6.4条
		当厂房的长径比大于3时 宜将建筑划分为长径比不大于3的多个计算段	

续表

类别	技术要求		规范依据
厂房	散发较空气重的可燃气体、可燃蒸气的甲类厂房和有粉尘、纤维爆炸危险的乙类厂房	应采用不发火花的地面。采用绝缘材料作整体面层时，应采取防静电措施	《建筑设计防火规范》GB 50016—2014（2018年版）第3.6.6条
		散发可燃粉尘、纤维的厂房，其内表面应平整、光滑，并易于清扫	
		厂房内不宜设置地沟，确需设置时，其盖板应严密，地沟应采取防止可燃气体、可燃蒸气和粉尘、纤维在地沟积聚的有效措施，且应在与相邻厂房连通处采用防火材料密封	
	有爆炸危险的甲、乙类厂房的总控制室应独立设置		《建筑设计防火规范》GB 50016—2014（2018年版）第3.6.8条
	使用和生产甲、乙、丙类液体的厂房，其管、沟不应与相邻厂房的管、沟相通，下水道应设置隔油设施		《建筑设计防火规范》GB 50016—2014（2018年版）第3.6.11条
仓库	甲、乙、丙类液体仓库应设置防止液体流散的设施。遇湿会发生燃烧爆炸的物品仓库应采取防止水浸渍的措施		《建筑设计防火规范》GB 50016—2014（2018年版）第3.6.12条
	有爆炸危险的仓库或仓库内有爆炸危险的部位，宜按规定采取防爆措施、设置泄压设施		《建筑设计防火规范》GB 50016—2014（2018年版）第3.6.14条

15.2.3.6 安全疏散
1）厂房的安全疏散

厂房内任一点至最近安全出口的直线距离（m） 表15.2.3.6-1

类别		技术要求				规范依据
生产的火灾危险性类别	耐火等级	单层厂房	多层厂房	高层厂房	地下或半地下厂房（包括地下或半地下室）	
甲	一、二级	30	25	—	—	《建筑设计防火规范》GB 50016—2014（2018年版）第3.7.4条
乙	一、二级	75	50	30	—	
丙	一、二级	80	60	40	30	
	三级	60	40	—	—	
丁	一、二级	不限	不限	50	45	
	三级	60	50	—	—	
	四级	50	—	—	—	
戊	一、二级	不限	不限	75	60	
	三级	100	75	—	—	
	四级	60	—	—	—	

厂房安全疏散一般要求 表15.2.3.6-2

类别	技术要求	规范依据
安全出口	每个防火分区或一个防火分区的每个楼层，其相邻2个安全出口最近边缘之间的水平距离不应小于5m	《建筑设计防火规范》GB 50016—2014（2018年版）第3.7.1条

续表

类别	技 术 要 求		规范依据
安全出口	厂房内每个防火分区或一个防火分区内的每个楼层，其安全出口的数量应经计算确定，且不应少于 2 个		《建筑设计防火规范》GB 50016—2014（2018 年版）第 3.7.2 条
	可设 1 个安全出口	甲类厂房，每层建筑面积不大于 100m²，且同一时间的作业人数不超过 5 人	
		乙类厂房，每层建筑面积不大于 150m²，且同一时间的作业人数不超过 10 人	
		丙类厂房，每层建筑面积不大于 250m²，且同一时间的作业人数不超过 20 人	
		丁、戊类厂房，每层建筑面积不大于 400m²，且同一时间的作业人数不超过 30 人	
		地下或半地下厂房（包括地下或半地下室），每层建筑面积不大于 50m²，且同一时间的作业人数不超过 15 人	
	地下或半地下厂房（包括地下或半地下室），当有多个防火分区相邻布置，并采用防火墙分隔时，每个防火分区可利用防火墙上通向相邻防火分区的甲级防火门作为第二安全出口，但每个防火分区必须至少有 1 个直通室外的独立安全出口		《建筑设计防火规范》GB 50016—2014（2018 年版）第 3.7.3 条
疏散楼梯	高层厂房和甲、乙、丙类多层厂房	应采用封闭楼梯间或室外楼梯	《建筑设计防火规范》GB 50016—2014（2018 年版）第 3.7.6 条
	建筑高度大于 32m 且任一层人数超过 10 人的厂房	应采用防烟楼梯间或室外楼梯	
疏散宽度	厂房内疏散楼梯、走道和门的每 100 人最小疏散净宽度	厂房层数（层）| 最小疏散净宽度（m/百人）| 《建筑设计防火规范》GB 50016—2014（2018 年版）第 3.7.5 条

类别	技术要求	厂房层数（层）	最小疏散净宽度（m/百人）	规范依据
疏散宽度	厂房内疏散楼梯、走道和门的每 100 人最小疏散净宽度	1～2	0.60	《建筑设计防火规范》GB 50016—2014（2018 年版）第 3.7.5 条
		3	0.80	
		≥4	1.00	
	最小净宽度	疏散楼梯	不宜小于 1.10m	
		疏散走道	不宜小于 1.40m	
		门	不宜小于 0.90m	
		首层外门	不应小于 1.20m	
	当每层疏散人数不相等时，疏散楼梯的总净宽度应分层计算，下层楼梯总净宽度应按该层及以上疏散人数最多一层的疏散人数计算			

2）仓库的安全疏散

仓库安全疏散一般要求 表 **15.2.3.6-3**

类别	技 术 要 求		规范依据
安全出口	每个防火分区或一个防火分区的每个楼层，其相邻 2 个安全出口最近边缘之间的水平距离不应小于 5m		《建筑设计防火规范》GB 50016—2014（2018 年版）第 3.8.1 条
	2 个安全出口	每座仓库的安全出口不应少于 2 个	《建筑设计防火规范》GB 50016—2014（2018 年版）第 3.8.2 条
		仓库内每个防火分区通向疏散走道、楼梯或室外的出口不宜少于 2 个	

类别	技　术　要　求		规范依据
安全出口	2 个安全出口	地下或半地下仓库（包括地下或半地下室）的安全出口不应少于 2 个	《建筑设计防火规范》GB 50016—2014（2018 年版）第 3.8.3 条
	可设置 1 个安全出口	仓库的占地面积不大于 300m² 时	《建筑设计防火规范》GB 50016—2014（2018 年版）第 3.8.2 条
		当防火分区的建筑面积不大于 100m² 时	
		地下或半地下仓库（包括地下或半地下室）建筑面积不大于 100m² 时	《建筑设计防火规范》GB 50016—2014（2018 年版）第 3.8.3 条
		粮食筒仓上层面积小于 1000m²，且作业人数不超过 2 人时	《建筑设计防火规范》GB 50016—2014（2018 年版）第 3.8.5 条
	地下或半地下仓库（包括地下或半地下室），当有多个防火分区相邻布置并采用防火墙分隔时，每个防火分区可利用防火墙上通向相邻防火分区的甲级防火门作为第二安全出口，但每个防火分区必须至少有 1 个直通室外的安全出口		《建筑设计防火规范》GB 50016—2014（2018 年版）第 3.8.3 条
	通向疏散走道或楼梯的门应为乙级防火门		《建筑设计防火规范》GB 50016—2014（2018 年版）第 3.8.2 条
疏散楼梯	高层仓库的疏散楼梯应采用封闭楼梯间		《建筑设计防火规范》GB 50016—2014（2018 年版）第 3.8.7 条
	除一、二级耐火等级的多层戊类仓库外，其他仓库内供垂直运输物品的提升设施宜设置在仓库外，确需设置在仓库内时，应设置在井壁的耐火极限不低于 2.00h 的井筒内。室内外提升设施通向仓库的入口应设置乙级防火门或符合规定的防火卷帘		《建筑设计防火规范》GB 50016—2014（2018 年版）第 3.8.8 条

15.2.3.7　建筑构造

建筑构造一般设置要求　　　　表 15.2.3.7-1

类别	技　术　要　求	规范依据
防火墙	当高层厂房（仓库）屋顶承重结构和屋面板的耐火极限低于 1.00h，其他建筑屋顶承重结构和屋面板的耐火极限低于 0.50h 时，防火墙应高出屋面 0.5m 以上	《建筑设计防火规范》GB 50016—2014（2018 年版）第 6.1.1 条
	可燃气体和甲、乙、丙类液体的管道严禁穿过防火墙	《建筑设计防火规范》GB 50016—2014（2018 年版）第 6.1.5 条
	防火墙内不应设置排气道	

续表

类别	技术要求		规范依据
防火分隔	采用耐火极限不低于2.00h的防火隔墙与其他部位分隔，墙上的门、窗应采用乙级防火门、窗，确有困难时，可采用防火卷帘	甲、乙类生产部位和建筑内使用丙类液体的部位	《建筑设计防火规范》GB 50016—2014（2018年版）第6.2.3条
		厂房内有明火和高温的部位	
		甲、乙、丙类厂房（仓库）内布置有不同火灾危险性类别的房间	
	采用耐火极限不低于1.00h的防火隔墙和0.50h的楼板与其他部位分隔	设置在丁、戊类厂房内的通风机房	《建筑设计防火规范》GB 50016—2014（2018年版）第6.2.7条
冷库、低温环境生产场所	采用泡沫塑料等可燃材料作墙体内的绝热层时，宜采用不燃绝热材料在每层楼板处做水平防火分隔。防火分隔部位的耐火极限不应低于楼板的耐火极限		《建筑设计防火规范》GB 50016—2014（2018年版）第6.2.8条
	冷库阁楼层和墙体的可燃绝热层宜采用不燃性墙体分隔		
	冷库、低温环境生产场所采用泡沫塑料作内绝热层时，绝热层的燃烧性能不应低于B_1级，且绝热层的表面应采用不燃材料做防护层		
	冷库的库房与加工车间贴邻建造时，应采用防火墙分隔，当确需开设相互连通的开口时，应采取防火隔间等措施进行分隔，隔间两侧的门应为甲级防火门		
	当冷库的氨压缩机房与加工车间贴邻时，应采用不开门窗洞口的防火墙分隔		
疏散楼梯间	人员密集的多层丙类厂房、甲、乙类厂房，其封闭楼梯间的门应采用乙级防火门，并应向疏散方向开启；其他建筑可采用双向弹簧门		《建筑设计防火规范》GB 50016—2014（2018年版）第6.4.2条
	高层厂房（仓库）防烟楼梯间前室	前室的使用面积不应小于6.0m²	《建筑设计防火规范》GB 50016—2014（2018年版）第6.4.3条
		与消防电梯间前室合用时，合用前室的使用面积不应小于10.0m²	
	丁、戊类厂房内第二安全出口的楼梯可采用金属梯，但其净宽度不应小于0.90m，倾斜角度不应大于45°		《建筑设计防火规范》GB 50016—2014（2018年版）第6.4.6条
	丁、戊类高层厂房，当每层工作平台上的人数不超过2人且各层工作平台上同时工作的人数总和不超过10人时，其疏散楼梯可采用敞开楼梯或利用净宽度不小于0.90m、倾斜角度不大于60°的金属梯		
疏散门	厂房的疏散门，应采用向疏散方向开启的平开门，不应采用推拉门、卷帘门、吊门、转门和折叠门		《建筑设计防火规范》GB 50016—2014（2018年版）第6.4.11条
	除甲、乙类生产车间外，人数不超过60人且每樘门的平均疏散人数不超过30人的房间，其疏散门的开启方向不限		
	仓库的疏散门应采用向疏散方向开启的平开门，但丙、丁、戊类仓库首层靠墙的外侧可采用推拉门或卷帘门		
栈桥	天桥、跨越房屋的栈桥以及供输送可燃材料、可燃气体和甲、乙、丙类液体的栈桥，均应采用不燃材料		《建筑设计防火规范》GB 50016—2014（2018年版）第6.6.1条
	输送有火灾、爆炸危险物质的栈桥不应兼作疏散通道		《建筑设计防火规范》GB 50016—2014（2018年版）第6.6.2条

类别	技术要求	规范依据
栈桥	封闭天桥、栈桥与建筑物连接处的门洞以及敷设甲、乙、丙类液体管道的封闭管沟（廊），均宜采取防止火灾蔓延的措施	《建筑设计防火规范》GB 50016—2014（2018年版）第6.6.3条

备注：建筑构造其他通用技术要求详见本书15.1节

15.2.3.8 灭火救援设施

1）消防车道

消防车道的设置形式 表 15.2.3.8-1

类别	技术要求		规范依据
工厂	工厂区内应设置消防车道		《建筑设计防火规范》GB 50016—2014（2018年版）第7.1.3条
工厂	高层厂房，占地面积大于3000m²的甲、乙、丙类厂房，应设置环形消防车道，确有困难时，应沿建筑物的两个长边设置消防车道		《建筑设计防火规范》GB 50016—2014（2018年版）第7.1.3条
仓库	仓库区内应设置消防车道		《建筑设计防火规范》GB 50016—2014（2018年版）第7.1.3条
仓库	占地面积大于1500m²的乙、丙类仓库，应设置环形消防车道，确有困难时，应沿建筑物的两个长边设置消防车道		《建筑设计防火规范》GB 50016—2014（2018年版）第7.1.3条
堆场、储罐区	可燃材料露天堆场区，液化石油气储罐区，甲、乙、丙类液体储罐区和可燃气体储罐区，应设置消防车道		《建筑设计防火规范》GB 50016—2014（2018年版）第7.1.6条
堆场、储罐区	占地面积大于30000m²的可燃材料堆场，应设置与环形消防车道相通的中间消防车道，消防车道的间距不宜大于150m		《建筑设计防火规范》GB 50016—2014（2018年版）第7.1.6条
堆场、储罐区	液化石油气储罐区，甲、乙、丙类液体储罐区和可燃气体储罐区内的环形消防车道之间宜设置连通的消防车道		《建筑设计防火规范》GB 50016—2014（2018年版）第7.1.6条
堆场、储罐区	消防车道的边缘距离可燃材料堆垛不应小于5m		《建筑设计防火规范》GB 50016—2014（2018年版）第7.1.6条
堆场、储罐区宜设置环形消防车道的范围	棉、麻、毛、化纤	大于1000t	《建筑设计防火规范》GB 50016—2014（2018年版）第7.1.6条
堆场、储罐区宜设置环形消防车道的范围	秸秆、芦苇	大于5000t	《建筑设计防火规范》GB 50016—2014（2018年版）第7.1.6条
堆场、储罐区宜设置环形消防车道的范围	木材	大于5000m³	《建筑设计防火规范》GB 50016—2014（2018年版）第7.1.6条
堆场、储罐区宜设置环形消防车道的范围	甲、乙、丙类液体储罐	大于1500m³	《建筑设计防火规范》GB 50016—2014（2018年版）第7.1.6条
堆场、储罐区宜设置环形消防车道的范围	液化石油气储罐	大于500m³	《建筑设计防火规范》GB 50016—2014（2018年版）第7.1.6条
堆场、储罐区宜设置环形消防车道的范围	可燃气体储罐	大于30000m³	《建筑设计防火规范》GB 50016—2014（2018年版）第7.1.6条

备注：消防车道通用技术要求详见本手册15.1节

2）救援场地和入口

工业建筑救援场地和入口设置要求 表 15.2.3.8-2

类别	技术要求	规范依据
消防车登高操作场地	场地与厂房、仓库之间不应设置妨碍消防车操作的树木、架空管线等障碍物和车库出入口	《建筑设计防火规范》GB 50016—2014（2018年版）第7.2.2条
入口	厂房、仓库的外墙应在每层的适当位置设置可供消防救援人员进入的窗口	《建筑设计防火规范》GB 50016—2014（2018年版）第7.2.4条

备注：救援场地和入口通用技术要求详见本书15.1节

3）消防电梯

类别	技术要求	规范依据
设置范围	建筑高度大于32m且设置电梯的高层厂房（仓库），每个防火分区内宜设置1台消防电梯	《建筑设计防火规范》GB 50016—2014（2018年版）第7.3.3条
	建筑高度大于32m且设置电梯的高层厂房（仓库）可不设置消防电梯的条件： 1．建筑高度大于32m且设置电梯，任一层工作平台上的人数不超过2人的高层塔架 2．局部建筑高度大于32m，且局部高出部分的每层建筑面积不大于50m²的丁、戊类厂房	
前室要求	除设置在仓库连廊、冷库穿堂或谷物筒仓工作塔内的消防电梯外，消防电梯应设置前室	《建筑设计防火规范》GB 50016—2014（2018年版）第7.3.5条
	前室宜靠外墙设置，并应在首层直通室外或经过长度不大于30m的通道通向室外	
	前室的使用面积不应小于6.0m²，前室的短边不应小于2.4m	
	前室或合用前室的门应采用乙级防火门，不应设置卷帘	

备注：消防电梯通用技术要求详见本书15.1节

附录：深圳市建设工程消防行政审批分工范围

一、建设工程消防行政许可及备案受理分工

（一）具有以下情形之一的新建、改建、扩建（不含装修）工程项目，其消防行政许可工作由市住建局受理：

1．设有下列人员密集场所之一的建设工程：

（1）建筑总面积大于20000m²的体育场馆、会堂、公共展览馆、博物馆的展示厅。

（2）建筑总面积大于15000m²的民用机场航站楼、客运车站候车室、客运码头候船厅。

（3）建筑总面积大于20000m²的宾馆、饭店、商场、市场。

（4）建筑总面积大于8000m²的影剧院，公共图书馆的阅览室，营业性室内健身、休闲场馆，医院的门诊楼，大学教学楼、图书馆、食堂，寺庙、教堂。

（5）建筑总面积大于8000m²的儿童游乐厅等室内儿童活动场所，养老院、福利院，医院、疗养院的病房楼。

（6）建筑总面积大于5000m²的歌舞厅、录像厅、放映厅、卡拉OK厅、夜总会、游艺厅、桑拿浴室、网吧、酒吧，具有娱乐功能的餐馆、茶馆、咖啡厅。

2．其他特殊建筑建设工程：

（1）建筑总面积大于20000m²的地下单体建筑。

（2）省、市级国家机关办公楼、电力调度楼、电信楼、邮政楼、防灾指挥调度楼、广播电视楼、档案楼。

（3）单体建筑面积大于80000m²或者建筑高度大于100m的建设工程。

（4）城市轨道交通、隧道工程，大型发电、变配电工程。

（5）生产、储存、装卸甲、乙类物品的专用车站、码头，建筑面积 2000m² 以上甲、乙类生产车间，建筑面积 100m² 以上的甲、乙类仓库，储量大于 10m³ 的易燃易爆气体和液体充装站、供应站、调压站。

（6）依照《建设工程消防监督管理规定》第十六条规定，属于专家评审范围的建设工程。

（7）国家、省、市重点建设项目。

（二）依照《建设工程消防监督管理规定》第十三、十四条规定，除上述情形以外的其他建设工程项目消防行政许可和验收备案均由所在地的区住建局受理。

二、其他情况说明

1. 受理改建、扩建工程消防行政许可或验收备案，按上述分工执行。

2. 受理已取得消防行政许可的建筑内场所内部装修工程消防行政许可或验收备案，由建筑所在地的区住建局负责审批。

3. 根据《深圳经济特区消防条例》，受理消防行政许可或验收备案，不再要求建设单位提交规划许可证明文件。

4. 单体建筑面积不大于 80000m² 或者建筑高度不大于 100m 的建设工程，主体验收合格后，其改建、扩建工程均由建筑所在地的区住建局受理（扩建后建筑高度大于 100m 的，由市住建局受理）。

5. 原单体建筑面积大于 80000m² 或者建筑高度大于 100m 的建设工程，其功能变更、扩建工程中，存在增加建筑高度和改变建筑物整体定性的情况，由市住建局受理，其余均由建筑所在地的区住建局受理。

6. 可根据建设单位的申请同时受理土建与内部装修工程消防行政许可。1998 年 9 月 1 日后投入使用的建筑，建筑整体未通过消防验收或验收备案的，不得单独受理内部装修工程消防验收或验收备案。

7. 受理消防行政许可及验收备案时，如建筑群中存在分属市住建局和区住建局受理的，可由市住建局统一受理并办理。

8. 已取得消防验收许可或备案的建筑内建筑面积在 300m²（含本数）以下的场所（不含民用机场航站楼、地铁站厅内设商铺）内部装修工程，如建筑使用功能、防火分区、安全疏散、消防设施设置未变更的，无需申报消防行政许可或备案。

9. 受理已取得消防行政许可或验收备案建设工程的改建、扩建消防行政许可或验收备案抽查时，申报人无法提供原建设工程主体消防行政许可或验收备案法律文书的，可以申请由各级住建部门消防机构依法查询核对。

10. 市住建局认为有必要的工程项目，可由市住建局受理；细则中未明确分工的工程由市住建局指定管辖。

16 BIM

16.1 总则

1）本章内容适用于建筑工程设计阶段建筑信息模型的建立、应用和管理。

2）本章内容适用于新建、改建、扩建的民用建筑项目中的 BIM 管理。

3）采用 BIM 工程管理除参考本章内容外，还应符合国家和市相关标准的规定。

16.2 术语

1）建筑信息模型（Building Information Modeling，BIM）

建筑信息模型即 BIM，是指创建并利用数字化模型对建设工程项目的设计、建造和运营全过程进行管理和优化的过程、方法和技术。

2）BIM 模型（BIM Model）

BIM 模型是指基于 BIM 所产生的数字化建筑模型。BIM 模型的信息由几何信息和非几何属性信息两部分组成。

3）几何信息（Geometric Information，GI）

几何信息是建筑模型内部和外部空间结构的几何表示。

4）非几何信息（Non-Geometric Information，NGI）

非几何信息是指除几何信息之外的所有信息的集合。

5）建模软件（Modeling Software）

建模软件是指用于创建 BIM 模型的软件，应具备三维数字化建模、非几何信息录入、多专业协同设计、二维图纸生成等基本功能。

6）部件 / 构件（Component）

构件是指包含通用属性（称作参数）集和相关图形表示可在多种场合重复使用的个体图元组，是组成项目的构件，同时也是参数信息的载体。一个构件中各个属性对应的数值（参数）可能有不同的值，但属性的设置（其名称与含义）是相同的。例如，"餐桌"作为一个构件可以有不同的尺寸和材质。

7）模型拆分

将大型项目划分成多个文件，用来加快模型浏览速度，促进团队成员之间共享与协调。

8）交付成果（Deliverables）

交付成果是指在建筑设计工作中，应用 BIM 并按照一定设计流程所产生的设计交付成果，包括建筑、结构、机电等多种 BIM 模型和与之对应的图纸、工程表格，以及综合协调、模拟分析、可视化等成果文件。

9）LOD（Level of Detail）

参照美国建筑师协会（AIA）提出的 LOD（Level of Details）概念。LOD 指模型精细的程度等级，又称模型精度。（注：鉴于粤港澳大湾区国际化背景，为了更好地与国际接轨，模型精细度标准以国内标和国际标综合考虑。）

16.3　设计阶段 BIM 实施标准

16.3.1　基本原则

1）在设计过程中，创建的 BIM 模型应充分考虑到 BIM 模型在工程全生命期各阶段、各专业的应用。

2）在设计过程中，应充分利用 BIM 模型所含信息进行协同工作，实现各专业、工程建设各阶段的信息有效传递。

3）在实施过程中，应充分共享 BIM 模型资源，实现对已有 BIM 模型资源的充分利用。

16.3.2　BIM 设计阶段实施大纲

1）设计 BIM 实施前，制定 BIM 执行计划及设计工作指引。

2）在方案设计阶段，设计单位与甲方一起创建符合事先定义的项目要求的 BIM 模型标准、工作流程及数据传递机制。

3）将 BIM 模型集成到一个用于协调和冲突检测的协同平台。

4）通过协同平台，互动解决冲突、协调问题、跟踪闭环。

5）所有冲突解决后，可以生成设计技术文件。

16.3.3　设计工作指引

1）要确定使用的 BIM 软件及版本，以及如何解决软件之间数据互用性的问题。

2）项目参与方：确定项目的领导方和其他参与方，以及各参与方角色和职责。

3）项目交付：确定项目交付成果，以及要交付的格式。

4）项目概况：项目的名称、地点、规模等。

5）工作分配：工作内容的划分和工作进度的安排。

6）工作共享：确定以何种形式协同，例如工作集、链接文件等。

7）统一坐标：根据常用坐标系（2000 国家大地坐标系），为 BIM 数据定义坐标位置。

8）模型拆分：根据责任人、阶段、专业等情况综合考虑，灵活适当划分。

9）审核／确认：确定图纸和 BIM 数据的审核／确认流程。

10）数据交换：确定交流方式，以及数据交换的方法和形式。

11）项目会审日期：确定所有团队共同进行 BIM 模型会审的日期。

12）协同平台：实现数据集成、共享与协同。

16.3.4　制定建模计划

为保证模型工作顺利进行，模型拆分后将根据设计进度制定详细建模计划表，具体内容将包含

表 16.3.4 中的几个基本项：

建模计划表 表 16.3.4

序号	楼层	分区	专业	工作内容	开始时间	完成时间	责任人
1	XXX	XXX	XXX	XXX	XXX	XXX	XXX
2	XXX	XXX	XXX	XXX	XXX	XXX	XXX
3	XXX	XXX	XXX	XXX	XXX	XXX	XXX
4	XXX	XXX	XXX	XXX	XXX	XXX	XXX
5	XXX	XXX	XXX	XXX	XXX	XXX	XXX

16.3.5 设计各阶段 BIM 模型深度

设计各阶段 BIM 模型深度详见本章后附录。

16.4 BIM 技术规则

16.4.1 模型拆分原则

1）运用 BIM 系列软件中的工作集、组、链接文件等相关功能，对项目进行模型拆分，应遵循以下原则：

（1）模型拆分时采用的方法应照顾到参与建模的所有内部和外部各专业团队和小组，并获得一致认可。

（2）模型在最初应创建为孤立的、单用户文件。随着模型的规模不断增大或设计团队成员不断增多，应对该模型进行拆分。

（3）一个模型文件应仅包含来自一个专业的数据（只有当设备方面的多个专业同时汇集时可以例外）。

（4）单个设计模型文件大小建议不大于 100M（组合模型除外）。

（5）为了避免重复或协调错误，应在项目期内明确规定并记录每部分数据的责任人。但随着项目的进行，图元的责任人是有可能改变的——这一点应在"项目 BIM 策略"文档中明确记录。

（6）如果一个项目中要包含多个模型，就应考虑创建一个"容器"文件，"容器"文件本身为空模型，仅作模型组合使用。

2）各专业模型拆分示例：

（1）建筑专业模型：按建筑分区，按楼号，按施工缝，按单个楼层或一组楼层，按建筑构件，如外墙、屋顶、楼梯、楼板。

（2）结构专业模型：按分区，按楼号，按施工缝，按单个楼层或一组楼层，按建筑构件，如外墙、屋顶、楼梯、楼板。

（3）机电专业：按分区，按楼号，按单个楼层或一组楼层，按系统、子系统。

16.4.2 工作集

利用"工作集"机制，多个用户可以通过服务器上的一个"中心文件"和多个同步的"本地副本"，同时处理一个模型文件。通过"中心文件"创建"本地副本"后，严禁再次使用"中心文件"进入模型。只要合理使用，工作集机制可大幅提高大型、多用户项目的效率。

1）工作集的创建原则

应将项目按类别、位置和任务分配属性细分为足够多的工作集，应当每个人至少有一个工作集，以避免工作过程中发生"塞车"，同时实现对模型效率的充分控制。

2）工作集命名

工作集命名格式：Z-CM

工作集命名格式 表 16.4.2

Z	C	M
分区	内容	描述

Z——分区（可选），可将较大的项目横向划分为分区，或纵向划分为标高，而且在工作集命名中应可识别出来。

C——内容，工作集内容的描述；可在较小的项目中单独使用，或在较大的项目中与"分区"和"标高"之一（或二者）结合使用。

M——描述，避免内容重复，对工作集进一步说明，权限分配。

16.4.3 文件链接

通过"链接"机制，用户可以在模型中引用更多的几何图形和数据作为外部参照以整合模型。链接的数据可以是项目的其他部分（有时整个项目太大，无法放到单一文件中管理），也可以是来自另一专业团队或外部公司的数据。

1）单专业链接的文件

有时，项目要求将单一建筑模型细分为多个文件，并链接在一起，以保持每个模型文件的体积较小，易于控制。

对于一些大型项目，甚至可能永远不会将所有链接模型组合在一起。这种情况下，可根据不同的目的使用不同的模型组合文件，每个文件只包含其中的一部分模型。

（1）在细分模型时，应考虑到任务如何分配，尽量减少用户在不同模型之间切换。

（2）划分方法应由首席建筑师 / 工程师与项目 BIM 负责人共同决定。

（3）应在"BIM 工作指引"文档中记录模型细分的方式和时间。

（4）在复制模型之前，应在开放空间中使用模型线创建十字形标记，以后可利用这些标记作为快速检查工具，确保链接的子模型是正确对齐的。

（5）在首次将多个模型链接到一起时，应采用"原点对原点"的插入机制。

（6）在与团队其他成员共享切割和链接的模型之前，使用绝对坐标定义项目文件的统一坐标。

2）跨专业的模型链接

参与项目的每个专业（无论是内部还是外部团队）都应拥有自己的模型，并对该模型的内容负责。一个专业团队可链接另一专业团队的共享模型作为参考。

（1）应在项目之初就共享坐标和"项目北"朝向达成一致并记录在案。未经项目 BIM 负责人批准，不得修改这些数据。

（2）应在"BIM 工作指引"文档中完整记录所有与专业相关的详细需求，例如：建筑楼面标高和结构楼面标高之间的差别。

（3）采用"复制／监视"的机制复制和动态关联轴网、标高。

（4）随着项目进度的不断推进，与 BIM 负责人进行合理沟通（例如：楼层可能由建筑专业创建，但之后就交给结构团队用于创建部分承重结构）。

（5）每个专业的人员都应该认识到，参照的数据是从原作者自身的角度创建的，因而如果要将其用于其他目的，就可能导致某些必要信息的丢失。在这种情况下，所有相关方应召开会议，讨论是否需要对设计进行调整，以补充必要的信息。

（6）如果一个专业要为另一个合作的专业开发一个"起始模型"（例如：需要建筑师在建筑模型之上为结构创建起始模型），那么应单独创建该模型，再将其关联进来。然后将该起始模型交给合作专业，后者随即拥有该模型的所有权。该合作专业应打开起始模型，并通过共享坐标把原创作专业的模型链接进来作参考。

（7）在为设备专业创建模型时，多个专业会在一个模型中进行协同工作，并且会同时被多个专业使用。针对这种情况，可通过多种不同方式进行模型细分。在为特定项目制定策略时，应向项目BIM 负责人咨询。

16.4.4　各专业系统分类与命名

1）建筑留洞命名如下：

（1）建筑留洞 S_HOLE_BUIL

（2）建筑留洞注释 S_HOLE_BUIL_NOTE

2）结构留洞命名如下：

（1）结构留洞 S_HOLE_FRAM

（2）结构留洞注释 S_HOLE_FRAM_NOTE

3）机电管线模型命名与色彩规定如下：

机电管线模型命名与色彩规定　　　　　　表 16.4.4

名称	图层名／系统缩写	颜色
送风风管	N_SUPL_DUCT/SAD	
回风风管	N_RETA_DUCT/RAD	
排风风管	N_EXHS_DUCT/EAD	
新风风管	FRES_DUCT/FAD	
加压送风风管	N_BOST_DUCT/JAD	
排烟风管	N_SMOK_DUCT/PAD	
自喷管	S_SPRL_PIPE/ZP	
给水管	S_WSUP_COOL_PIPE/J	
重力废水管	WAST_GRAV_PIPE/F	
压力废水管	WAST_PRES_PIPE/YF	
污水管	S_DRAL_PIPE/W	

名称	图层名／系统缩写	颜色
雨水管	S_RAIN_PIPE/Y	
消火栓管	S_HYDT_PIPE/H	
冷冻水回水管	N_DOWN_CHWR/NR	
冷冻水给水管	N_DOWN_CHWS/NS	
空调冷凝水	N_ACWP	
热水回水管	N_DOWN_AHWR/RH	
热水给水管	N_DOWN_AHWS/RJ	
通气管	S_VENT_PIPE/T	
弱电桥架	D_El_Tray	
强电普通桥架	D_E_Tray	
弱电消防桥架	D_Em_Tray	

16.4.5 建模控制要点

1）建筑专业建模：要求楼梯间、电梯间、管井、楼梯、配电间、空调机房、泵房、换热站、管廊尺寸、顶棚高度等定位须准确。

2）结构专业建模：梁、板、柱的截面尺寸与定位尺寸须与图纸一致；管廊内梁底标高需要与设计要求一致，如遇到管线穿梁需要设计方给出详细的配筋图，BIM 做出管线穿梁的节点。

3）暖通专业建模要求：要求各系统的命名须与图纸一致；影响管线综合的一些设备、末端须按图纸要求建出，如风机盘管、风口等；暖通水系统建模要求同水专业建模要求一致；有保温层的管线，须建出保温层。

4）给排水专业建模要求：各系统的命名须与图纸保持一致；一些需要增加坡度的水管须按图纸要求建出坡度；系统中的各类阀门须按图纸中的位置加入；有保温层的管线，须建出保温层。

5）电气专业：要求各系统名称须与图纸一致。

16.5 设计阶段 BIM 成果交付

1）设计单位负责项目设计 BIM 成果的整合和移交工作。如有专项设计，专项设计单位应将专项设计 BIM 成果移交给设计总包单位。

2）设计阶段 BIM 成果交付包含但不限于以下内容：

设计阶段 BIM 成果交付内容　　　　　　　　　　　　　　表 16.5

阶段	序号	BIM 实施成果	成果类型
方案设计阶段	1	方案设计 BIM 实施方案	文档
	2	方案设计 BIM 模型	模型

阶段	序号	BIM 实施成果	成果类型
方案设计阶段	3	建筑指标统计分析报告	模型、文档
	4	建筑性能化分析报告	模型、文档
	5	BIM 交通组织模拟	视频、文档
	6	漫游视频	视频
初步设计阶段	1	初步设计 BIM 实施方案	文档
	2	初步设计 BIM 模型	模型
	3	BIM 交通组织模拟	视频、文档
	4	各专业综合检查报告	文档
	5	净高分析报告	文档
	6	漫游视频	视频
施工图设计阶段	1	施工图设计 BIM 实施方案	文档
	2	施工图设计 BIM 模型	模型
	3	各专业综合检查报告	文档
	4	净高分析报告	文档
	5	辅助工程量统计	文档
	6	漫游视频	视频
	7	BIM 模型输出的设计图纸	图纸

3）设计阶段 BIM 成果经 BIM 负责人确认后提交，应提交给建设单位或 BIM 全过程咨询单位进行 BIM 模型评审，确保设计阶段 BIM 模型成果符合阶段模型细度要求及项目制定的 BIM 模型标准要求。

4）建设单位应组织 BIM 专家审查设计阶段 BIM 成果，审查通过后，该阶段 BIM 成果文件将作为施工阶段 BIM 实施依据性文件。

附录 A BIM 工作职责分配表

BIM 工作职责分配表 表 16.6

标注				
	P	=	执行主要责任	
	S	=	协办次要责任	
	R	=	审核	
	I	=	建模	
	O	=	应用	
	A	=	需要时参与	

1	BIM 基准应用	甲方	乙方	参与方				
			BIM 顾问	咨询	设计	监理	总包	分包
1.1	初设模型	R	P					
1.2	初设模型碰撞检测	R	P		O			
1.3	施工图模型	R	P					
1.4	施工图模型碰撞检测	R	P		O			
1.5	复杂空间机电综合管道图	R	P		S		O	
1.6	综合结构留洞图	R	P		S		O	
1.7	机电设备材料统计	R/O	P					
1.8	三维可视化	R/O	P					
1.9	效果图出图	R/O	P		A			
1.10	施工图模型工程协同更新	R/O	P		A/O	A		
1.11	设计变更、洽商预检	R/O	P					
1.12	材料设备数据库	R/O	P			S	S	S
1.13	竣工模型	R/O	P			S	S	S
1.14	BIM 基础培训	O	P					
2	可选应用	甲方	乙方	参与方				
			BIM 顾问	咨询	设计	监理	总包	分包
2.1	专业深化设计复核	R	P		S		O	O
2.2	精装修	R	P	S				
2.3	变更工程量计量	R/O	P					

附录 B LOD 标准

LOD 标准   表 16.7

序号	模型精度等级	内　　容
1	LOD100	等同于概念设计，此阶段的模型通常为表现建筑整体类型分析的建筑体量，分析包括体积、建筑朝向、每平方米造价等
2	LOD200	等同于方案设计或初步设计，此阶段的模型包含普遍性系统如大致的数量、大小、形状、位置以及方向。LOD200 模型通常用于系统分析以及一般性表现目的
3	LOD300	模型单元等同于传统施工图和深化施工图层次。LOD300 模型应当包括 BIM 交付规范规定的构件属性和参数等信息

附录 C　各阶段 BIM 模型精细度要求

各阶段 BIM 模型精细度要求　　　　　　　　　　　　　　　表 16.8

专业	子项	详细等级	LOD100 方案设计模型	LOD200 扩初设计模型（扩初图纸）	LOD300 施工图模型
建筑	001	阳台	非几何数据，仅线、面积	阳台的形状，大概尺寸	具有精确尺寸的模型实体，包含形状、方位和材质信息
	002	空调机位	非几何数据，仅线、面积	基本形状、大概尺寸、方位	具有精确尺寸的模型实体，包含形状、方位和材质信息
	003	空调百叶	非几何数据，仅线、面积	基本形状、大概尺寸	具有精确尺寸的模型实体，包含形状、方位和材质信息
	004	窗百叶	非几何数据，仅线、面积	基本形状、大概尺寸	具有精确尺寸的模型实体，包含形状、方位和材质信息
	005	雨篷	非几何数据，仅线、面积	基本形状、大概尺寸	具有精确尺寸的模型实体，包含形状、方位和材质信息
	006	檐沟	非几何数据，仅线、面积	基本形状、大概尺寸	具有精确尺寸的模型实体，包含形状、方位和材质信息
	007	外立面幕墙	非几何数据，仅线、面积	基本形状、大概尺寸	基本形状、大概尺寸
	008	墙体	非几何数据，仅线、面积	一块通用的墙，给一个一般的厚度，其他特性有一个取值范围	模型已包括墙体类型和精确厚度，其他诸如成本、STC 特性已经确定
	009	楼板	非几何数据，仅线、面积、体积区域	一块完整的模型，一般的厚度已确定	楼板的类型、精确厚度
	010	屋顶	非几何数据，仅线、面积	屋顶的大致 3D 模型以及形状尺寸	屋顶的类型以及其他特性
	011	门	非几何数据，仅线、面积	门的形状以及尺寸，大致 3D 模型	门的精确尺寸、类型的确定
	012	窗	非几何数据，仅线、面积	窗的形状以及尺寸，大致 4D 模型	窗的精确尺寸、类型的确定
	013	顶棚	非几何数据，仅线、面积	基本形状、大概尺寸的模型	材质类型、顶棚的精确厚度
	014	扶手	非几何数据，仅线	大致形状、大概尺寸的模型	扶手的材质选定
	015	坡道	非几何数据，仅线	大致形状、大概尺寸的模型	坡道的精确厚度、坡度的精确程度
	016	楼梯	非几何数据，仅线	大致形状、大概尺寸的模型	楼梯踏步的精确厚度、台阶的精确程度
	017	红线	非几何数据，仅线	具体形状、具体尺寸的模型	具体形状、具体尺寸的模型

续表

专业	子项		详细等级	LOD100 方案设计模型	LOD200 扩初设计模型（扩初图纸）	LOD300 施工图模型
结构		001	混凝土结构柱	无模型，成本或其他性能可按单位楼面面积的某个数值计入	大概尺寸	材质与类型，精确尺寸
		002	混凝土结构梁	无模型，成本或其他性能可按单位楼面面积的某个数值计入	大概尺寸	材质与类型，精确尺寸
		003	预留洞	无模型，成本或其他性能可按单位楼面面积的某个数值计入	大概尺寸	精确尺寸，标高信息
		004	剪力墙	无模型，成本或其他性能可按单位楼面面积的某个数值计入	大概尺寸	墙体的类型、精确厚度、尺寸
		005	楼梯	无模型，成本或其他性能可按单位楼面面积的某个数值计入	楼梯的基本尺寸、形状	楼梯的类型、精确厚度、具体形状
		006	楼板	无模型，成本或其他性能可按单位楼面面积的某个数值计入	大致厚度	精确厚度、楼板类型
		007	钢节点连接样式	无模型，成本或其他性能可按单位楼面面积的某个数值计入	无模型，成本或其他性能可按单位楼面面积的某个数值计入	无模型，成本或其他性能可按单位楼面面积的某个数值计入
		008	基坑	无模型，成本或其他性能可按单位楼面面积的某个数值计入	大致形状，尺寸，位置	精确形状、尺寸、坐标位置
机电	暖通	001	冷热源设备	无模型，成本或其他性能可按单位楼面面积的某个数值计入	类似形状、大概尺寸、位置、用途	类似形状、大概尺寸、位置、用途
		002	空调设备	无模型，成本或其他性能可按单位楼面面积的某个数值计入	类似形状、大概尺寸、位置、用途	类似形状、大概尺寸、位置、用途
		003	风机	无模型，成本或其他性能可按单位楼面面积的某个数值计入	类似形状、大概尺寸、位置、用途	类似形状、大概尺寸、位置、用途
		004	风机盘管	无模型，成本或其他性能可按单位楼面面积的某个数值计入	类似形状、大概尺寸、位置、用途	类似形状、大概尺寸、位置、用途
		005	新风风管	无模型，成本或其他性能可按单位楼面面积的某个数值计入	大概尺寸	具有精确尺寸、管材

续表

专业	子项		详细等级	LOD100 方案设计模型	LOD200 扩初设计模型（扩初图纸）	LOD300 施工图模型
机电	暖通	006	回风风管	无模型，成本或其他性能可按单位楼面面积的某个数值计入	大概尺寸	具有精确尺寸、管材
		007	排风排烟风管	无模型，成本或其他性能可按单位楼面面积的某个数值计入	大概尺寸	具有精确尺寸、管材
		008	冷热媒水管	无模型，成本或其他性能可按单位楼面面积的某个数值计入	大概尺寸	具有精确尺寸、管材
		009	水泵	无模型，成本或其他性能可按单位楼面面积的某个数值计入	类似形状、大概尺寸、位置、用途	类似形状、大概尺寸、位置、用途
		010	排烟阀、防火阀	无模型，成本或其他性能可按单位楼面面积的某个数值计入	类似形状	具体规格形状，阀门类型，用途
		011	各类阀门	无模型，成本或其他性能可按单位楼面面积的某个数值计入	类似形状	具体规格形状，阀门类型，用途
		012	散流器	无模型，成本或其他性能可按单位楼面面积的某个数值计入	类似形状、大概尺寸、位置、用途	类似形状、大概尺寸、位置、用途
		013	排风口	无模型，成本或其他性能可按单位楼面面积的某个数值计入	类似形状、大概尺寸、位置、用途	类似形状、大概尺寸、位置、用途
		014	回风口	无模型，成本或其他性能可按单位楼面面积的某个数值计入	类似形状、大概尺寸、位置、用途	类似形状、大概尺寸、位置、用途
		015	静压箱	无模型，成本或其他性能可按单位楼面面积的某个数值计入	类似形状、大概尺寸、位置、用途	类似形状、大概尺寸、位置、用途
	给排水	001	给水主管	无模型，成本或其他性能可按单位楼面面积的某个数值计入	大概尺寸	具有精确尺寸、管材
		002	污水管及管道坡度	无模型，成本或其他性能可按单位楼面面积的某个数值计入	大概尺寸	具有精确尺寸、管材

续表

专业	子项		详细等级	LOD100	LOD200	LOD300
				方案设计模型	扩初设计模型（扩初图纸）	施工图模型
机电	给排水	003	雨水管	无模型，成本或其他性能可按单位楼面面积的某个数值计入	大概尺寸	具有精确尺寸、管材
		004	煤气管	无模型，成本或其他性能可按单位楼面面积的某个数值计入	大概尺寸	具有精确尺寸、管材
		005	热力管	无模型，成本或其他性能可按单位楼面面积的某个数值计入	大概尺寸	具有精确尺寸、管材
		006	消防水管	无模型，成本或其他性能可按单位楼面面积的某个数值计入	大概尺寸	具有精确尺寸、管材
		007	给排水泵及消防泵	无模型，成本或其他性能可按单位楼面面积的某个数值计入	类似形状、大概尺寸、位置、用途	类似形状、大概尺寸、位置、用途
		008	水箱	无模型，成本或其他性能可按单位楼面面积的某个数值计入	类似形状、大概尺寸、位置、用途	类似形状、大概尺寸、位置、用途
		009	喷淋	无模型，成本或其他性能可按单位楼面面积的某个数值计入	类似形状、大概尺寸、位置、用途	精确尺寸、设备编号、位置、用途
		010	消火栓	无模型，成本或其他性能可按单位楼面面积的某个数值计入	类似形状、大概尺寸、位置、用途	精确尺寸、设备编号、位置、用途
	动力专业	001	热动力设备	无模型，成本或其他性能可按单位楼面面积的某个数值计入	类似形状、大概尺寸、位置、用途	类似形状、大概尺寸、位置、用途
		002	热动力管道	无模型，成本或其他性能可按单位楼面面积的某个数值计入	大概尺寸	具有精确尺寸、管材
		003	发电机	无模型，成本或其他性能可按单位楼面面积的某个数值计入	大概尺寸	具有大致尺寸、容量、型号
		004	电力管道	无模型，成本或其他性能可按单位楼面面积的某个数值计入	大概尺寸	具有精确尺寸、管材
	电气	001	强电线槽	无模型，成本或其他性能可按单位楼面面积的某个数值计入	大概尺寸	具有精确尺寸、管材

续表

专业	子项		详细等级	LOD100 方案设计模型	LOD200 扩初设计模型（扩初图纸）	LOD300 施工图模型
机电	电气	002	变压器	无模型，成本或其他性能可按单位楼面面积的某个数值计入	大概尺寸	无模型，成本或其他性能可按单位楼面面积的某个数值计入
		003	配电箱	无模型，成本或其他性能可按单位楼面面积的某个数值计入	大概尺寸	具有大致尺寸、位置、用途、编号
		004	控制柜	无模型，成本或其他性能可按单位楼面面积的某个数值计入	无模型，成本或其他性能可按单位楼面面积的某个数值计入	具有大致尺寸、位置、用途、编号
		005	灯具	无模型，成本或其他性能可按单位楼面面积的某个数值计入	无模型，成本或其他性能可按单位楼面面积的某个数值计入	无模型，成本或其他性能可按单位楼面面积的某个数值计入
		006	插座	无模型，成本或其他性能可按单位楼面面积的某个数值计入	无模型，成本或其他性能可按单位楼面面积的某个数值计入	无模型，成本或其他性能可按单位楼面面积的某个数值计入
		007	弱电线槽	无模型，成本或其他性能可按单位楼面面积的某个数值计入	大概尺寸	具有精确尺寸、管材
		008	音箱	无模型，成本或其他性能可按单位楼面面积的某个数值计入	无模型，成本或其他性能可按单位楼面面积的某个数值计入	无模型，成本或其他性能可按单位楼面面积的某个数值计入
		009	信息点	无模型，成本或其他性能可按单位楼面面积的某个数值计入	无模型，成本或其他性能可按单位楼面面积的某个数值计入	无模型，成本或其他性能可按单位楼面面积的某个数值计入
		010	摄像机	无模型，成本或其他性能可按单位楼面面积的某个数值计入	无模型，成本或其他性能可按单位楼面面积的某个数值计入	无模型，成本或其他性能可按单位楼面面积的某个数值计入
		011	探测器	无模型，成本或其他性能可按单位楼面面积的某个数值计入	无模型，成本或其他性能可按单位楼面面积的某个数值计入	无模型，成本或其他性能可按单位楼面面积的某个数值计入
		012	接线箱	无模型，成本或其他性能可按单位楼面面积的某个数值计入	无模型，成本或其他性能可按单位楼面面积的某个数值计入	无模型，成本或其他性能可按单位楼面面积的某个数值计入
	室外管线	001	市政给水	无模型，成本或其他性能可按单位楼面面积的某个数值计入	大概尺寸、位置、用途	具有精确尺寸、管材
		002	市政排水	无模型，成本或其他性能可按单位楼面面积的某个数值计入	大概尺寸、位置、用途	具有精确尺寸、管材

续表

| 专业 | 子项 | 详细等级 | LOD100 | LOD200 | LOD300 |
			方案设计模型	扩初设计模型（扩初图纸）	施工图模型
室外管线	003	市政供电	无模型，成本或其他性能可按单位楼面面积的某个数值计入	大概尺寸、位置、用途	具有精确尺寸、管材
	004	市政通讯	无模型，成本或其他性能可按单位楼面面积的某个数值计入	大概尺寸、位置、用途	具有精确尺寸、管材
	005	市政燃气	无模型，成本或其他性能可按单位楼面面积的某个数值计入	大概尺寸、位置、用途	具有精确尺寸、管材
	006	市政蒸汽	无模型，成本或其他性能可按单位楼面面积的某个数值计入	大概尺寸、位置、用途	具有精确尺寸、管材
	007	设备构筑物	无模型，成本或其他性能可按单位楼面面积的某个数值计入	大概尺寸、位置、用途	具有精确形状、尺寸，体积
	008	人手井	无模型，成本或其他性能可按单位楼面面积的某个数值计入	无模型，成本或其他性能可按单位楼面面积的某个数值计入	具有精确尺寸
景观	001	车位	无模型，成本或其他性能可按单位楼面面积的某个数值计入	大概形状、位置、数量	精确形状、位置、数量
	002	排水及坡度	无模型，成本或其他性能可按单位楼面面积的某个数值计入	大概形状、位置、数量	精确尺寸，坡度
	003	水池喷泉	无模型，成本或其他性能可按单位楼面面积的某个数值计入	大概形状、位置	精确形状、位置、尺寸
	004	灯具	无模型，成本或其他性能可按单位楼面面积的某个数值计入	无模型，成本或其他性能可按单位楼面面积的某个数值计入	类似形状、大概尺寸、位置、用途
	005	音箱	无模型，成本或其他性能可按单位楼面面积的某个数值计入	无模型，成本或其他性能可按单位楼面面积的某个数值计入	类似形状、大概尺寸、位置、用途
	006	绿化	无模型，成本或其他性能可按单位楼面面积的某个数值计入	类似形状、大概尺寸、位置、用途	类似形状、大概尺寸、位置、用途
照明	001	室内照明	无模型，成本或其他性能可按单位楼面面积的某个数值计入	位置、用户	具体灯位、类型

续表

专业	子项	详细等级	LOD100	LOD200	LOD300
			方案设计模型	扩初设计模型（扩初图纸）	施工图模型
照明	002	室外照明	无模型，成本或其他性能可按单位楼面面积的某个数值计入	位置、用户	具体灯位、类型
	003	配电箱	无模型，成本或其他性能可按单位楼面面积的某个数值计入	大致配电箱尺寸、位置、功能	精确配电箱尺寸、位置、功能
	004	电线管	无模型，成本或其他性能可按单位楼面面积的某个数值计入	大概尺寸、位置、用途	具有精确尺寸、管材
标识	001	室内标识	无模型，成本或其他性能可按单位楼面面积的某个数值计入	无模型，成本或其他性能可按单位楼面面积的某个数值计入	无模型，成本或其他性能可按单位楼面面积的某个数值计入
	002	室外标识	无模型，成本或其他性能可按单位楼面面积的某个数值计入	无模型，成本或其他性能可按单位楼面面积的某个数值计入	无模型，成本或其他性能可按单位楼面面积的某个数值计入

参 考 文 献

［1］建筑信息模型应用统一标准 GB/T 51212—2016.

［2］建筑信息模型分类和编码标准 GB/T 51269—2017.

［3］建筑信息模型设计交付标准 GB/T 51301—2018.

［4］建筑工程设计信息模型制图标准 JGJ/T 448—2018.

［5］建筑信息模型施工应用标准 GB/T 51235—2017.

［6］广东省建筑信息模型应用统一标准 DBJ/T 15—142.

［7］深圳市建筑工务署 BIM 实施管理标准.

［8］福田区政府投资项目应用建筑信息模型（BIM）技术实施指引.

［9］上海市建筑信息模型技术应用指南（2017 版）.

［10］民用建筑信息模型设计标准 DB 11T—1069—2014.

参 考 文 献

1. 国家法律法规和相关标准

[1] 中华人民共和国消防法（2019 年修订）.

[2] 建筑设计防火规范 GB 50016—2014（2018 年版）.

[3] 民用建筑设计统一标准 GB 50352—2019.

[4] 民用建筑供暖通风与空调调节设计规范 GB 50736—2016.

[5] 建筑防烟排烟系统技术标准 GB 51251—2017.

[6] 建筑灭火器配置设计规范 GB 50140—2005.

[7] 建筑结构荷载规范 GB 50009—2012.

[8] 建筑灭火器配置验收及检查规范 GB 50444—2008.

[9] 建筑设计防火规范 GB 50016—2014（2018 年版）.

[10] 建筑内部装修设计防火规范 GB 50222—2017.

[11] 住宅设计规范 GB 50096—2011.

[12] 无障碍设计规范 GB 50763—2014.

[13] 消防控制室通用技术要求 GB 25506—2010.

[14] 汽车库、修车库、停车场设计防火规范 GB 50067—2014.

[15] 人民防空工程设计防火规范 GB 50098—2009.

[16] 火灾自动报警系统设计规范 GB 50116—2013.

[17] 消防给水及消火栓系统技术规范 GB 50974—2014.

[18] 消防应急照明和疏散指示系统技术标准 GB 51309—2018.

[19] 自动喷水灭火系统施工及验收规范 GB 50261—2017.

[20] 地下工程防水技术规范 GB 50108—2008.

[21] 锅炉房设计规范 GB 50041—2008.

[22] 电梯制造与安装安全规范 GB 7588—2003.

[23] 水土保持工程设计规范 GB 51018—2014.

[24] 公园设计规范 GB 51192—2016.

[25] 建筑消防设施检测技术规程 GA 503—2004.

[26] 建筑信息模型应用统一标准 GB/T 51212—2016.

[27] 建筑信息模型分类和编码标准 GB/T 51269—2017.

[28] 建筑信息模型设计交付标准 GB/T 51301—2018.

[29] 建筑信息模型施工应用标准 GB/T 51235—2017.

[30] 绿色建筑评价标准 GB/T 50378—2014.

[31] 公共建筑标识系统技术规范 GB/T 51223—2017.

[32]建筑幕墙 GB/T 21086—2007.

2. 建筑工程及相关行业标准、图集等

[1]车库建筑设计规范 JGJ 100—2015.

[2]玻璃幕墙工程技术规范 JGJ 102—2003.

[3]金属与石材幕墙工程技术规范 JGJ 133—2001.

[4]建筑玻璃应用技术规程 JGJ 113—2015.

[5]展览建筑设计规范 JGJ 218—2010.

[6]旅馆建筑设计规范 JGJ 62—2014.

[7]高层建筑混凝土结构技术规程 JGJ 3—2010.

[8]建筑基坑支护技术规程 JGJ 120—2012.

[9]城市道路设计工程规范 CJJ 37—2012.

[10]建筑工程设计信息模型制图标准 JGJ/T 448—2018.

[11]办公建筑设计标准 JGJ/T 67—2019.

[12]透水沥青路面技术规程 CJJ/T 190—2012.

[13]透水混凝土路面技术规程 CJJ/T 135—2009.

[14]环境景观——室外工程细部构造 15J012—1.

3. 参考图书与论文

[1]江寿国,胡红霞.建筑表皮设计[M].北京:人民邮电出版社,2013.

[2]刘超英.经典建筑表皮材料[M].北京:中国电力出版社,2014.

[3]李保峰,李钢.建筑表皮[M].北京:中国建筑工业出版社,2010.

[4]庄惟敏,祁斌,林波荣著.环境生态导向的建筑复合表皮设计策略[M].北京:中国建筑工业出版社,2014.

[5](英)珍妮·洛弗尔(Jenny Lovell)著.建筑表皮设计要点指南[M].李宛,译.南京:江苏科学技术出版社,2014.

[6]张一莉主编.建筑师技术手册[M].北京:中国建筑工业出版社,2020.

[7]中国中建设计集团有限公司.建筑设计资料集第四分册(第三版)[M].北京:中国建筑工业出版社,2017.

[8]王小荣,董雅,贾巍杨.天津市无障碍标识调查研究及设计策略分析[J].天津美术学院学报,2013(01).

[9]区庆津.浅谈现代建筑设计中的色彩运用[J].城市建设理论研究(电子版),2012(17).

[10]徐斌,姜慧.光影在建筑设计与建筑表现中的应用[J].建筑工程技术与设计,2019(17):1209.DoI:10.12159/j.isn.2095—6630.2019.17.1176.

[11]陈苗佩.基于"形体+表皮"理念的超高层建筑造型设计初探[D].中国建筑设计研究院,2018.

4. 地方标准、相关文件等

[1]广东省住房和城乡建设厅发布.强风易发多发地区金属屋面技术规程 DBJ/T 15-148-2018.

［2］公共建筑设计节能标准 SZJG 29–2009.

［3］广东省建筑信息模型应用统一标准 DBJ/T 15–142–2018.

［4］深圳市公共场所母婴室设计规程 SJG 54—2019.

［5］民用建筑信息模型设计标准 DB 11T—1069—2014.

［6］深圳市生产建设项目水土保持技术规范 DB 4403/T34—2019.

［7］边坡生态防护技术指南 SZDB/Z 31—2010.

［8］深圳市建筑废弃物再生产品应用工程技术规程 SJG 48—2018.

［9］广东省各地城乡规划技术规定（由各地规划与自然资源局编制）.

［10］深圳市建筑工务署 BIM 实施管理标准.

［11］澳门特区无障碍通用设计建筑指引.

［12］深圳市人民代表大会常务委员会编制.深圳经济特区绿化条例.

［13］广州市人民政府发布.广州市建筑玻璃幕墙管理办法.

［14］深圳市前海深港现代服务业合作区管理局委托,深圳市城市规划设计研究院有限公司、SOM 建筑设计事务所编制.深圳前海城市风貌和建筑特色规划.

［15］深圳市前海深港现代服务业合作区管理局委托,深圳市城市规划设计研究院有限公司、深圳市交通规划设计研究中心有限公司、综合开发研究院（中国·深圳）、深圳市建筑科学研究院股份有限公司、深圳市环境科学研究院编制.前海综合规划.

［16］深圳市前海深港现代服务业合作区管理局委托,深圳市城市规划设计研究院有限公司、捷得建筑师事务所公司（The Jerde Partnership）,深圳市新城市规划建筑设计有限公司、美国 SOM 建筑设计事务所,广东省城乡规划设计研究院、德国慕尼黑 AP 国际建筑事务所,深圳市筑博设计股份有限公司、荷兰 KCAP 建筑师与规划师事务所,James Corner Field Operations、北京清华同衡规划设计研究院有限公司、珠江水利科学研究院、哈尔滨工业大学城市规划设计研究院、城市设计顾问有限公司编制.前海单元规划系列.

［17］深圳市前海深港现代服务业合作区管理局、深圳市北林苑景观及建筑规划设计院有限公司编制.前海景观与绿化专项规划及设计导则.

［18］深圳市前海深港现代服务业合作区管理局委托,深圳市城市交通规划研究中心编制.前海步行和自行车交通系统专项规划.

［19］深圳市前海深港现代服务业合作区管理局委托,深圳市城市交通规划研究中心编制.前海公共交通系统专项规划.

［20］深圳市前海深港现代服务业合作区管理局委托,筑博设计股份有限公司编制.前海户外广告设置规划.

［21］深圳市前海深港现代服务业合作区管理局委托,深圳华森建筑与工程设计顾问有限公司编制.前海房建类工程管控指引实施细则.

［22］深圳市前海深港现代服务业合作区管理局委托,深圳华森建筑与工程设计顾问有限公司编制.前海消防登高场地管理规则.

［23］深圳市规划和国土资源委员会编制.深圳市城市规划标准与准则.

［24］深圳市规划和国土资源委员会编制.深圳市建筑设计规则.

［25］深圳市前海深港现代服务业合作区管理局委托,上海市政工程设计研究总院有限公司编制.前海地下空间规划.

［26］深圳市前海深港现代服务业合作区管理局委托，深圳市城市交通规划设计研究中心有限公司编制.前海步行和自行车交通系统专项规划.

［27］深圳市前海深港现代服务业合作区管理局委托，栢诚（亚洲）有限公司编制.前海车站与地块整合设计指引.

［28］福田区政府投资项目应用建筑信息模型（BIM）技术实施指引.

5. 相关要求、通知与文件及其他参考资料

［1］公安部消防局编制.建筑高度大于250m民用建筑防火设计加强性技术要求（试行）.

［2］住房城乡建设部　国家安全监管总局关于进一步加强玻璃幕墙安全防护工作的通知.

［3］海绵城市建设技术指南.

［4］上海市建筑信息模型技术应用指南（2017年版）.

［5］日立、奥的斯、蒂森克虏伯电梯公司电梯相关技术资料.

［6］广商中心擦窗机技术方案（利沛公司）.

［7］珠江城擦窗机方案（SOM）.

［8］610m广州塔主体结构阻尼器特性与施工技术（中建安装工程有限公司）.

［9］Building for Everyone：A Universal Design Approach. Ireland，2002.

［10］ASTM A 975-97.

编　后　语

　　为了有利于粤港澳大湾区建设和深圳建设中国特色社会主义先行示范区，使设计人员更好地执行国家、部委颁布的各项工程建设技术标准、规范及省、市地方标准、规定，协会组织编撰了《粤港澳大湾区建设技术手册系列丛书》，包括《粤港澳大湾区建设技术手册 1》《粤港澳大湾区建设技术手册 2》和《粤港澳大湾区城市设计与科研成果》。

　　这套行业工具书编撰工作始于 2019 年 8 月，历经组建队伍、拟订篇目、搜集资料、编写大纲、撰写初稿、总撰合成、评审修改几个阶段，数易其稿，不断总结，逐步提高。全书按"资料全，方便查，查得到"的编撰原则，站在建筑领域至高点，坚持科技创新，涵盖绿色建筑、装配式建筑、智慧城市、海绵城市、建设项目全过程工程咨询、建筑师负责制和城市总建筑师制度等，内容新颖，检索方便，设计者翻开即可找到答案。

　　湾区技术丛书资料浩瀚，专业性强，编撰难度大。为此，编撰委员会组织了湾区城市主要设计单位的总建筑师、总工程师、专家、工程技术人员百余人参与此项工作。中国工程院何镜堂院士作序，孙一民大师、林毅大师、黄捷大师、任炳文大师亲自撰稿。深圳市住房和建设局、深圳前海深港现代服务业合作区管理局、深圳市科学技术协会、深圳市福田科学技术协会对编撰全过程予以指导和支持。我们还特别邀请了华南理工大学建筑设计研究院、广州市设计研究院、香港建筑师学会参加编审工作。

　　为了编撰好湾区技术丛书，各参编单位以编撰工作为己任，在人力、物力、财力上大力支持。各篇章编撰人员呕心沥血，辛勤耕耘，终于完成书稿。书稿的撰成，凝聚了众人的智慧和血汗。在此，我谨向为本丛书编撰作出贡献的单位和个人，致以真挚的谢意。

　　在湾区技术系列丛书编撰和审改期间，许多设计大师、专家、各院总建筑师、总工程师对书稿反复修改和一再打磨，使湾区技术丛书最终成型；感谢所有审稿专家对大纲和内容一丝不苟的审查，他们使本书避免了很多结构性的错漏和原则性的谬误。

　　感谢中国建筑工业出版社王延兵副社长、费海玲副主任、张幼平编辑在出版前对全套图书的最终审核和把关。

　　在此过程中，需要感谢的人还有很多。他们在联系编写单位、编写专家和审稿专家，或收集实例、修改图纸、制版印刷等方面，都给予了湾区技术系列丛书极大的支持，在此一并表示感谢。

　　鉴于编者的水平、经验有限，湾区技术系列丛书难免有疏漏和舛误之处，敬请谅解，并恳请读者提出宝贵意见，以便今后补充和修订。

主编：张一莉

2020 年 8 月 6 日

图书在版编目（CIP）数据

粤港澳大湾区建设技术手册.2／张一莉主编.—北京：中国建筑工业
出版社，2020.4
（粤港澳大湾区建设技术手册系列丛书）
ISBN 978-7-112-24925-1

Ⅰ.①粤… Ⅱ.①张… Ⅲ.①城市规划－建筑设计－广东、香港、
澳门－技术手册 Ⅳ.① TU984.265-62

中国版本图书馆 CIP 数据核字（2020）第 036836 号

责任编辑：费海玲 张幼平
责任校对：王 烨

粤港澳大湾区建设技术手册系列丛书
粤港澳大湾区建设技术手册2
主 编：张一莉
副主编：叶伟华 杨焰文 李 晖
 唐 谦 陈晓唐 叶 枫
 冯越强

＊

中国建筑工业出版社出版、发行（北京海淀三里河路9号）
各地新华书店、建筑书店经销
北京建筑工业印刷厂制版
北京中科印刷有限公司印刷

＊

开本：880×1230毫米 1/16 印张：18¼ 字数：501千字
2020年8月第一版 2020年8月第一次印刷
定价：**78.00**元
ISBN 978-7-112-24925-1
（35658）